以思想为樯橹

U0519814

商务印书馆（杭州）有限公司出品

04 社会思想丛书
刘东 主编

国家社会科学基金资助

The Tragedy of American Science

From the Cold War to the Forever Wars

美国科学的悲剧

从冷战到永世之战

〔美〕克利福德·D.康纳 著
姚臻 陈开林 译

创于1897 商务印书馆 The Commercial Press

Clifford D. Conner
THE TRAGEDY OF AMERICAN SCIENCE
From the Cold War to the Forever Wars (2022 Edition)

根据 Haymarket Books 2022 年版译出
FIRST PUBLISHED IN 2020 BY HAYMARKET BOOKS
This edition arranged with Haymarket Books
through BIG APPLE AGENCY, LABUAN, MALAYSIA.

本书为“区域国别研究系列”成果，由国家社会科学基金资助

总　序

刘　东

就这套丛书的涉及范围而言，一直牵动自己相关思绪的，有着下述三根连续旋转的主轴。

第一根不断旋转的主轴，围绕着“我思”与“他思”的关系。照我看来，夫子所讲的“学而不思则罔，思而不学则殆”，正是在人类思想的进取过程中，喻指着这种相互支撑的关系。也就是说，一副头脑之“学而时习”的过程，正是它不断汲取“他思”的过程，因为在那些语言文字中结晶的，也正是别人先前进行过的思考；而正是在这种反复汲取中，这副头脑才能谋取相应的装备，以期获得最起码的“我思”能力。可反过来讲，一旦具备了这样的思考力，并且通过卓有成效的运思，开辟了前所未有的新颖结论，就同样要付诸语言文字，再把这样的“我思”给传达出来，转而又对他人构成了“他思”。——事实上，在人类的知识与思想成长中，这种不断自反的、反复回馈的旋转，表征着一种最基本的“主体间性”，而且，也正是这种跨越“代际”的“主体间性”，支撑起了我们所属的文明进程。

正因为这个缘故，思想者虽则总是需要独处，总是怕被外来的干扰给打断，可他们默默进行的思考，从来都不是孤独的事情，从来都不属于个人的事业。恰恰相反，所有的“我思”都无一例外地要在交互的思考中谋求发展，要经由对于“他思”的潜心阅读，借助于周而复始的“对话性”，来挑战、扩充和突破心智的边界。正因如此，虽然有位朋友好意地劝我说，“五十岁之后，就要做减法”，可我却很难领受这类的告诫。毕竟，我心里还有句更要紧的话，那正是夫子就此又说过的：“朝闻道，夕死可矣。”——有了这种杜鹃啼血的心劲儿，就不要说才刚活到五十岁了，纵是又活到了六十岁、七十岁，也照样会不稍松懈地“做加法”，以推进“我思”与“他思”的继续交融。

这意味着，越是活到了治学的后半段，就越是需要更为广博的阅读和更为周备的思虑，来把境界提升得更为高远。事实上，正是出于这种内在的企求，自己多少年来的夜读才得以支撑，以便向知识的边界不断探险。因此，跟朋友对于自己的告诫不同，我倒是这样告诫自己的学生：“为什么文科要分为文学、史学、哲学，和经济学、政治学、法学，还有社会学、人类学，乃至语言学、心理学、人文地理学？本是因为人类的事务原是整体，而人类的知识只能分工前进。这样一来，到最后你们才能明白，在所有那些学科中间，你只要是少懂得一个，就势必缺乏一个必要的视角，而且很可能就是那种缺乏，让你不可能产生大智慧。”

接下来，第二根连续旋转的主轴，则围绕着“个人阅读”与“公共阅读”的关系。自从参与了“走向未来丛书”和“文化：中国与世界”丛书，乃至创办了“海外中国研究丛书”和“人文与社会译丛”，我就一直热衷于这种公共的推介。——这或许与自己的天性有关，即天生就热衷于“野人献曝”，从本性上就看不惯“藏着掖着”：“以前信口闲聊的时候，曾经参照着王国维的治学三境界，也对照着长年来目睹之怪现状，讲过自己所看到的治学三境界……而我所戏言的三种情况，作为一种不太精确的借用，却在喻指每况愈下的三境界，而分别属于‘普度众生’的大乘佛教、‘自求解脱’的小乘佛教和‘秘不示人’的密宗佛教。”（刘东：《长达三十年的学术助跑》）

不过，这个比喻也有“跛足”之处，因为我在价值的选择方面，从来都没有倾向过佛老。因此，又要把这第二主轴转述一下，将它表达为纯正的儒家话语。一方面，如果从脑化学的角度来看，完全可以把我们从事的教育，看成“催化”着乐感元素的“合成”：“先要在自由研讨的氛围中，通过飞翔的联想、激情的抗辩、同情的理解，和道义的关怀，逐渐培训出心理学上的变化，使学生在高度紧张的研讨中，自然从自己的大脑皮层，获得一种乐不可支的奖励。只有这样的心理机制，才会变化他们的气质，让他们终其一生都乐学悦学，从而不光把自己的做学问，看成报效祖国的严肃责任，还更把它看成安身立命的所在。”（刘东：《这里应是治学的乐土》）可另一方面，一旦拿到孟子的思想天平上，又马上就此逼出了这样的问答：“曰：‘独乐乐，与人乐乐，孰乐？’曰：‘不若与人。’曰：‘与少乐乐，与众乐乐，孰乐？’曰：‘不若与众。’”（《孟子·梁惠王下》）——这自然也就意味着，前面所讲的“个人”与“公共”的阅读，又正好对应着“独乐”与“众乐”的层次关系。

无论如何，只有经由对于一般学理的共享而熔铸出具有公共性的“阅读社群”，才能凝聚起基本的问题意识和奠定出起码的认同基础。缘此就更应认识到，正因为读书让我们如此地欢悦，就更不应只把它当成私人的享乐。事实上，任何有序发展的文明，乃至任何良性循环的社会，都先要来源和取决于这种“阅读社群”。缘此，作者和读者之间的关系，或者学者和公众的关系，就并不像寻常误以为的那般单向，似乎一切都来自思想的实验室，相反倒是相互支撑、彼此回馈的，——正如我曾在以往的论述中讲过的：“一个较为平衡的知识生产体系，似应在空间上表现为层层扩大的同心圆。先由内涵较深的‘学术界’居于核心位置，再依次扩展为外延较广的‘知识界’及‘文化界’，而此三者须靠持续反馈来不断寻求呼应和同构。所以，人文学术界并不生存和活跃于真空之中，它既要把自己的影响逐层向外扩散，也应从总体文化语境中汲取刺激或冲力，以期形成研究和实践间的良性互动。”（刘东：《社科院的自我理由》）

再接下来，第三根连续旋转的主轴，则毋宁是更苦痛和更沉重的，因为它围绕着“书斋生活”与“社会生活”的关系。事实上，也正是这根更加沉重的主轴，才赋予了这套丛书更为具体的特点。如果在上一回，自己于“人文与社会译丛”的总序中，已然是心怀苦痛地写到“如此嘈嘈切切鼓荡难平的心气，或不免受了世事的恶刺激”，那么，再目睹二十多年的沧桑剧变，自然更受到多少倍的“恶刺激”，而这心气便觉得更加“鼓荡难平”了。既然如此，虽说借助于前两根主轴，还是在跟大家分享阅读之乐，可一旦说到了这第三根主轴，自己的心也一下子就收紧了。无论如何，“书斋”与“社会”间的这种关联，以及由此所带来的、冲击着自己书房的深重危机感，都只能用忧虑、愤懑乃至无望来形容；而且，我之所以要再来创办“社会思想丛书”，也正是因为想要有人能分担这方面的忧思。

歌德在他的《谈话录》中说过：“要想逃避这个世界，没有比艺术更可靠的途径；要想同世界结合，也没有比艺术更可靠的途径。”换个角度，如果我们拿“学术”来置换他所讲的“艺术”，再拿“社会”来置换他所讲的“世界”，也会得出一个大体相似的句子。也就是说，“做学问”跟“搞艺术”一样，既可以是超然出世、不食人间烟火的，也可以是切身入世、要救民于水火的。至于说到我自己，既然这颗心是由热血推动的，而非波澜不起、死气沉沉的古井，那么，即使大部分时间都已躲进了书斋，却还是做不到沉寂冷漠、忘情世事。恰恰相反，越是在外间感受到纷繁的困扰，回来后就越会煽旺阅读的欲望，——而且，这种阅读还越发地获得了定向，它作为一种尖锐而持久的介入，正好瞄准千疮百孔的社会，由此不是离人间世更遥远，反而是把注视焦点调得日益迫近了。

虽说九十年代以来的学术界，曾被我老师归结为“思想淡出，学术淡入”，但我一直不愿苟同地认为，就算这不失为一种“现象描述”，也绝对不属于什么“理性选择”。不管怎么说，留在我们身后的、曲曲弯弯的历史，不能被胡乱、僭妄地论证为理性。毕竟，正好相反，内心中藏有刚正不阿的理性，才至少保守住了修正历史的可能。正因为这样，不管历史中滚出了多少烟尘，我们都不能浑浑噩噩、和光同尘。——绝处逢生的是，一旦在心底守住了这样的底线，那么，“社会生活”也便从忧思与愤懑的根源，转而变成“书斋生活”中的、源源不断的灵感来源。也就是说，正是鼓荡在内心中的、无休无止的忧思，不仅跟当下的时间径直地连接了起来，也把过去与未来在畅想中对接了起来。事实上，这套丛书将稳步移译的那些著作，正是辉煌地焕发于这两极之间的；而读者们也将再次从中领悟到，正如“人文与社会译丛”的总序所说，不管在各种科目的共振与齐鸣中，交织着何等丰富而多样的音色，这种“社会思想”在整个的文科学术中，都绝对堪称最为响亮的“第一主题”。

最后要说的是，就算不在这里和盘地坦承，喜爱读书的朋友也应能想到，我的工作状态早已是满负荷了。可纵然如此，既然我已通过工作的转移，相应延长了自家的学术生涯，当然就该谋划更多的大计了。而恰逢此时，商务印书馆的朋友又热情地提出，要彼此建立“战略合作”的关系，遂使我首先构思了这套“社会思想丛书”。几十年来，编辑工作就是自己生命的一部分，我也从未抱怨过这只是在单向地“付出”，——正如我刚在一篇引言中写到的：“如今虽已离开了清华学堂，可那个梁启超、王国维、陈寅恪工作过的地方，还是给我的生命增加了文化和历史厚度。即使只讲眼下这个‘办刊’的任务——每当自己踏过学堂里的红地毯，走向位于走廊深处的那间办公室，最先看到的都准是静安先生，他就在那面墙上默默凝望着我；于是，我也会不由自主默念起来：这种编辑工作也未必只是‘为人作嫁’吧？他当年不也编过《农学报》《教育世界》《国学丛刊》和《学术丛刊》吗？可这种学术上的忘我投入，终究并未耽误他的学业，反而可能帮他得以‘学有大成’。”（《中国学术》第四十三辑卷首语）

的确，即使退一步说，既然这总是要求你读在前头，而且读得更广更多，那么至少根据我个人的经验，编辑就并不会耽误视界的拓宽、智慧的成长。不过，再来进一步说，这种承担又终究非关个人的抱负。远为重要的是，对于深层学理的潜心阅读、热烈研讨，寄寓着我们这个民族的全部未来。所以，只要中华民族尚有可堪期待的未来，就总要有一批能潜下心来的“读书种子”。——若没有这样的嗜书如命的“读书种子”，我们这个民族也就不可能指望还能拥有一茬又一茬的、足以遮阳庇荫的“读书大树”，并由此再连接起一片又一片的、足以改良水土的“文化密林”。

正所谓“独立不迁，岂不可喜兮……苏世独立，横而不流兮”。——唯愿任何有幸“坐拥书城”的学子，都能坚执“即一木犹可参天”的志念。

2022 年 12 月 16 日于浙江大学中西书院

启蒙的言语已被贪婪的资本、极权国家、掺杂了政治考量的科学以及持久的战争经济所侵蚀。由早期的、开明的中产阶级式的经济个人主义衍生的大型公司，根本不承担公众责任，反而践踏着集体与个人的权利，决定着普通民众的命运。在我们这个时代，和其他种种力量一起为捍卫个人自由而生的自由主义国家，已经演变为压迫性的监控国家。科学的理性光芒以及独立调查的自由正受制于商业利益和战争机器。

——特里·伊格尔顿《理性、信仰与革命：关于上帝辩论的反思》

谨以此书献给调查记者、公共利益的拥护者、公益诉讼律师、有原则的科学家、吹哨人以及维基解密者，正是他们的不懈努力才使得本书的出版成为可能。

本书的读者是像你我一般的普通人，
书写的目的是维护普罗大众，而非精英人士的权益。
无论本书究竟能收获多少读者，
如果你的生活并不富贵荣华，
那么本书值得你一读。

目　录

Ⅱ 美国科学的军事化

Ⅲ 我们是如何陷入这场困境的?

Ⅳ 唯一的救赎

2022年版前言

本书最初于2020年8月出版，笔者将初版的副标题定为《从杜鲁门到特朗普》，是为了让读者更清楚地了解其涉及的时间脉络。而在本书初版问世三个月后，特朗普在2020年的美国大选中落败。在此背景下，笔者在本书2022年再版时将副标题更新为《从冷战到永世之战》。

与此同时，从本书初版到再版期间，美国社会风起云涌，政治纷乱加剧。要把有关美国当代的历史叙述延伸至当下，笔者有必再叙几点看法。不幸的是，本书初版中所揭示的美国科学发展的主要趋势在今天依然存在，尽管这也是意料中事。美国正在加速推进科学的企业化和军事化进程。

“大企业”的势力前所未有地庞大

在所有以企业龙头化为趋势的行业中，依靠科学起家的大型制药公司和大型科技公司在新冠病毒大流行时代成功地攫取了巨额利润。

据《华盛顿邮报》报道，“居家令”带来的经济下行持续影响了数百万美国人的生计，但与此同时，

> 对美国最富有的亿万富豪们来说，疫情期间是他们的高光时刻。在过去的一年里，美国九位顶级巨头的财富暴增了3600多亿美元。这些富豪都是科技大佬，凸显了科技行业在美国经济中的影响力。在疫情期间，特斯拉的首席执行官埃隆·马斯克（Elon Musk）的财富翻了两番多，开始与亚马逊创始人杰夫·贝佐斯（Jeff Bezo）争夺世界首富的头衔；脸书的创始人马克·扎克伯格（Mark Zuckerberg）的身家突破了1000亿美元；谷歌的联合创始人拉里·佩奇（Larry Page）和谢尔盖·布林（Sergey Brin）共获利650亿美元……这些富豪们财富的惊人增长与数百万美国人面临的经济危机形成了鲜明对比，伴随失业率和驱逐率的飙升，
xii 引发了人们对社会不平等现象和财富分配等问题的关注。[1]

而上述只是2021年3月的统计数据。2022年1月，据哥伦比亚广播公司报道，“去年，全球近3000名亿万富豪的财富增加了5万亿美元，其增长速度在人类历史上是前所未有的”。[2]与此同时，据乐施会*透露，“预计将有超过1.6亿人陷入贫困”。[3]无论是在美国还是在全球范围内，社会财富的不平等现象已经愈演愈烈，面临失控风险。

---

* 乐施会（Oxfam）是一个具有国际影响力的发展和救援组织的联盟，它由十三个独立运作的乐施会成员组成。——本书页下注均为译者注，作者原注依原书体例见本书尾注。

通过药物研发揭秘大型制药公司

本书初稿完成时，距新冠病毒疫情暴发仅过去数月之久，笔者匆忙增加了一篇“后记”，以说明疫情对社会的破坏力。到 2020 年 8 月本书正式出版时，新冠病毒在美国已经夺去近 17 万人的生命。2022 年 4 月，死亡人数已超过 100 万。[4]

在新冠病毒疫情爆发之前，制药巨头们的处境颇为尴尬。由于阿片类止痛药仅在美国范围内就造成了 50 万例不必要的死亡，大型制药公司在民众中的声誉已降至历史最低点。但仅仅两年的时间，大型制药公司就浴火重生，声望更胜往昔，而这都要归功于他们研制了不止一两种，而是好几种安全有效的疫苗，这些疫苗有望遏制噩梦般的疫情蔓延。

不可否认，大型制药公司在研发新冠疫苗过程中所做的科学研究，包括在疫苗中采用的信使核糖核酸（mRNA）技术极具颠覆性，令人惊叹。这些跨国药企证明他们有能力在必要的时候完成非凡的科学壮举。但前提在于他们得想这么做。唯一能让他们想这么做的，就是在巨额利润冲击下药物研发的可期前景。

而这就是特朗普政府“曲速行动”[*]的目的所在。辉瑞和强生等制 xiii
药巨头，以及莫德纳（Moderna）、瓦格萨特（Vaxart）和诺瓦瓦克斯（Novavax）等风投初创的生物技术公司获得了数十亿美元的投资，这些公司此前从未有过任何一款疫苗上市销售。“曲速行动”被媒体

* 曲速行动（Operation Warp Speed）是特朗普政府在 2020 年 3 月底提出的加速研发新冠病毒疫苗的计划。该计划希望通过结合医药公司、政府部门和军队的三方力量将疫苗研发制造的时间缩短至八个月，并希望在 2021 年 1 月前生产出高达 3 亿的疫苗剂量。

宣传为彼此竞争的研发实验室之间在科学基础上进行的“疫苗竞赛”，但实际上它是相互竞争的对冲基金之间狂热的投机行为。

事实是由政府投入的大量资金，而不是私人资本，最终成功研发了不同类型的有效疫苗。但私人投资者却在此过程中获得了经济回报，而这种巨额的经济回报被故意隐匿在公众视野之外，因为政府默许参加“曲速行动”的药企和生化公司绕过了常规的联邦政府药品合同法规和监督监管。[5]

然而，即使只是部分数据，也能让人们窥见在疫苗研发上市过程中的不公平本质。与其他疫苗一样，莫德纳公司的疫苗研发离不开美国政府的科技和财政支持。美国国立卫生研究院的科学家们对莫德纳公司疫苗的成功研发做出了重大贡献。此外，联邦政府为该公司的临床试验和其他相关研究提供了至少13亿美元的资金。更重要的是，政府的出资购买向莫德纳公司提供了价值15亿美元的市场担保，以销售当时还未经证实安全有效的产品。[6]而这数十亿美元的收入还只是保守数字。莫德纳和辉瑞公司在2021年和2022年的新冠疫苗销售额总和超过了600亿美元。此外，分析人士预测，莫德纳公司2023年的收入将超过76亿美元，而该公司“最终预计年均市场收入将达到50亿美元左右或更高”。[7]

实际上，没有任何正当的理由让这些私有企业大发疫情财。如果事实真如人们一再被告知的那样，疫情属于“战时紧急情况”，那么美国政府为什么不像“二战”时实施曼哈顿计划那样，通过国家实验室生产疫苗呢？曼哈顿计划表明，私人资本对创新或生产而言并不重要。相比之下，特朗普政府和拜登政府允许私人资本组织并掌控疫苗的研究和生产。在此过程中，他们攫取了所有的利润，赚得盆满钵满。事实上，政府应该采用一种更合理也更公平的解决方式，即通过国有化大型制药公司研制疫苗，而将私人资本完全排除在外。

这只是一个异想天开的、乌托邦式的提议吗？古巴生物医学的显著成就表明事实并非如此。尽管古巴的经济地位不显，但该国却能科学统筹其医疗和财政资源，研制出一套安全有效的新冠疫苗。[8] 正如《英国医学杂志》（*BMJ*）所言，"古巴政府管理下的生物技术部门在研制疫苗方面有着悠久的历史"。[9] xiv

> 古巴是世界上第一个使用本国疫苗对全国人口进行接种，达到群体免疫的国家。[10] 与美国大型制药公司对贫困国家不以为意的态度形成鲜明对比的是[11]，古巴计划与同区域的其他国家分享其疫苗研发成果，而其中许多国家正面临疫苗短缺和疫情蔓延的危机。阿根廷、墨西哥、牙买加甚至越南都在考虑购买古巴疫苗的可能性。伊朗在 1 月进行了第三阶段临床试验后，正在开始大规模地生产古巴疫苗主权 2 号（Soberana 2）。[12]

反疫苗的非理性主义是一种社会恶瘤

笔者在完成本书第五章中所涉及的关于反疫苗运动的简要叙述时，美国尚未爆发所谓的疫苗政治，即 2021 年围绕新冠疫苗和疫苗授权而展开的广泛政治争论。美国社会早年就有过反对麻腮风三联疫苗运动的先例，当下的反新冠疫苗狂热进一步加剧了右翼分子煽动和宣传下的非理性恐惧。然而，不同于先前的煽动行为，新冠时代的反疫苗运动还牵扯了美国高层政客和大众媒体，后者的报道中充斥着大量有关疫苗的夸张不实的信息，其中最臭名昭著的当属福克斯新闻台。该新闻频道竭力贬损科学，并呼吁民众将抵制疫苗视为公民不服从的表达，摧毁了政府试图通过群体免疫来战胜疫情的努力，从而对美国和全世界的公共卫生造成了不可估量的损失。截至 2022 年夏季，全球已有 600 多万人死于新冠，足以证明这场反疫苗运动所造成的严重后果。

xv 太空竞赛的私有化：至关重要，不过尔尔，还是无足轻重?

2021 年 7 月，上文所提到的美国富豪杰夫·贝佐斯和另一位敢于冒险的亿万富翁理查德·布兰森（Richard Branson）上演了一场私人太空竞赛。大众媒体对此津津乐道，将其视为一项伟大的科学突破。但这场太空竞赛到底意义何在？布兰森的太空飞行高度是 50 英里，而贝佐斯则抵达了 67 英里的高空。按照“太空”的标准定义，太空距离地球表面约 62 英里的高度，从卡门线[*]往上才算太空。据此标准，布兰森并没有到达太空，而贝佐斯勉强到达。就太空探索本身而言，早在 50 多年前，火箭科学就已经帮助人们实现了登月壮举，当时的飞行距离比贝佐斯或布兰森的私人火箭要远 3000 多倍。

那么，这场太空探索闹剧的意义何在？“载人”太空旅行从一开始就是一种误导，旨在将公众的注意力转移到旁枝末节上，偏离美国太空计划的真正目的，即太空军事化和武器化。为此，新闻媒体详尽渲染了这些自诩太空先锋的富豪们的激烈竞争，以及他们滑稽可笑的

* 卡门线（Kármán line）是一条位于海拔 100 千米（330 000 英尺）处，被认可为外太空与地球大气层的界线的分界线。此线是国际航空联合会所确定的，为现行大气层和太空的界线的定义。

大男子主义。

富豪们的太空争霸赛发生的两个月后，也就是 2021 年的 9 月，美国无人机在阿富汗发动的一次袭击，曾短暂地引发了媒体的关注。这次袭击造成包括儿童在内的平民死亡，但人们对类似的新闻报道已经习以为常。这一事件之所以能成为新闻头条，是因为它恰好发生在美国从阿富汗撤军的时候，拜登总统称撤军行为标志着这场“永远的战争的结束”。

这是否意味着本书刚更新的副标题已经不合时宜了？尽管笔者希望如此，但现实并不是这样。拜登故意用文字游戏把单数的“永远的战争”（Forever War）和复数的“永世之战”（Forever Wars）混为一谈。更重要的是，他明确表示，将确保美国军队拥有“超视距”的打击能力，使得“美军能时刻关注在该地区面临的任何直接威胁，并干脆利落地采取行动”。[13] 言下之意，战争永远不会结束。美国公民自由联盟的一位发言人解读了拜登的意思，“包括使用无人机在内的空袭，在传统的武装冲突之外发挥作用——而这是永世之战的核心内容和标志”。[14]

这一切与美国的太空计划又有何关联？拥有这种“时刻关注”整
个“区域”并“干脆利落”地发动报复性打击的超视距能力，正是创 xvi
建庞大的地球轨道卫星系统的目的所在——用来提供覆盖地球整个表面的军事指挥和控制。武器工业的利益相关者见风使舵地向政府高层表示，“超视距打击行动需要配足目前欠缺的资源。而美国特种作战司令部和情报部门没有足够的资金来应对这些新的挑战”。[15] 显然，美国从阿富汗撤军并不会带来“和平红利”。

巨额军费开支背后的理由已经悄然转变

一直以来，“反恐战争”都是美国无休止的军费开支的正当理由，而随着“反恐战争”逐渐落幕，美国政府试图以遏制中国为由继续增加军费开支。虽然奥巴马政府提出的“重返亚太”战略在当时尚未成熟，在特朗普政府时期该战略已初见端倪，而将其发扬光大的则是拜登政府。拜登本人态度温和地否认美国正在对华发动新冷战，但这样的说辞根本不可信。尽管新冷战在很大程度上不同于美苏的冷战，但其危险本质并无二致。

人们曾寄希望于拜登在上任后能够扭转特朗普疯狂增加军费开支的局面，但事实令人大失所望。2021 年 9 月，由民主党控制下的众议院投票通过了高达 7777 亿美元的五角大楼开支预算[16]提议。该预算不仅比特朗普任期内的最终预算多出了 370 亿美元，甚至超出了拜登政府所提出的预算 250 亿美元！而美国的新闻媒体却对政府对军工复合体的妥协讨好行为一笔带过，以至于几乎没有引起民众的关注。

但上述巨额开支数字还不是最终版。2022 年 2 月，俄乌战争爆发，给了美国军方高层及其游说者要求更多军费开支的绝佳理由。主战派的鹰派人士和政客们纷纷表示支持。美国右翼刊物《国家评论》（*National Review*）的编辑呼吁制定高达 1 万亿美元的军事预算，而美国知名智库大西洋理事会（Atlantic Council）的专家马修 · 克鲁尼格（Matthew Kroenig）建议国会在不过度增加美国负担的情况下，“甚
xvii 至可以将国防开支增加一倍”。[17]国务院和五角大楼的前官员们也相继发表了类似的呼吁。[18]结果就是 3 月 28 日，拜登政府在之前军事预算提案的基础上又增加了数百亿美元，将其提高到 8130 亿美元。[19]正

如本书第十一章所述，军事化的凯恩斯主义对美国经济的束缚比以往任何时候都更加明显，更加稳固。

俄乌战争的爆发以及美国在这场战争中煽风点火的行为所带来的严重危害远远不止增加战争开支这么简单。它超越了美中竞争，将另一个全副武装的核大国卷入了战争，进一步逼近了新冷战爆发的边缘。俄罗斯对乌克兰核电站的导弹袭击让人们清楚地意识到，在全球范围内，核战的阴霾始终存在。[20]

“俄罗斯对乌克兰的入侵，”反战记者克里斯·赫奇斯（Chris Hedges）声称，“是一场罪恶的侵略战争。”[21] 尽管如此，这场战争的主要责任必须归咎于美国通过建造核导弹基地将俄罗斯逼入墙角的行为，其最终目的是将乌克兰拉入反俄罗斯的北约联盟。呼吁用美国的军国主义来对抗俄罗斯军国主义的想法，诸如请求美国在乌克兰上空设立“禁飞区”，将会危及全人类的安全。

“拜登政府会改善这一情况吗？”

和美国种种社会现状一样，2020 年 11 月结束的美国总统大选是一场围绕理性展开的犹豫不决的公投。特朗普的竞选团队试图唤起选民心中荒谬、非理性的一面，而拜登则被宣传为理性、逻辑、证据、事实和科学的捍卫者。从这个角度来看大选的结果，科学战胜了反科学是值得欣慰的。但是考虑到两者之间的差距微乎其微，理性的支持者们并不能掉以轻心。毕竟，有超过 7400 万美国人把选票投给了特朗普——一个病态自恋的煽动分子，他毫不掩饰自己对科学的蔑视。 xviii

尽管如此，选举结果给美国社会带来的积极影响并非微不足道，特别是在制定公共卫生政策和应对新冠疫情的措施方面。但在最核心的社会问题上，拜登的当选意味着美国在多个方面朝着全球化的悲剧又迈进了一大步。如上所述，在其执政的第一年，拜登政府就加速了美国科学和社会的军事化。他对石油化工行业的大力支持使得灾难性的气候临界点愈发逼近："拜登政府共新批准了 3091 个在公共用地上开采的钻探许可证，即每月颁发 332 个许可证，超出了特朗普政府每月颁发 300 个的数量。"此外，拜登政府"最近在墨西哥湾拍卖 8000 多万英亩的水域，用于石油和天然气勘探。该拍卖创下了海上油气勘探区域销售的新纪录，将在长达数十年的时间里不断排放温室气体"。[22]

因而，对美国本身而言，目前存在的社会问题会因拜登的当选而有所改善吗？改善本身就说明了民众对拜登政府的期望阈值很低。尽管种种充分的证据表明特朗普的连任可能会导致美国立刻陷入政变的泥淖，但对于上述问题的答案仍然是否定的。拜登政府并不比特朗普政府更好，**地球正急速坠入危险的深渊**。

有关气候危机的好消息和坏消息

在过去两年里，对于面临气候危机挑战的人们而言，可谓喜忧参半。坏消息是，用来减少大气中的二氧化碳的任何措施都已宣告失败。两年的徒劳无功加剧了人类面临的生存威胁。而好消息则是，关于气
xix 候危机的公共话语正在发生结构性的转变，从否认转向了承认。这样的转变至少为人们对于生态环境的"大觉醒"留下了可能性，促使人们采取有效的行动来预防即将到来的灾难。

而民众付出了高昂的代价才换来了有关气候危机的意识觉醒。过去两年频发的野火、飓风、洪水、干旱以及其他极端天气事件已经摧毁了很多人的生活，有不少人甚至因此丧生。这些不幸最终迫使人们开始意识到气候危机的严重后果。

区块链欺诈和比特币泡沫

与此同时，人们也理应关注与日益严重的气候灾难休戚相关的科技发明。笔者在本书的初版中并没有探讨像比特币这样的加密货币及区块链技术等技术创新引发的问题。最近发生的种种事件证实了人们之前的担忧并非空穴来风，即这些技术的发明问世确实是一个糟糕透顶的想法。

最令人不安的是上述这些技术创新的发明带来了惊人的碳足迹。比特币和其他加密货币是由满载了持续运行的专用计算机的整个机房“挖掘”出来的。为了防止这些计算机过热，人们消耗了大量能源对其进行冷却和降温，其中大部分能源来自燃煤发电。英国广播公司 2021 年 2 月的一份报告显示，比特币的生产年均消耗超过 121 太瓦时的电力，超过了阿根廷整个国家的用电量。[23] 而且这个数字还在持续增长，没有停止的趋势。

这种疯狂的能源消耗又产生了什么价值？比特币本身没有任何实质性价值。

以一美元纸币为例，人们常用“等价于印刷纸币所用纸张”这样的说法来表述其存在的实质性价值。和纸币相比，比特币甚至不具有纸张的实体，因而它的实质性价值更少。

与此同时，比特币的价格出现了爆炸性上涨，单枚价格从 2009 年诞生之初的近乎为零，涨到了今天的数万美元之多。比特币的价格是由买家通过操纵市场，互相竞标决定的。该情况与国际艺术品市场类似，一幅仅仅被市场认为是达芬奇作品的画作就可以卖到 4.5 亿美元。[24]

这一切的真正意义何在？比特币唯一的“使用价值”是作为加密货币的特有价值，即可以隐匿在公共账户之外。有关比特币交易的大多数新闻报道都集中在其持有者隐藏资金的可怕动机上，例如为毒品
xx 交易提供非法资金，或者收取勒索赎金。但事实上，推动加密货币运作发展的根本原因还是老生常谈的逃税。自由主义者们鼓吹要将货币从专制政府的掌控中解放出来，在其狂热表象之下却隐藏着他们想要隐匿财产的真实目的。加密货币作为全球经济不平等日益加剧的推手，本质上并不利于公众利益。

加密货币背后的黑暗远不止于此。除了充当洗钱和隐匿资产的媒介之外，比特币还引诱轻信商机的小投资者们进入一个巨大的、去中心化的庞氏骗局中。正如一位评论家所言，加密货币是“所有人的庞氏骗局”。加密货币的金融骗局不同于伯纳德·麦道夫（Bernard Madoff）* 的金融骗局，后者的收割对象是富有的投资者。但是如果加密货币市场崩盘，“那么普通劳动者积累的财产将不可避免地随之蒸发，他们蒙受的损失最大”。[25]

不可否认，涉及比特币运行的区块链算法技术构思巧妙，卓有

---

* 伯纳德·麦道夫（1938—2021），伯纳德·麦道夫投资证券公司创立者，曾任纳斯达克主席，美国历史上最大的诈骗案制造者，其操作的“庞氏骗局”诈骗金额超过 600 亿美元。

成效。例如，在中国农村，区块链算法技术为消费者提供了一种可靠的方式来确保食品的安全性可溯源，这是单靠政府的管理无法做到的。[26]一位社会主义者评论家认为，“区块链技术可以作为工人合作社和左翼运行的机制”。[27]然而，可悲的是，无论区块链技术在改善人类生活状况方面有多少潜能，该技术滥用的风险正在加剧，已经威胁到了人类的生存。

悲剧和斗争仍在继续

在本书初版的两年后，笔者关于美国科学所做出的悲观结论并没有改变。美国科学的悲剧，已经延展至全球范围内整个人类社会的悲剧，情况只会变得愈发严峻。笔者在此重申：“现在比以往任何时候都更迫切地需要建立起致力于公共利益的全球经济体系，来取代服务于私人利益的现行体系。”打倒以企业利润最大化为目的的科学！

科学为民！

克利福德·D. 康纳

写于纽约，原莱纳佩人的居住地

2022 年 4 月

序　言

这是一部关于美国当代史的作品。当代美国政治反复无常、乱象丛生的本质使得当代史的叙述比以往任何一个时期都更为艰难。从将手稿提交至出版社到本书正式出版的这段时间内，书中的某些具体信息可能已经不合时宜了。然而，令人遗憾的是，本书的主题——美国科学的悲剧在短期内却不会过时，笔者多么希望情况并非如此！ xxi

本书的信息也相应地更多来源于当代时事而非历史档案。大部分的信息源并非科学家，而是调查记者、公益事业的推动者、公益诉讼律师、有良知的泄密人以及吹哨人（他们中也不乏不畏强权的科学家）。究其原因，当代科学的悲剧更多地在于经济、政治及公共关系，而非科学本身。科学家们并不是当代科学悲剧的制造者，他们中有很多人也同样是这场悲剧的受害者。

本书的标题《美国科学的悲剧》是为了致敬历史学家威廉·阿普尔曼·威廉姆斯（William Appleman Williams）的著作《美国外交的悲剧》（*The Tragedy of American Diplomacy*），他对笔者选择走上历史学家的道路产生了极为深远的影响。

本书的灵感来源于笔者之前给散文集《试想一下：生活在社会主义的美国》（哈珀·柯林斯出版社，2014 年）写的一个章节。在设想如何优化科技创新的过程中，笔者不可避免地注意到美国科技衰退、悲剧性的现状。对这一现状的思考促使笔者将这篇散文创作成最终呈现在读者面前的作品。

克利福德·D. 康纳

2020 年 3 月

导 言

笔者其实并不擅长扮演如耶利米*般“流泪的先知”的角色，笔者 1
天性开朗，总能感到幸福和快乐。

一个科学的合理解释是笔者属于“感觉良好”的那类人。威尔康奈尔医学院的一位精神病学教授解释说，像笔者这类的人（大约占了美国总人口的五分之一）由于某种基因突变而幸运地“中了基因彩票”。[1]这种基因突变产生了更多的花生四烯乙醇胺，它也被称作“极乐分子”，是人脑中作用类似大麻的天然化学物。尽管这种快乐的倾向会因现实中的不幸（比如朋友和爱人的死亡）而蒙上阴影，但这种追求快乐的天性依然存在。

除此以外，笔者一直以来还是一个科技迷，至少可以从笔者 14

---

* 耶利米（Jeremiah）是《圣经》记载中在犹大国灭国前的一位先知，《旧约》中《耶利米书》、《耶利米哀歌》、《列王纪上》及《列王纪下》的作者。他被称作“流泪的先知”，因为他明知犹大国远离上帝后注定的悲哀命运，却无法改变民众顽固的偏见。

岁拿到业余无线电执照那会儿算起。对无线电的迷恋最终使笔者走上了科学史学家的道路。对笔者而言，出版这本带有悲剧预言色彩的《美国科学的悲剧》，成为传递坏消息的那个人，着实是件痛苦的事。现实世界存在的种种问题，抑制了笔者自身“感觉良好”的基因。但作为一个尚未完全泯灭的乐观主义者，笔者还是在本书的结尾给读者留下了希望的空间。

直到 20 世纪上半叶，对多数人而言，揭示科学的悲剧性存在还是一件令人感到不安的事。科学长久以来都被人们视为金科玉律。在那时，几乎所有受过教育的人都认为当代科学能够且将会解决人类所有的问题。

人们对当代科学的美好幻象在第二次世界大战期间遭受了双重打击。第一重打击来自纳粹在实施种族灭绝政策时采用的那些骇人听闻的黑科技。随之而来的第二重打击是日本广岛、长崎的核爆炸造成了 10 多万居民的直接死亡，也标志着人类正式进入了核时代。
2 原子弹的制造者之一，尤利乌斯·罗伯特·奥本海默，曾用印度古诗“**这一刻，我变成了死神，成为世界万物的毁灭者**”揭示了科学不祥的阴暗面。

曼哈顿计划成功地制造了核武器，标志着美国科学进入了大科学*时代。随后发生的冷战满足了政客们对死亡科技的偏执。大规模杀伤性武器的扩散和失控结出了当代科学最大的悲剧恶果，但远不仅限于

* 大科学是国际科技界提出的新概念，由美国科学家普赖斯于 1962 年提出。他认为第二次世界大战前的科学都属于小科学，从第二次世界大战时期起，科学研究进入大科学时代。就其研究特点来看，主要表现为：投资强度大、多学科交叉、需要昂贵且复杂的实验设备、研究目标宏大等。

此。令人担心的是，对科学的误用和滥用已经成为人类为自己对地球环境造成毁灭性影响开脱的理由。

这真是一场悲剧吗？

有关美国科学悲剧性的看法可能会引起一些读者的不快。他们难免会有这样的疑问——美国难道一直以来不是世界上拥有最多科技创新的国家吗？现在也依然如此。飞机、电视、电脑、互联网、苹果手机难道不都是美国最先发明的吗？美国科学还促进了医学和生物化学的巨大发展。美国当前的科学发展固然会伴随着困难和挑战，但是将其称为悲剧是不是太夸大其词了？

不幸的是，美国科学的悲剧并不是危言耸听，其悲剧性来源于科学的企业化和军事化。究其原因，是利益驱动的经济体制，它限制了人类理性地做出经济决策的能力。

科学的企业化或私有化

科学之所以被视为可信的，是因为科学是基于客观事实而非主观偏见。科学要求科学家们的判断不受利益冲突影响，能客观公正地进行科学研究。但由私人利益推动的科学无法避免实质性的利益冲突，而只要有利益冲突，就无法做到客观公正。

随着企业越来越多地掌控科技的发展，理想状态下客观公正的科学研究渐渐变得不再重要，导致所谓的科学研究常常被利益攸关的个人和机构所把控。埃克森美孚公司（ExxonMobil）和科氏工业集团（Koch Industries）一直都在资助否认气候变化的研究[2]；菲利普·莫 3

里斯公司（Philip Morris）和雷诺烟草公司（R. J. Reynolds）认为吸烟与肺癌之间的联系并没有人们以为的那么密切[3]；普渡制药（Purdue Pharma）和辉瑞制药（Pfizer）正在研究他们所出售药物的益处和风险[4]；可口可乐公司与家乐氏公司将营养学作为他们产品的营销工具。[5]

大型科技公司，或者说是掌控了计算机、软件和云服务行业的五大科技巨头，促进了美国科学私有化的快速发展。谷歌、苹果、脸书、亚马逊和微软这五大科技巨头正在投入数十亿美元来开发“机器智能”。从驾驶到进行脑部手术，机器智能几乎无所不能。正如科技分析师法哈德·曼约奥（Farhad Manjoo）所言，五大科技巨头正共同地

> 成为当今世界科技研发的最大投资者。根据他们的收益报告，他们今年（即 2017 年）在研发上的支出有望超过 600 亿美元。与之相对比的是，美国联邦政府在 2015 年用于所有非国防的科学研究的总开支大约是 670 亿美元。[6]

可以预见，人工智能的未来发展将更多地服务于私人和军事利益，而非公共和民用利益。

甚至科学研究方法也在此过程中被重新设定以适应新的现实。“假设驱动型研究”意味着提出商业提议推进公司议程，并设计研究以提供相关数据证明来验证该提议。那些为所需假设提供表象支持的调查研究得到了充分的公共关系待遇，而那些不支持假设要求的研究则会悄无声息地遭到销毁。

所有这些科研成果，往好处说是不可信，抑或简直就是弄虚作假

的。最令人震惊的例子就是否认气候变化以及“吸烟不会导致癌症”的研究。然而，在立法委员和人云亦云的大众媒体的推波助澜下，以营利为目的的企业科学掌控了公共话语和公共政策，而后者反过来危害了人们的环境和健康。

利益驱动的科学制度化

娜奥米·奥雷斯克斯（Naomi Oreskes）、埃里克·康韦（Eric Conway）、谢尔顿·克里姆斯基（Sheldon Krimsky）、马里恩·内斯托（Marion Nestle）等专家学者所传递的理性的声音引发了民众对于资本腐蚀科学这一现象的担忧。然而，来自美国主流媒体中服务商业利益的声音和右翼智库[7]的声音却压制了理性的声音。这些掺杂了非 4
理性因素的声音通过巧换概念、以偏概全的做法成功地将民众对于科学的关注引向了不理性的一面。

操纵科研成果为私人商业利益服务本质上是将反科学伪装成科学。反科学的力量得到了美国制度体系，特别是根本政治制度的大力支持。从联邦和州立法机构到地方学校董事会，擅长蛊惑人心的政客们一直不遗余力地充当所谓“共和党对科学的战争”的急先锋。尽管无知者无畏的叫嚣确实来源于共和党人，反科学却在民主党和共和党内部都大行其道，得到了两党背后企业金主的资助。

进入特朗普时代

谈到这儿，很多读者难免会有这样的疑问：就美国科学的悲剧而言，什么时候反科学的特朗普也需要引发争论？特朗普政府难道不是最能体现美国科学的悲剧性吗？

确实如此。但是唐纳德·特朗普绝不是一个平凡无奇的共和党政客。在特朗普任职之前，人们很难想象素来谨慎的《纽约时报》会如此评价一位美国总统："特朗普先生不仅仅是种族主义者。他粗鲁无知，能力低下，有失体面。此外，他还是个骗子。"[8]一众权威人士将特朗普的就职典礼定义为"后真相"或"后事实"时代的开端，标志着美国进入了反启蒙、非理性的时代。特朗普时代引发了令人不安的精神危机。语言的崩塌遮蔽了对真理的追求，人们议论纷纷，莫衷一是，对可靠性知识的追求沦为无关紧要的消遣。小丑和骗子把控了国民话语，使得科学的发展在美国举步维艰。

然而，关键的是，美国科学的悲剧并非起源于特朗普的当选。自第二次世界大战结束以来，美国科学悲剧性的发展趋势就已经开始显现，只不过蛊惑民众的政客对科学、经验现实以及理性的攻讦使得这一趋势更为明显。特朗普的精神导师——罗伊·科恩（Roy Cohn）尽得冷战狂热斗士约瑟夫·麦卡锡（Joseph McCarthy）和约翰·埃德加·胡佛（J. Edgar Hoover）思想的真传。而特朗普的意识形态使他成为这一思想体系完美的继承者。

5 特朗普政府加剧了一个相当危险的科学趋势，即政府对商业活动监管的弱化。而后者正威胁着人们的生活环境，污染着空气、饮用水、食物和药品。甚至环境保护署和食品药品监督管理局所能提供的有限的监管能力也大幅下降。

美国学术界相当多的一部分人，即"用金钱能买到的最优秀的人才"也在破坏着科学诚信。许多有良知的科学家竭力在研究中保持独立判断，但随着公共资助的减少，资金压力迫使他们屈从于寻求私人企业的赞助。正如本书第八章和第九章所述，大学实验室和高校智库正在相互竞争以获得企业赞助，而企业对此乐见其成。结果导致了为公众利益服务的科学在美国基本上已成为过去式，现在的美国科学是为了企业的利益服务。

美国科学的军事化

在笔者看来，美国科学最具悲剧性的荒谬是由科学的极端军事化造成的。自第二次世界大战结束以来，美国科学的主要任务就是创造新的、更高效的杀人方式——从热核炸弹到无人机、集束炸弹，以及数不清的各式杀伤性武器。

第二次世界大战期间，曼哈顿计划的成功实施使得“大科学”的理念崭露头角。1945 年 8 月遭受美军原子弹袭击的广岛和长崎上空升腾的蘑菇云进一步证实了“大科学”的可怕威力，从而确立了其在冷战时期及战后发展的军事倾向。

科学技术非但没有为人类的文明进步提供创新动力，反而将人类文明导向了反人类的毁灭之路。美国的军费预算就是最有力的证据。在过去的几十年里，超过一半的研发资金——总额高达数万亿美元——被用于军事目的。2017 年，仅美国国防部就获得了 48.5% 的联邦研发资金，这还不包括能源部预算中用于核研究的巨额支出。[9] 6

不可否认，美国科学的发展也产生了改善民生的技术，但其中大多数都是战争科技的副产品。例如，1946 年，一位负责雷达管测试的雷声公司工程师感受到口袋里有一种奇怪的温暖。他意识到是雷达管的热辐射融化了他随身携带的巧克力糖，于是他对该现象进行了深入研究，最终发明了微波炉。[10] 有关军事研究的其他突出成果（即"两用"技术）还包括互联网、GPS 和"智能虚拟助手"，如 Alexa 和 Siri。

想想看，如果所有的人力物力都致力于解决当今人类所面临的重大问题——贫困、饥饿、疾病和环境破坏，与现在已有的成果相比，将会取得多么伟大的成就。但事实并非如此。如果这都不算悲剧，那就没有什么能被称之为悲剧了。

一直以来，美国政府都试图在公众话语中淡化美国联邦预算中的天价军费及科技研发中的军事研究占比。众所周知，1961 年艾森豪威尔总统曾在演讲中警告美国人民小心"军工复合体"，但这次演讲没有涉及更深层次的原因。要看透现象背后的本质问题，就需要了解第二次世界大战以后的美国科学史，从杜鲁门政府到现在的特朗普政府。还需要了解回形针行动、兰德公司和美国国防部高级研究计划局（Defense Advanced Research Projects Agency，简称 DARPA）是如何作用于并最终塑造了美国科学。

最令人郁闷的是，人们意识到这个问题不可能得到解决——至少就当前的美国社会而言。根本原因在于美国经济对军费开支的高度依赖。有一个专有名词可以用来形容这种极端的恶性循环，"军事化的凯恩斯主义"。尽管这个说法听起来是个晦涩的学术表述，但它却简明扼要地阐述了问题的本质：如果没有每年超过万亿美元的军费开支，失业率将迅速飙升。

在今天的美国，如果五角大楼不再为工业生产提供人为的巨大市场，数百万从业者——不仅仅是受雇于军工企业的工人——将面临失去生计的困境。没有工资，这些失业者将无力购买商品或服务，美国的国民经济将裹足不前，这也将严重扰乱全球经济。

美国例外论 7

美国例外论的观念认为，美国在国际事务中不受传统道德规范的约束。侵略他国并杀害他国反抗平民的行为在国际上通常会被视为犯有战争罪。自18世纪启蒙运动以来，所有的文明社会都谴责实施酷刑是不道德和令人厌恶的。然而，在美国政府和公民的眼中，美国作为一个仁慈的超级大国，入侵他国并进行杀戮和折磨的行为却是情有可原的，是为了捍卫和平、民主和人权。

美国例外论为美国极度扩充的武器生产常态化提供了一个充分的理由，是国家安全国家（National Security State）存在的逻辑依据。国家安全机器监控着所有人的私人通信，并催生了秘密法庭或特别法庭，危险地动摇了国家法治的根基。美国例外论已经为美国的多场战争行为提供了意识形态正当性的理由，导致在世界范围内数百万人的死亡，人们早就应该对其进行反思和批判。

美国科学并非全盘皆输！（打破樊笼）

上文所列的一连串悲剧是否意味着美国科学将走向不可避免的悲惨结局？那并不是笔者的意图所在。目前的悲剧似乎导致美国科学陷入了一个无望的僵局，但还有一条出路尚存希望。

这不是一条容易走的路，人们需要打破固有的思维樊笼才能理解。这里的“樊笼”指代的是以市场为基础、以利润为驱动的经济体系。

几乎所有美国经济评论员和理论家都理所当然地认为该经济体系是最具合理性的存在，似乎其他经济体系不值一提，甚至不可能存在。

几十年来，该经济体系一直是一个坚不可摧的樊笼，它成功地禁锢了人们的认知，几乎操控了美国公众的思想。但 2016 年的总统选举或许显示了这个樊笼并非固若金汤。在大多数美国人的记忆中，伯尼·桑德斯（Bernie Sanders）在竞选活动中首次将社会主义一词带入了公共话语领域。

笔者不认为桑德斯 2016 年的竞选理念能为美国经济发展的军事化的凯恩斯主义提供解决方案。尽管他个人反对巨额的军费开支及发
8 动战争，但美国的政治结构和体系注定了对战争机器发起的任何形式的挑战都是徒劳的。桑德斯担任佛蒙特州参议员和国会议员已有 25 年之久。其参政记录显示，他一方面批评五角大楼预算“过度”，挥霍无度，一方面又经常对其提交的预算法案投赞成票[11]，并赞成对伊拉克、阿富汗、科索沃、索马里和其他地方进行军事侵略。这一切都表明桑德斯对美国鹰派的战略根本构不成真正的威胁。[12]

尽管如此，桑德斯 2016 年的竞选活动及其 2020 年的后续活动在美国年轻人中引发了不小反响，他在宣传普及社会主义思想和消除社会主义意识形态的污名化方面所做的努力值得称赞。至少，人们开始认真思考替代美国现有经济体系的其他方式的可能性。2018 年的中期选举进一步推动了这一进程，自称民主社会主义者的候选人开始在国家、州、县和市级层面赢得行政职位。2020 年美国总统大选前，“绿色新政”和“全民医保”的辩论主题引发了美国民众对科学相关问题的思考和讨论。“绿色新政”尤其反映出当代年轻人的环保意识日益

增强，他们认为全球变暖是一场关乎生存的危机。要避免这场灾难，不仅需要政策的调整，还需要进行大规模的结构性社会和经济变革。

公众舆论的一个关注焦点是科学技术能否从破坏性目的转向创造性目的。幸运的是，历史的发展充分表明了真正的、不受资本束缚的科学可以在后资本主义经济秩序中蓬勃发展。本书的最后一章将重点分析这段历史，并证明科学发展并不完全依赖于个人的物质激励和利润动机。

所有这一切中令人充满希望的是，创造一个科学为人类需求服务的社会体系来取代现有的以科学为盈利手段的社会体系，并不是一个遥不可及的乌托邦式梦想。

Ⅰ　美国科学的企业化

第一章

弥天大谎

对食品相关问题的研究是由微生物学、物理化学、消化病学和精 10
神病学等传统学科背景的科学家开展的。然而，对食品科学现状的研究主要集中在两个更为复合的跨学科领域：营养科学（本章的主题）和农学（下一章的主题）。营养科学关注的是食物与人体的相互作用，而农学关注食物是如何生产的。

营养科学是自相矛盾的说法吗？

营养对人类健康至关重要，意味着所摄入的食物特性与每个人的健康都息息相关。美国有将近一半的成年人（即 1.33 亿人）至少患有以下由饮食导致的四种健康问题中的一种：心脏病、中风、癌症及糖尿病。这些慢性疾病导致的死亡占据了每年美国人死亡人数的十分之七。[1]

无论健康饮食的建议如何，就笔者个人经验而言，必须始终努力将体重保持在可控范围内才能保持健康。这让笔者开始意识到营养科学其实是一种自相矛盾的说法。尽管这种说法看起来有失公允，近年来频繁爆发的丑闻已经暴露出营养研究中的腐败问题。[2]

2018 年 9 月，根据安那海德·奥康纳（Anahad O'Connor）在《纽约时报》上发表的文章所言，美国最受人尊敬的食品研究专家之一，康奈尔大学食品与品牌实验室负责人——布莱恩·万辛克（Brian Wansink）教授的职业生涯已经不光彩地结束了。万辛克本人，在康
11 奈尔大学对外公布认定他存在包括谎报研究数据等学术不端行为后，已提出辞职。[3]

一些专家认为这起丑闻事件表明在食品和健康研究领域存在着更为严重的问题。批评人士认为，“相当多的食品研究具有误导性。它们并不具有科学性，是被人为操纵得出的可疑的结论”。

> 万辛克博士的实验室向来以数据挖掘，或者可以说以 P 值篡改（P-hacking）而闻名。P 值篡改是指对数据集进行详尽分析，从虚高的数据中梳理出本应被忽视的结论。批评人士说，这相当于撒下一张大网，然后提出一个假设来支撑任何看起来有趣的研究成果的数据——这与科学的研究方法背道而驰。[4]

令人遗憾的是，万辛克的丑行和学术不端行为的曝光事件并不会显著改善营养科学的研究现状。下文的事例表明，基于不可靠统计数据的研究并不少见，而且数据挖掘的现象也不会很快消失。

政府的膳食指南在多大程度上是科学的？

如果某人对于食用低脂食物有益心脏健康的说法坚信不疑的话，他会发现持有这样想法的人并非少数。与此同时，公众却很少意识到糖也是诱发心脏病的因素之一。这些被营养学专业人士定义为基于科学的健康观念因政府的支持而愈发广为人知。

联邦政府每五年会发布并修订一版《美国居民膳食指南》。不管是否真有那么多美国人会关注这些指南，它们无疑对美国人的饮食方式产生了重大影响。该指南不仅是美国营养教育、食品标签法以及食品援助计划的基础，还是美国国立卫生研究院（National Institutes of Health）研究的重点。顺便一提，这些食品援助计划直接影响到四分之一的美国人口。学校早餐和午餐计划以及食品券计划或是补充营养援助计划（Supplemental Nutrition Assistance Program）每年需要花费1000 多亿美元才能提供符合联邦政府营养要求的食品。此外，受该膳 12
食指南影响的不仅仅是美国人。作为政府膳食建议的典范，《美国居民膳食指南》在世界范围内都备受推崇。

美国法律规定了膳食指南应当包含与营养和膳食有关的科学和医学知识。[5] 在 2015 年最新版指南发布前，政府委派专家组成膳食指南咨询委员会（Dietary Guidelines Advisory Committee）并要求他们撰写一份初始报告。[6]《美国居民膳食指南》将根据报告内容完成修订，并由美国农业部和公众健康服务部联合制作完成。[7]

2015 年 2 月，该报告甫一发布就引起了公众前所未有的关注。相比于仅收到约 2000 条公众评论的上一份报告，该份报告收到了 2.9 万条公众评论。而这仅仅是消费者保护团体和议案的游说者围绕糖、红肉、可持续农业和科学等议题在第一轮激烈辩论中所产生的评论数字。《英国医学会期刊》（前身为《英国医学杂志》）对该报告做了深入分析并提出了尖锐的批评，认为其内容缺乏足够的科学性。[8]

《英国医学会期刊》批评的关键点在于他们发现支撑该报告的科学依据实际上受到了利益冲突的影响。专家委员会承认，该报告严重依赖由食品和制药企业资助的一些健康倡导组织所提供的数据。

例如，美国心脏协会（American Heart Association）得到了“植物油制造厂商数十年的资金支持。作为回报，该协会长期以来一直在推广植物油产品，声称它能促进心血管健康”。[9] 此外，专家委员会成员自身也有秘而不宣的利益冲突。其中一位获得了核桃厂商和植物油巨头联合利华赞助的研究资金；另一位委员本身就是通用磨坊（General Mills）和百事可乐的公关人员。此外，本届委员会主席的任命打破了以往由大学科研人员担任的惯例，首次由健康产业公司的人员担任。总而言之，正如《英国医学会期刊》所批评的那样，“这种对企业赞助团体的依赖行为明显损害了政府报告的可信度”。

13 营养科学中的重度糖瘾

安那海德·奥康纳在 2016 年发表于《纽约时报》的一篇调查报告中引用了新近发现的证据来表明“近 50 年以来对营养和心脏疾病的研究结果，包括今天的许多饮食建议，可能在很大程度上都受到了制糖业的左右”。[10]2016 年发表在美国医学会内科杂志上的一篇文章披露了相关证据。[11] 制糖业的多份内部文件显示，一个名为“糖业研究基金会”（后更名为“制糖协会”）的行业组织资助了 1967 年的一项研究。该研究不仅确定了营养研究的项目纲要，并为未来持续数十年的重糖理念宣传造势。

糖业研究基金会还收买了三位哈佛教授，让他们就该组织指定的相关研究发表评论。[12] 他们的评论文章于 1967 年 7 月发表在权威医学杂志《新英格兰医学期刊》（*New England Journal of Medicine*）上。[13] 他们对糖在心脏疾病中的影响轻描淡写，却暗示饱和脂肪才是导致心脏疾病的罪魁祸首。毫无疑问，被曝光的多达数千页档案文件表明了这些来自哈佛的科学家和制糖业之间心照不宣的勾当。

1964 年，制糖业高管约翰·希克森（John Hickson）与业内其他人士商量开始一项计划，以便“通过我们自己的研究、信息和立法计划”来改变公众舆论。考虑到那时的营养研究已经开始指向高糖饮食与心脏疾病的高发病率之间的关系，希克森提议通过制糖业资助的研究对这些令人担忧的结论发起反击。他在文件中写道，“然后我们就可以公布数据，反驳那些诋毁我们行业的人”。

1965 年，希克森招募了来自哈佛的研究人员。他们撰写了一篇评论用来驳斥那些反糖研究的指控。他向研究人员支付了 6500 美元，相当于现在 4.9 万美元的报酬。希克森挑选了供他们评论的文章，并明确表示希望研究的结果可以为糖正名。哈佛大学的赫格斯特德博士（Dr. Hegsted）向制糖业的高管们许下承诺，打消了他们的顾虑。“我们很清楚你们的特别关注，”他回复道，“我们会尽最大努力处理好这件事。”[14]

人们不能将营养科学的腐败行为视为无关紧要的事件。正如科学
14 史学家大卫·辛格曼（David Singerman）所言，它“影响了持续数十年之久的公众健康政策的制定。该政策引导美国人食用低脂食品，这导致人们摄入了过多的碳水化合物，加剧了美国肥胖的大流行”。[15]

糖饮与糖果科学

在误导有关糖的营养科学研究方面，可口可乐公司难辞其咎。2014年，该公司资助成立了一个一线团队——全球能量平衡网站（Global Energy Balance Network），以驳斥那些认为可口可乐和其他含糖饮料是导致儿童肥胖和二型糖尿病上升的罪魁祸首的批评。公共卫生署署长在2001年的一份报告中声称，“超重和肥胖症的比例之高在美国已经达到了流行病的程度”。而这一比例还在继续攀升。

超重和肥胖症在美国发展的态势有多迅速？1980年，只有不足15%的美国人患有肥胖症；而现在有超过三分之二的成年人及三分之一的儿童和青少年达到超重和肥胖症的程度。1980年，儿童患二型糖尿病实属罕见。而根据目前的数据预测，越来越多的青少年和一半的成年人已经患有这种疾病或正处于糖尿病的前期阶段。

现已关闭的全球能量平衡网站曾声称自己是肥胖研究方面的“科学之声”。根据它的科学理念，儿童变胖不是因为摄入过多的卡路里，而是因为他们运动锻炼不足。该组织还通过设计研究和筛选数据来支持这个虚假的科学理念。

安那海德·奥康纳的另一份调查报告显示，可口可乐公司“一直在与有影响力的科学家合作科研项目。后者则不遗余力地在医学期刊、

会议和社交媒体上推广虚假的科学理念”。[16]

当全球能量平衡网站被披露是可口可乐公司的傀儡时，该组织随即停止了运行。与此同时，可口可乐公司还批准了负责处理公司公关危机的首席科学执行官罗娜·阿普勒鲍姆博士（Dr. Rhona Applebaum）的“退休”申请。

科罗拉多大学医学院的教授兼肥胖研究专家詹姆斯·O. 希尔（James O. Hill）曾与阿普勒鲍姆博士共事。在一封向可口可乐公司高管推荐某个研究项目的电邮中，希尔表现得更像一个推销人员而非 15
有着敏锐洞察力的科学家。

> 我的观点如下所示。这项研究能够提供一个强有力的论据来阐释为什么卖糖饮的公司应该大力推广体育活动。这将是一项规模庞大而耗资甚巨的研究，但该研究可能会改变游戏规则。我们需要完成这项研究。[17]

在后一封邮件中，希尔补充道，“我想帮助贵公司摆脱麻烦制造者的印象，而重新成为一家为人们带来意义和乐趣的公司”。[18] 该提案于 2015 年 11 月 9 日提出，仅仅六周以后，《丹佛邮报》（*Denver Post*）报道称希尔从可口可乐公司获得了 55 万美元的资助用于“肥胖研究”。[19]

南卡罗来纳大学的肥胖研究专家史蒂文·N. 布莱尔（Steven N. Blair）博士在 2008 年至 2015 年期间从可口可乐公司那里获得了 350 万美元的研究资金，将对肥胖的归因从含糖汽水转移到缺乏体育锻炼上。布莱尔极具影响力的研究结果“在很大程度上构成了美国体育运动指南的基础”。[20] 然而，哈佛大学营养学系的学者和 36 名科学家联合署名反对布莱尔的观点，将其称为“科学的无稽之谈”。[21] 尽管如此，布莱尔对学界的指责无动于衷。《大西洋月刊》（*The Atlantic*）援引布莱尔的话称，“别指望我罗列出所有向我支付过咨询费或酬金的公司名称，这可能要花好几天的时间才能在堆积如山的电脑文件中找到相关信息”。[22]

在可口可乐公司关闭全球能源平衡网站三年后，该公司在中国故技重施，大力推广“快乐 10 分钟”。

> 中国政府发起的“快乐 10 分钟”活动旨在鼓励小学生每天课间锻炼 10 分钟。考虑到令人不安的儿童肥胖率，这似乎是朝着改善公共健康迈出的值得称赞的一步。[23]

“为了中国的健康生活”的口号听上去似乎不错。然而两项最新研究表明，中国的肥胖问题在很大程度上是可口可乐和其他西方食品饮料巨头的杰作。

16 对这一事件的深入调查揭示了国际生命科学研究所（International Life Sciences Institute）才是其幕后黑手。国际生命科学研究所，是一个设立于美国的“影响全球粮食政策的神秘组织”。该组织受到包括可口可乐、百事可乐、通用磨坊和杜邦（Dupont）等在内的 400 多家企业资助，在 17 个国家设有分支机构，在中国、印度和巴西极具影响力。[24]

与此同时，在美国，布伦达·菲茨杰拉德博士（Dr. Brenda

Fitzgerald）作为接受可口可乐高额研究资金的学者，于 2017 年 7 月被特朗普政府任命为美国疾病控制和预防中心（Centers for Disease Control and Prevention）的负责人。该职位是一个具有重要意义的联邦科学职位。菲茨杰拉德之前在担任佐治亚州卫生专员时，就曾接受过可口可乐公司 100 万美元的资助，用于研究儿童肥胖问题。2018 年年初，因另一桩涉及在烟草行业投资的利益丑闻，菲茨杰拉德被迫辞去疾控和预防中心负责人职务。

可口可乐并不是唯一一家试图用科学的外衣掩盖其商业利益的公司。根据美联社的一项针对食品行业对食品政策影响的调查发现，应《信息自由法》（Freedom of Information Act）要求，公立大学提供的相关记录中曝光了数千封涉及犯罪行为的电子邮件。其中一项所谓的科学研究结论是“吃糖的孩子往往比不吃糖的孩子体重更轻”。[25] 得出这一令人啼笑皆非的诡论的研究项目，得到了美国糖果协会的赞助资金。该协会的成员代表是生产黄油饼干、好时巧克力和彩虹糖的厂商。该项研究的作者共有三位，其中两位是来自路易斯安那州立大学的卡罗尔·奥尼尔（Carol O’Neil）和贝勒医学院的特蕾莎·尼克拉斯（Theresa Nicklas）的营养学教授。另一位是美国家乐氏公司的前高管维克多·富尔戈尼（Victor Fulgoni）。据美联社报道，他现在致力于帮助多家公司推行“积极主动的、基于科学的产品宣传”。这三位作者的研究成果相当丰硕。自 2009 年以来，他们“在家乐氏和牛肉、牛奶和果汁等行业组织机构的资助下，已经撰写了 20 多篇论文”。[26]

营养科学与“营养主义”

食品行业通过创建一线团队，贿赂科学家让其研究成果服务于食
17 品行业利益等直接手段玷污了营养科学的公正性。他们还采用了其他更含蓄的间接手段来欺骗公众。一个特别成功的战略欺骗手段是将营养研究的重点从食物研究转移到分子研究上。

“150 年以来”，科学史学家大卫·辛格曼评论道，制糖业“一直都在影响政府政策的制定，以便让人们嗜糖成瘾”。[27] 在 19 世纪，美国制糖业为了保护国内市场不受国外竞争的冲击，采用了双管齐下的策略。他们一方面游说政府提高食用糖的进口关税，“政府火中取栗的行为导致到了 1880 年，用于糖的经费支出占了联邦预算的六分之一”。[28] 另一方面，他们推动立法改革，根据蔗糖含量的测定，确立了“精制糖”的合法地位，从而使来自加勒比地区的制糖业竞争对手处于不利地位。辛格曼说，这种对科学客观性的貌似合理的诉求“掩盖了邪恶的目的”：

> 就像 20 世纪 60 年代的烟草业一样，这些精制糖厂商知道，科学问题很难由局外人来评判，因此更容易为业内人操纵来攫取行业利益。[29]

时至今日，美国制糖业还在使用花招，将人们的注意力从糖转移到蔗糖，使得营养科学的研究朝着向大型食品公司利益倾斜的方向发展。

> 回顾制糖业将糖（一种从植物中提取的可食用物质）转化为蔗糖（一种分子）的过程，我们也看到了美国健康政策中“营养主义”的本质。这种观点认为，影响人类健康的不是食物本身，而是一些可分离的生化因子。[30]

“营养主义，”公益食品评论家兼作家迈克尔·波伦（Michael Pollan）解释说，“并不完全等同于营养科学。正如‘主义’所暗示的那样，它不是一个科学课题，而是一种意识形态。”营养主义的指导前提是，食品科学的合理关注应是营养物质。此外，因为“与食物相比，看不见的营养物质有点儿神秘”，所以我们需要科学家“向我们解释食物背后隐藏的真相”。[31]

营养物质的概念起源于19世纪早期，当时蛋白质、脂肪和碳水化合物被认定为“巨量营养素”（macronutrients）。20世纪初*，一
位名叫卡齐米兹·芬克（Kazimierz Funk）的生物化学家发现了一种 18
他称之为“生命胺”或“维生素”的物质。简而言之，是因为其中一种维生素可以预防致命的脚癣。世界上第一批微量营养素就这样诞生了。然而，直到20世纪70年代末，营养主义才成为主流观念。该观念的兴起是因为当时的美国食品行业强烈反对1977年美国国会委员会（俗称麦戈文委员会）颁布的建议美国人少吃红肉和奶制品的膳食指南。[32] 该委员会成立于1968年，其开创性的膳食目标报告代表了政

---

* 原文为20世纪末。据考证，1911年，芬克从提供营养益处的水稻壳中分离出“胺”物质，进而提出有些物质对生命至关重要，他称之为“vitae animae”，后来缩写为“维生素”。他在1911年的一篇题为《关于治疗抛光大米饮食诱导的鸟类多发性尿症的物质的化学性质》的论文中阐释了这一发现。故译者将其更正为20世纪初。

府和高校学者多年来研究和讨论的成果。

然而一个不言而喻的事实是没有哪个行业希望消费者减少对其产品的消费。1982 年，一场由养牛业、乳业、蛋业和制糖业发起的激烈运动，成功游说了美国国家科学院（NAS），在研究报告中将“少吃”的建议换成了一种对行业威胁较小的表述：“选择能减少饱和脂肪摄入量的肉类、家禽和鱼类。”[33]

迈克尔·波伦指出，值得注意的是，

> 如上表述如何抹去了鱼肉、牛肉和鸡肉这样不同实体之间的差异。鱼肉、牛肉和鸡肉这三种食物都代表着一个截然不同的分类，而现在被混为一谈，统称为某一种营养物质的输送系统。人们还需要注意，这种新型的表述方式如何为食物本身开脱；在这种语境下，罪魁祸首是叫作“饱和脂肪”的一种隐晦的、看不见的、无味的，且与政治无关的物质。这种物质可能存在于食物中，也可能不存在。[34]

从那时起，政府的膳食指南就开始“在科学委婉语的外衣下谈论着营养物质”。1982 年，美国国家科学院发表了一份关于癌症和营养的报告，该报告极具里程碑意义，

> 它开启了新的官方饮食用语。企业和媒体紧随其后，像多元不饱和、胆固醇、单元不饱和、碳水化合物、纤维、多酚、氨基酸和胡萝卜素这样的术语很快占据了大部分的文化空间。而在此

> 之前，人们谈论的都是被称为食物的有形物质。营养主义的时代已经到来。[35]

将食物简化为营养物质是一种还原主义谬论，波伦解构了这种谬
论。“即使是最简单的食物，”他解释道，“研究起来也是极其复杂的。 19
食物实际上由多种化合物的组合构成，而许多化合物之间又存在着复杂而动态的关系。所有的化合物都处于从一种状态转变为另一种状态的过程中。”[36]

还原论科学的一个主要问题是它倾向于对事物进行机械的阐释：“加入某一种营养物质将生成某一种生理结果。”该种阐释方式不仅忽略了个体之间的生理差异，也忽略了不同文化和社会之间的差异。

> 一些人群比其他人群对糖的代谢水平更高；进化遗传的因素决定了个体能不能消化牛奶中的乳糖；肠道的特定生态决定了消化食物的效率。因此，不同个体在同样摄入 100 卡路里的情况下可能会产生不同的能量，而这取决于个体肠道中厚壁菌门和拟杆菌门的比例。人类进食并不像给机器加燃料。身体不是机器，所以把食物简单地等同于身体的燃料的观点是错误的。[37]

营养主义的学术发展说明了企业是如何影响并阻碍了对食品类别的整体性研究。而这仅仅是破坏食品科学作为一个完整性存在的一种手段。它和其他种种手段一起威胁着美国公众的身体健康。特此警告：腐败的科学终会危害人们的身体健康。

第二章

绿色革命

20 70 多年来，绿色革命一直在断断续续地试图根除或至少减轻世界性饥饿的危害。尽管世界性饥饿并不总是人们关注的焦点，这个问题的严重性和紧迫性却是显而易见的。因营养不良导致的疾病每年导致 300 多万名 5 岁以下的儿童死亡。[1]

儿童饥饿问题不仅存在于不发达国家，在美国也同样严峻。婴儿死亡率反映出社会的食品不安全问题。2016 年，根据美国中情局的《世界事实手册》（*World Fact book*）所示，美国婴儿死亡率排在全世界的第 57 位，排名紧挨着波斯尼亚和黑塞哥维那。该现象引发的思考简单明了：为什么不是所有人都能获得足够的食物？而农学作为食品生产的科学能解决这个问题吗？

马尔萨斯的答案

1798 年，托马斯·马尔萨斯牧师在他的《人口论》中对于上文中提及的第一个问题给出了极其错误的答案。马尔萨斯认为该问题是无解的：**不可能所有人都**获得足够的食物，因为贫穷和饥饿是控制人口增量的“自然的方式”。他用了统计学的套路，声称人口以几何级数增长，而粮食产量仅以算术级数增长。这一论断给关于饥饿问题无解的声明披上了学术的外衣，赢得了社会理论家和政客们的赞同。

马尔萨斯人口论所造成的反动的社会影响显而易见。1834 年，受 21
马尔萨斯主义的启发，英国政府通过立法的方式毫不留情地停止了救济金的发放，迫使贫民进入残酷的济贫院生活。社会哲学家赫伯特·斯宾塞曲解了达尔文的自然选择理论，提出了社会达尔文主义理论来证明资本主义的野蛮发展、麻木不仁和贪婪掠夺都是合乎情理的。斯宾塞错误地认为达尔文的“适者生存”理论不仅适用于生物进化，也同样适用于人类社会。[2] 社会达尔文主义认为，对人类发展而言，最好的方式是在极端的情况下宁可让穷人饿死，也不应通过私人慈善机构或国家资助的福利项目来帮助他们生存。虽然通过饥荒来控制人口从未成为英国的官方政策，但斯宾塞的思想却强化了因贫穷而指责和惩罚穷人的政治倾向。

马尔萨斯曾在 1798 年预言人口的增长将永远超越地球的食物供应能力，但随后到来的工业革命让他成为史上最失败的预言家。工业革命的腾飞促使农业生产力迅猛、持续地发展，使农民有能力生产出足够养活地球上现有人口总和数倍之多所需的粮食。

然而，大规模的营养不良和饥饿问题一直持续到今天。“为什么不是所有人都有足够的食物？”这一问题在当今社会与在马尔萨斯所处的时代一样亟须解决。

如此大规模的饥荒表明，目前人类生产的粮食不足以养活全世界人民。如果这是问题的核心，那么显而易见的解决办法就是增加粮食产量，而农学也随之应运而生。

绿色革命

基于上文中的常识性逻辑，许多国家的科学家——尤其是美国科学家，开始承担起现代科学发展的重任来打破世界饥饿的诅咒。他们通过科学研究来帮助亚洲、非洲和拉丁美洲的贫困农民提高粮食产量。此类研究始于 1944 年旨在提高墨西哥农业生产力的农学实验，由洛
22 克菲勒基金会（Rockefeller Foundation）资助。该实验在提高粮食产量方面取得了突破性的进展，引得其他国家和地区也纷纷效仿。这不仅拉开了绿色革命的序幕，也标志着现代农学开始采取行动以应对全球饥饿和贫困。20 世纪 70 年代，由洛克菲勒基金会和福特基金会（Ford Foundation）资助的研究机构所培育的小麦、水稻和玉米的新品种已经推广到世界各地。绿色革命的“神奇种子”伴随着新的耕作方法，取代了数百万贫困农民的传统种植方式。

就其本身而言，绿色革命取得了令人瞩目的成就。“绿色革命在粮食增量方面取得的成就并非夸大其词，”即便是最严苛的批评者也承认，“这些新培育的种子使得每年多收获了数千万吨的谷物。”[3] 但绿色革命也伴随着绿色陷阱。在欠发达国家和地区，绿色革命带来的粮食产量增多与饥饿人口的增多如影随形。这听起来似乎很矛盾，

但背后的逻辑其实很简单：如果穷人买不起食物，市场供应的食物再多也无济于事。真正的问题是日益严峻的经济不平等，这使得全球大部分人口无法获得生活必需品。

绿色革命非但没有缓解，反而加剧了经济不平等。新品种的小麦、水稻和玉米需要投入大量的化肥和农药才能实现奇迹般的产量，而大多数农民却负担不起如此高的费用。富裕的种植者能够负担得起高成本的新品种而越发富裕，而贫穷的农民的固有生计却遭到了破坏。[4] 因此，大地主们开始种植最能赚钱的经济作物用于出口，而不去种植能够养活国内人口的主粮作物。此外，从绿色革命新技术中获益最多的大量“农民”并不是亚洲、非洲或拉丁美洲的农民，而是总部位于美国的孟山都（Monsanto）、嘉吉（Cargill）和阿彻丹尼尔斯米德兰（Archer Daniels Midland）等农业综合企业巨头。

绿色革命加速了业已存在的不平等趋势。联合国贸易和发展会议（UNCTAD）在 2006 年的一份报告中宣称，“农业生物技术的集中正在赋予大型企业前所未有的粮食生产权力”。报告披露，拜耳作物科学（Bayer Crop Science）、先正达（Syngenta）和巴斯夫（BASF）等公司占据了农用化学品一半的市场份额，而孟山都在国际种子市场的占有率高达五分之一。大型农企的无上权力和其他种种因素一起让 23
农民“从‘种子所有者’转变为仅仅是专利产品的‘被授权人’”。[5]

导致小农户经营困境的一个关键因素是他们不得不为价格大幅上涨的种子支付高额费用。一份名为《失控：农民面临种子行业合并的后果》的报告叙述了种子单年价格上涨情况，“与 2008 年的价格相比，2009 年的玉米种子价格上涨了 30%，大豆种子价格上涨了近 25%”。[6]

从那以后，食品行业巨头的业务增长和合并呈飞速发展态势。到2019年年初，杜邦和陶氏（Dow）合并，拜耳收购了孟山都，先正达被中国化工（ChemChina）收购，这三家巨头公司控制着国际种子和农药生产总量的61%。

“大型生物技术企业垄断了在公共领域取得的研究成果”这一现象加剧了农业科学领域的企业腐败行为。而“农业技术创新的私有化和专利制度（如基因性状、转化技术和种子种质等）”又强化了农业综合企业的主导地位。农学存在的意义是为了解决世界性饥饿问题，而农业综合企业的腐败和垄断使得这一问题变成了无解的难题。[7]

盖茨式绿色革命和更加自由的市场主义时代

绿色革命在经历了高速发展的扩张期（1970年至1990年）之后就开始停滞不前。国际货币基金组织和世界银行向贫困国家施压，迫使他们在世界市场上购买粮食，而不是自己种植粮食。1999年，洛克菲勒基金会试图在非洲重启绿色革命，但收效甚微，直到2006年情况才有所改善。比尔和梅琳达·盖茨基金会（Bill and Melinda Gates Foundation）伸出援手，捐赠了1亿美元，创建了非洲绿色革命联盟（AGRA）。

非洲绿色革命联盟增加粮食供应的战略（即带有浓厚生物技术色彩的“创造性资本主义”）只不过是在现有的市场化的基础上强化了基因工程。想想看：市场仅仅充当了买卖的媒介。通过市场，发达工业国家的食品行业巨头向欠发达国家的农民出售种子、饲料、化肥和
24 杀虫剂，同时购买和加工他们的原始农产品。其结果是小农场被大型

农业综合企业吞并，数百万小农户流离失所，陷入贫困。富人生产了更多的食物，而穷人的饥饿问题却愈发严重。简而言之，市场并不能解决问题，市场本身才是问题所在。

人们天真地认为，消除世界饥饿的方法就是种植更多的粮食。这种天真的错误源于人们对农业经济史的严重误读。直到一个半世纪以前，粮食产量还不足以满足世界人口的基本需求。在此背景下，马尔萨斯在 1798 年发布的关于全球粮食供应将变得更加不足的预测看起来是合乎情理的。但在 19 世纪的最后 25 年，农业生产力迅速提高到了生产了太多粮食的水平——这里的太多是指超出市场消费能力。这导致了农作物价格暴跌以及越来越多的农民破产。一场永久性的农业生产过剩危机从此拉开了序幕，一直持续至今。

粮食生产和粮食生产能力是两个截然不同的概念。工业革命以及绿色革命使人们有能力为所有人生产足够多的食物，但该潜能中有很大一部分没有得以利用。在当今以市场为基础的资源配置体系中，决定粮食产量的主要因素并不是需求粮食的人口数量，而是可以通过出售来获利的粮食数量。归根结底，粮食短缺并不是造成世界性饥饿的原因，因而生产更多的粮食并不能解决饥饿问题。科学家潜心研究的农学并无用武之地，它在当前社会经济现实的背景下无足轻重。

与此同时，农业对化肥和农药的依赖却日益增加，后者价格昂贵且污染环境。而这又进一步增强了食品行业巨头对世界粮食供应的控制。但随着依赖石油化学的生产方式因收益递减定律而导致收益下降时，这些生产化肥农药的大型食品公司开始转向基因工程，将其作为另一种科学的权宜之计来掌控粮食供应。“当孟山都、杜邦、诺华（Novartis）和其他化学与生物技术公司声称基因工程会提高作物产量，养活饥饿人口时，”绿色革命的批评者在21世纪初警告说，“我们必须对此持怀疑态度。”[8]

第三章

从绿色革命到基因革命

转基因生物（简称 GMOs）是养活不断增多的世界人口的必需品吗？对此疑问，其创造者和捍卫者一直以来持肯定态度，这也是他们推行转基因工程的主要主张。其批评者认为，转基因技术对人类健康和环境的长期危害并没有得到充分的研究，而且转基因生物不能解决世界饥饿问题。而因转基因展开的针锋相对的争论还将在很长的一段时间内持续。

基因在 19 世纪被确定为遗传的生物单位，因此“基因改造”这个专业术语直到那时才正式出现，但事实上人类对动植物进行基因改造的过程已经持续了数千年。植物和动物驯化的本质就是操纵它们的遗传物质；在这个意义上，甚至可以说农业社会的起源——原始狩猎-采集者实际上是在实施基因改造工程。他们所积累总结的大量植物学知识是现代农学产生的先决条件。然而值得注意的是，传统的基因改造方法和现代的基因改造方法之间存在着显著的差异。

传统技术与转基因技术

农业不仅仅是简单地种植和收获野生植物，还需要引种驯化野生植物物种，将其转变为满足人类生产和生活需求的作物。在此意义上，
26 尽管标榜着“天然”的食品标签在当今的超市里随处可见，但几乎没有一种人们的食物是真正天然的。

被驯化的植物既不是在自然界中产生，也不是因神的旨意被创造，而是由史前人类创造的。原始的野生植物经人类基因改造后，它们的现代子孙甚至无法通过自然方式繁殖后代。玉米穗（玉米）是人工培育的产品。如果没有人类从玉米棒子中取出玉米粒并种植它们，玉米就不可能存在。没有人类的技术帮助，玉米将在短短一代的时间内从地球表面消失。

植物的驯化最初不经意地发生在早期人类寻求生计的日常生活中。但最终，原始社会的狩猎-采集者有意识地在物理环境中试验所有可用的物种，为后期的耕作培植奠定了基础。在此过程中，他们在数十万种野生开花植物中发现极少数植物可以通过改造来更好地为人类服务。自欧洲人“发现”美洲大陆的五个世纪以来，人们发现没有一种可被驯化的美洲植物此前未被史前美洲印第安人发现、改造和种植过。

制造转基因生物的传统方法是选择育种、杂交和嫁接。现代基因生物学家甚至声称他们只是继续沿用了制造转基因生物的传统方式而已。然而，现代转基因技术实际上是一种性质上截然不同的遗传操作形式。为防止来自截然不同的物种的 DNA 侵入，生物进化出了天然屏障，而转基因技术却打破了这层屏障。

例如，通过传统的转基因方法，狼可以和郊狼交配来产生一个新的犬类物种[1]，但让蝎子和卷心菜交配的想法显然是荒谬的、不现实的。然而，现代基因技术工程师已经成功地将蝎子的 DNA 拼接到卷心菜中。[2] 为什么会有人想要有毒的卷心菜？事实上转基因病毒形式的蝎子毒素已经被用于制作杀虫剂。通过直接在卷心菜中拼接蝎子毒素，理论上可以减少农药的使用，同时也可防治卷心菜虫害，而且从理论上来说并不危及人类的健康。

环保猪[*]的故事 27

一头猪、一只老鼠和一个大肠杆菌走进了一间酒吧……这个场景并非天方夜谭。事实上研究人员已经将这三种不同的基因拼接产生了一种新的生物。其创造者将其命名为环保猪，而在公共利益倡导者看来，这个新生物却是“弗兰肯斯坦怪物猪”[**]。

环保猪是加拿大圭尔夫大学基因重组工程的产物。研究人员宣称外来基因使得环保猪能更有效地消化磷，从而减少对环境的污染。但转基因批评者对此存疑，认为该论断并非事实，且具有危险的欺骗性。[3] 尽管其创造者声称，创造环保猪的初衷是为了解决工业化规模农场中大量猪粪造成的水污染问题，但环保人士却驳斥其动机是出于经济上的考量，即降低数百万加仑猪粪所涉及的处理成本。

环保猪项目最终因经济而非科研的原因而终止，这也印证了环保

---

* 环保猪（Enviropig）细胞中的遗传基因来自其他植物、动物或细菌，其唾液与肠道中会分泌植酸，切断植酸与磷的结合，可减少粪便里的磷含量以减少污染机会。

** “Frankenswine”一词是由 Frankenstein 和 Swine 组成的复合词，Frankenstein 来源于玛丽·雪莱的小说《弗兰肯斯坦》，指代毁灭创造者自己的创造物。

人士的观点。没有公司愿意出资把这种特殊的小猪品种推向市场。在一种帮助猪消化磷的饲料添加剂面世后，环保猪的基因改造已经变得无关紧要。随着该饲料添加剂价格的下调，农民更加不愿意冒险尝试养殖这种基因重组的猪。

在劫难逃

与此同时，人们对转基因动物的安全和伦理问题越来越担忧。一个主要的顾虑是，环保猪可能会走出围栏，与普通猪交配繁殖下一代，使它们的改造基因在全世界猪群中不受控制地传播。2002 年，人们担心的事情还是发生了。官僚机构的管理混乱使得 11 只被屠宰的环保猪的遗体污染了 675 吨用于鸡和火鸡养殖的家禽饲料。一位负责该项目的大学研究人员在接受采访时说："不想发生的事情总是会发生。"[4] 对此番评论，转基因生物的批评者纷纷惊呼：这正是我们想要表达的观点！

人们担忧的并不是环保猪的基因会转移到食用它们的动物或人类
28 的 DNA 中。更糟糕的是潜在的、未知的危险，即允许异常基因不可逆转地污染人们的食物供应——从猪开始，经由家禽，最终影响到人类的健康。

转基因生物、农药和除草剂

尽管可以直接食用的转基因食物引起了大多数消费者的警觉，但事实上，关于转基因生物的争论焦点更多地集中在转基因技术间接影响食物链的方面。人们不太可能食用转基因的猪肉，但人们食用的大部分猪肉来源于用转基因饲料喂养的猪。在美国，占比高达 92% 的玉米和 94% 的大豆都是转基因作物。[5]

许多争论并不涉及转基因作物本身，而更多地关注其使用的杀虫剂和除草剂。自 20 世纪 60 年代蕾切尔·卡森（Rachel Carson）在《寂静的春天》（*Silent Spring*）一书中对滴滴涕（DDT）造成的世界粮食供应危害提出警告以来，农药对环境的污染引发了人们的深切关注。

食品行业一直以来试图用种植转基因作物可以减少农药使用的说法来讨好环保人士。然而，事实却截然相反。一项对美国早期转基因作物的综合研究（1996 年至 2011 年）表明，在此期间美国农药使用量净**增加了** 4 亿磅（一磅合 0.4536 千克）。[6] 再来比较一下近 20 年来美国和欧洲的农业情况：在转基因作物普遍存在的美国，除草剂的使用**增加了** 21%；而在转基因作物大规模地遭受抵制的欧洲，除草剂的使用**减少了** 36%。[7]

然而，不同于除草剂的情况，在引入转基因作物后，某些种类的农药，即杀虫剂和除菌剂的使用量的确显著减少。造成两者差异的原因值得探究。想想看：农作物经过了基因改造来抵御昆虫和真菌，这就降低了农民使用杀虫剂和除菌剂的需求。但是转基因作物防除杂草的作用机理是完全不同的。农作物被基因改造后对普通除草剂有了耐药性，使得农民在不损害作物的前提下能够喷洒更多的除草剂。

食品行业推广转基因作物的逻辑无懈可击。通过提供抗除草剂的种子来种植需要更多除草剂的作物，既销售种子又销售除草剂的农化 29
公司因此赚得盆满钵盈。相比之下，销售抗虫的种子却会削弱杀虫剂的市场需求。孟山都正在致力于将下一代的转基因玉米改造成能够抵抗五种不同除草剂的新品种。正如一位评论人士指出的那样，食品行业的目标始终是“销售更多产品”。[8]

转基因争论的全线交锋

围绕转基因生物展开的科学争论进行得如火如荼，争论双方都拉来了重量级的科学家助阵。争论聚焦于两个基本问题：一是转基因生物是必需品吗？二是转基因生物是安全的，还是会对环境造成严重威胁？

这些问题会对社会的政治和经济产生重大影响。人们关注的焦点之一就充满了具有政治意味的利益较量：法律是否应该要求食品行业在其产品上贴标签，以便消费者了解它们是否含有转基因生物？

转基因生物的支持者试图将其反对者与神创论者和气候变化否认者混为一谈，从而达到将他们边缘化的目的。这种错误的归类方式已经初见成效，《国家地理》（*National Geographic*）杂志在 2015 年 3 月刊的封面文章上罗列了五个“反科学”的观点：“气候变化不存在”“进化从未发生过”“登月事件是假的”“接种疫苗会导致自闭症”，以及“转基因食品是邪恶的”。然而文章本身对基因工程着墨不多，只是轻描淡写地一笔带过。不幸的是，对文章的作者，被誉为“有可能是地球上最值得信任的公共科学家”的尼尔·德格拉斯·泰森（Neil DeGrasse Tyson）而言，贬损转基因批评者的行为也损害了他的科学声誉。[9]

转基因生物的反对者被边缘化的现象从某种程度上印证了学界已经就转基因生物的看法达成了广泛共识。尽管有 300 多名持不同意见的科学家和学者联合签署了一份声明，对共识这一说法提出了质疑。他们在声明中直言：“在转基因食品和作物的安全性方面，无法达成科学上的共识。”[10]

公共机构能否制衡企业的影响力？

支持转基因生物的共识得到了美国科学界的主要组织——美国国家科学、工程和医学研究院（National Academies of Science, Engineering and Medicine）以及美国科学促进会的官方支持。这无疑说明在美国 30
大多数科学家确实支持使用转基因技术。

作为公共机构，美国国家科学院本应发挥制衡私人利益的作用，但作为国家机构，它们不可避免地受到经济和政治压力的影响。食品行业巨头通常以不为人知的方式操纵公共科学，只有在这些名义上独立的官方科研机构的核心利益冲突被曝光后，其幕后推手才得以显现。美国国家科学、工程和医学研究院在2016年5月发布的一份重要报告中证实了转基因生物的安全性。[11] 报告甫一发布，公益组织就立即声称撰写该报告的专家委员会中的大多数科学家都与生物技术行业存在着秘密联系。[12]

《纽约时报》的一项调查指出，该咨询组的建议，

> 可能会对整个食品行业产生广泛影响。例如，像可口可乐和阿彻丹尼尔斯米德兰这样的食品巨头已经斥资展开合成生物学的研究。合成生物学是用于更为复杂的基因工程的专业术语。原本作为科研机构研究方向的合成生物学，现在已经得到广泛应用，

> 食品公司正在探索用它来制造调味料和甜味剂。[13]

负责组建专家咨询组并发布研究报告的道格拉斯·弗里德曼（Douglas Friedman）涉及的利益输送最为明显。弗里德曼在挑选专家组成员的同时，也在申请生物技术行业的任职。在他确定的 13 位科学家名单中，有 5 位是他申请任职的单位——工程生物学研究联盟的董事或顾问。该专家组成立于 4 月份，三个月后，弗里德曼就成为工程生物学研究联盟的新任执行董事。当弗里德曼被要求对此做出解释时，“他辩解说这就是个巧合”。[14] 此外，美国国家科学院的发言人威廉·科尔尼（William Kearney）承认，的确有两名存在已知利益关联的科学家被任命为专家组成员。但科尔尼认为几乎不可能找到既具备必要的生物技术专业知识，同时又与食品行业完全无关的专家。

31 这就从本质上解释了美国科学的困境的根本原因：在一个不愿意给独立研究充分资助的社会中，这些创新并审视科学知识的男男女女——无论他们是在大学、政府还是企业机构任职——最终都必须依靠私人资本来谋生。在此条件下产生的知识无法被认定为客观公正的。毕竟**谁出钱**，**谁说了算**。

如何收买科研人员

食品行业在转基因生物研究上提供的大笔幕后资金破坏了公共话语的完整性。作为转基因技术代言人的科学家们正有意无意地维护起如拜耳－孟山都公司、陶氏杜邦公司等巨头企业的利益，因为后者能为他们的科学研究和职业发展提供资金。

食品巨头将这些科学家推到台前，作为转基因食品的持续公关活动的形象代言人。食品行业协会还赞助了一些伪装成独立提供科研信息的前沿组织和网站。这些组织和网站往往是以营养科学之名，行利己之实。下文将通过两位孟山都公司的托儿——凯文·福尔塔（Kevin Folta）博士和大卫·R. 肖（David R. Shaw）博士的案例来详细说明。通常这些利益安排都是秘密进行的，但食品行业组织被曝光的内部电邮却揭露了企业如何招募有名望的科学家，并将他们培养成公司品牌独立代言人的详情。

这个行业组织就是生物技术信息委员会（Council for Biotechnology Information）。尽管它含蓄地称自己为“生命科学公司联盟”，但该联盟的成员却恰巧囊括了六大转基因种子制造商。[15] 2013 年，该委员会创建了一个名为“转基因问答”（GMOAnswers.com）的网站，旨在“为消费者提供中立的、实事求是的回答”。该网站由一家名为凯彻姆（Ketchum）的公关公司开发，后者以服务那些“为维护其产品或行为，坚持与环保组织做斗争”[16]的企业客户而闻名。

转基因问答网站声称它提供的答复来源于“独立专家”，这些专家“不隶属于生物技术信息委员会或其成员公司”。但此说法遭到了“美国知情权”的公共利益倡导组织的质疑。该组织根据美国的信息自由法，申请转基因问答网站向公众公开所持有的档案文件和相关电邮。[17]

标榜的公正和权威 32

不出所料，被公开的数千页的电邮详细叙述了孟山都公司和其他食品巨头是如何制定“公共关系策略，以凸显其倡导者——精英学者的身份的。学者们的教授光环是为了标榜公正和权威”。这些电邮“显示了学者如何从科研人员转变为企业的游说者和公关活动的参与者”，电邮内容不仅揭示了食品巨头在“积极招募学术研究人员”，而且还显示“生物技术行业以知名学者的名义发表了数十篇文章，尽管其中某些文章是由行业顾问起草的”。[18]

转基因问答网站的专业顾问由凯彻姆公关公司招募。佛罗里达大学园艺科学系的系主任凯文·福尔塔就是为该网站提供问题答复的科学家之一。福尔塔同时也是“最积极、研究成果最多产的生物技术支持者之一。但在电子邮件被公开之前，他从未公开承认与孟山都关系匪浅”。但凯彻姆公关公司“不仅仅是扮演了向专家提供问题的角色。有几次，它还向了福尔塔直接提供了答案，而后者几乎一字不改地采用了这些答案”。2014 年 8 月，孟山都公司向福尔塔提供了“2.5 万美元的资助，让他能在更多地方就转基因食品发表演讲”。获得资助后，福尔塔给孟山都的一名高管发了一封感谢邮件，说：“我很感激能有此契机，并向你们保证给予我的投资必有回报。”[19]

塑造公众舆论并不是科学家们向食品企业提供的唯一服务。通过游说政府，他们“帮助企业获得丰厚的回报。例如农业企业聘请了学术专家为代表干预了美国农业部的决策后，联邦监管机构批准通过了新的转基因种子”。以福尔塔为例，

> 他加入了一个由行业顾问、政策游说者和企业高管组成的核心圈子。圈子成员通过制定策略来阻挠联邦各州强制标识转基因生物的步伐。近期，他们还先发制人，试图说服国会通过立法，

阻止任何一个州采取这样的措施。[20]

农业企业巨头招募的另一位大学学者是密西西比州立大学负责研 33
究和经济发展的副校长大卫·R. 肖。孟山都公司向肖提供了至少 88 万美元的经费来资助他的研究项目。陶氏化学公司在向农业部申请批准一种新的转基因棉籽时也寻求过肖的帮助。在一封邮件中该公司提醒他考虑“农业企业对密西西比州立大学给予的财政支持”。[21]

转基因生物是必需品吗？

转基因技术的支持者认为，转基因生物是解决世界饥饿问题的必需品。对此论断，其批评者的回应从逻辑上来说简洁明了：如果世界饥饿问题的根源不是粮食产量不足，那么转基因作物所带来的粮食产能提升就不能解决问题，证明完毕。

需要说明的是，转基因批评理论的逻辑自洽是有前提条件的，即绿色革命使人们意识到提高粮食产能只是一种忽视社会现实的技术官僚策略。饥饿的根本问题在于经济的不平等。无论市场供应的食物有多么充足，仍有 10 亿左右的人口因买不起足够的食物而将继续挨饿。

转基因生物获得了来自美国国家科学、工程和医学研究院的大力支持。如上文所述，研究院发布了有关转基因生物的研究报告，而编纂报告的委员会与生物技术产业有着千丝万缕的联系。果不其然，报告中辩论的天平严重倾向于技术官僚那一方。尽管如此，报告还是承认了转基因技术的局限性：“即便转基因作物可能会提高粮食产量或改善营养质量，它带来的预期效益还是取决于技术开发利用的经济社会发展的大环境。”[22]

转基因作物就能生产更多的粮食吗？别这么快下结论！

让我们回到上一个议题。抛开转基因生物是否是解决世界饥饿问题的必需品这个问题不谈，它们能否真正实现其最基本的承诺——增加农作物产量呢？事实并非如此。就连美国国家科学院 2016 年发布的支持转基因技术的报告也发现，自转基因生物产业化以来，“从美
34 国农业部的数据来看，没有证据表明美国棉花、玉米和大豆产量的平均历史增长率有所提高”。[23]

此外，《纽约时报》的一项有关比较 20 年来的作物产量的调查分析也得出了类似的结论。转基因技术在欧洲遭到严格限制，在北美洲却应用广泛。尽管其在欧洲和北美洲所遭受的待遇截然不同，但是根据“联合国的数据显示，与西欧相比，美国和加拿大在产量（即每英亩粮食产量）方面并没有明显的优势”。[24]

《纽约时报》的调查主要集中在三种主要作物，即菜籽（菜籽油的来源）、谷物（玉米）和甜菜的比较研究。就菜籽而言，“尽管西欧拒绝种植转基因作物，其菜籽的每英亩产量仍领先于加拿大”。[25] 玉米和甜菜的比较对象则是美国和西欧。对于玉米来说，“两个地区之间的发展趋势线几乎等同”。而甜菜“最近在西欧的产量比美国的产量增长更为强劲，尽管转基因的甜菜品种在过去 10 年内占据了美国市场的主导地位”。[26]

综上所述，虽然美国食品企业声称转基因技术是解决世界饥饿问

题的必要出路，其论断显然是苍白无力的。

转基因生物是否安全？

转基因生物的安全性问题可以为《纽约客》的某部系列漫画提供足够的素材。想象一下两个穿着白大褂的基因生物学家拿着试管和注射器的漫画图片。图片附带的文字可能是：

> 让我们看看把蝎子的毒素基因植入卷心菜后会怎么样。也许我们能种出一种高度抗药性的卷心菜。**会出什么问题呢**？

或是：

> 我们把炭疽病毒的基因嫁接到大肠杆菌会怎么样？也许我们就能找到炭疽毒的解药。**会出什么问题呢**？

然而，转基因生物的安全性可不是可以一笑了之的事情。转基因技术的批评者担心，进入生物链的转基因会造成不可逆转的伤害。不可否认，转基因生物已经走出实验室和实验田，进入了日常耕作，并通过与野生亲缘物种杂交的方式污染了食物链。一个记录转基因污染 35
案例的数据库显示，从 1997 年到 2013 年，63 个国家发生了 396 起转基因污染事件。[27]

与此同时，转基因生物的支持者认为，在转基因食品广泛流通的情况下，没有发生严重的事故本身就充分证明了其安全性。而批评者指出，这种一叶障目的观点与核能倡导者在切尔诺贝利核电站事故和福岛核事故之前发表的观点极为相似。[28] 尽管双方争论不休，科学研究却呈现出一边倒的趋势。转基因生物的支持者可以列举出成千上万的研究来表明转基因技术对健康无害，[29] 而其批评者在反驳时却无法提供转基因技术危害健康的“确凿的罪证”。批评者坚持认为，能否提供确凿的有害证据并不是重点，因为缺乏“可信的、独立的、长期的”研究，“转基因生物的安全性是**未知的**”[30]，而秉承“谁主张，谁举证”的原则，论证转基因生物安全性的责任应该由其支持者承担。迄今为止，大量支持转基因生物安全性的研究并不符合独立研究的标准，因为这些研究受到了农业企业和生化公司等既得利益者的过度影响。

36 **预防原则**

美国环境医学学会（American Academy of Environmental Medicine）向人们提出警告，“转基因食品在毒理学、过敏反应和免疫功能、生殖健康、代谢、生理和遗传健康等领域会带来严重的健康风险”。鉴于此，“美国环境医学学会认为必须遵循预防原则”。[31]

这里的预防原则是指从道德和法律层面上指导欧盟转基因监管政策的规范。该原则的核心理念是，在确定科技的负面效应后才采取行动保护人类健康和环境的做法是不合理的。而美国监管机构则明确拒绝采用预防原则，他们倾向于采用另一种名为“风险评估”（Risk Assessment）的“决策模型”。[32] 美国环境保护署将风险评估定义为能够客观判定“环境中可能存在的化学污染物和其他应激源对人类健康危害的性质和程度”[33] 的方法，这恐怕只是一个美好的愿望，在实

际操作中却矛盾重重。监管机构本应肩负起企业监管的重责，但由企 37
业操纵的影子科学却往往奠定了监管机构评估的科学基础。

公共利益倡导者卡罗尔·丹瑟罗（Carol Dansereau）清晰地描述了美国的“预防原则是如何让位于拿公众的健康和环境做赌注的政策”。美国监管机构一直以来都声称他们采用的风险评估模型有其“可靠的科学基础”。而丹瑟罗在调查所谓的“科学基础”后发现，后者只不过是“由企业资助的，持续数十年之久未公开的研究”。[34] 丹瑟罗还向公众揭露了农企利益集团如何利用专利法来阻挠相关机构对其转基因专利产品的安全性进行独立调查。她援引了 2009 年来自 16 个州的26名大学科学家联合向美国环保署提出的抗议内容，抗议声称“由于访问受限，在许多关键问题上无法对转基因生物进行合法的、真正独立的研究”。

考虑到转基因技术对人体健康的长期影响尚是未知数，采取慎之又慎的态度难道不是理所当然的吗？遗憾的是，美国科学在政策制定时偏向了利益集团那一方。转基因食品已经在美国市场中存在了 20 多年，人们餐桌上有超过 80% 的加工食品都是转基因食品。“大多数包装食品中都含有玉米、大豆、油菜籽和糖甜菜的成分。而在北美，这些作物绝大多数都是转基因作物。”[35]

应该对转基因生物进行标识吗？

有关转基因生物的一个主要争议在于是否应该从法律层面上要求对含有转基因成分的食品进行标识。英国、法国、德国、日本、澳大利亚以及其他几十个国家在本世纪的第一个 10 年内通过了转基因生物标识法案，但美国和加拿大并不在此列。

这场科学争论更像是一场政治博弈，而且博弈的双方战线分明。根据 2015 年 ABC 新闻的一项民意调查，93% 的美国人支持对转基因生物进行标识。一场由普通民众发起的“知情权”（right to know）运动推动了这一要求，同时呼吁制定转基因生物标识法案的运动也展开得如火如荼。意识到带有转基因生物标识的食品进入超市后将处于不利的竞争地位，食品巨头们纷纷开始反击。他们在 2012 年至 2014 年共花费了超 1.03 亿美元的公关经费，成功阻挠了美国多个州的转基因生物标识法案的倡议。[36]

38 当佛蒙特州于 2016 年通过了一项法律要求对转基因生物进行标识时，这场博弈达到了顶峰。食品行业干脆一不做二不休转而游说参议院，试图通过一项联邦法律来废除所有州立的此类转基因生物标识法。公共利益倡导者称之为“剥夺美国人的知情权”的黑暗行动*。然而，公众对转基因生物进行标识的呼声强烈，不容忽视。2016 年 5 月，黑暗行动以失败告终。

农企利益集团并没有就此放弃。他们再次联合另辟蹊径，提出联邦法律可以要求对转基因生物进行标识，但要允许企业以不那么直接的方式告知消费者。其中一种方式是让消费者通过手机扫描标签上的二维码来了解食品相关信息，另一种方式是让消费者通过标签上提供的 1-800 号码或网址来找到食品所含的转基因成分。

如此拙劣的伎俩可笑至极。数百万没有智能手机的美国人无法扫

---

* 该行动的全称是“Deny Americans the Right to Know”，其首字母缩略词是 DARK，意指该行为的黑暗内幕。

描二维码，而在日常购物时访问网站或拨打电话极为不便，这几乎将阻碍所有人通过这个方式来了解食品相关信息。顺理成章，食品企业可以继续隐瞒不想让公众了解的信息。

尽管食品企业的意图有目共睹，“黑暗行动 2.0 方案”还是获得了两党支持，顺利通过。2016 年 7 月 29 日，该法案由时任总统贝拉克·奥巴马签署，正式生效为法律。奥巴马和食品行业都称赞该法案开启了消费者权益保障的一大步，尽管消费者权益倡导者抨击它只是一个骗局。

一部真正意义上的转基因食品标识法的确立对美国消费者来说将是一次重大胜利，但立法并不能解决转基因生物的争议。不难想象，法律可以通过摧毁转基因食品市场来迫使食品企业停止生产含有转基因成分的产品，但有关转基因的科学争议仍然存在。

关于科学、反科学和转基因生物的最后忠告

只要绝大多数消费者还将继续对食品中的转基因成分保持警惕，那么大多数美国科学家可能依然会贬损这些消费者，称他们是非理性和“反科学”的。2016 年 6 月，100 多位诺贝尔奖得主联合签署了一封广为人知的公开信，信中指责“以绿色和平组织为首的反对现代植物育种的组织机构”歪曲了转基因生物的“风险、收益和影响”，“并支持对已获批准的实地试验和研究项目进行犯罪性的破坏活动”。[37] 39
绿色和平组织采用了非暴力不合作及其他包括象征性地破坏转基因田间试验等直接抗议活动，但这些活动人士不会比那些一再闯入武器工厂和“破坏政府财产”[38] 的暴力抗议者更有犯罪的动机。

虽然签署公开信的许多诺贝尔奖得主本人可能与食品行业并无关联，但这封公开信绝不是独立科研成果的表述。公开信的组织单位是一个带有神秘色彩的，名为“支持精准农业”（Support Precision Agriculture）的新组织。毫无疑问，这是生物技术公关公司所创立的前沿组织。[39]

这封信的主要论点是，绿色和平组织和其他环保人士反对发展转基因“黄金大米”的行为，是在抹杀“为减少因维生素A缺乏症（VAD）造成的大量重症和死亡而做出的努力。而维生素A缺乏症对非洲和东南亚的贫困人口影响最大”。公开信的结尾提出了一个挑衅性的问题：“究竟还需要多少穷人的死亡，人们才会认为这是‘反人类罪’？”[40]

缺乏维生素A确实会导致每年成千上万的非洲和亚洲儿童失明。但根据《纽约时报》的报道，对“转基因生物的误解”包括黄金大米“正在拯救发展中国家营养不良儿童的生命”这一说法。事实上，转基因“黄金大米”已经“发展”了20年，却依然只是一个虚空的幻影。2016年春天，“负责水稻开发的非营利机构表示，这种富含营养素的水稻品种因长势不佳，没有达到预期效应，遭到了农民的反对，又回到了研究起点”。[41]

签署公开信的诺贝尔奖得主们应该反思的是，他们在没有充分考察科学依据的前提下就支持某一种立场是一种轻率的行为。毫无疑问，他们会震惊地发现，证据表明转基因技术的加持并不能使农作物比非转基因的农作物每英亩产量更多[42]，尽管食品行业将转基因技术标榜得天花乱坠。

反对转基因食品的美国消费者真是非理性和“反科学”吗？笔者

认为，他们基于以下两个方面的考量完全是理性的：基于预防原则以及对受雇于食品行业的专家学者的不信任。至于那些真正独立的科学家们，他们在谴责转基因技术批评者的同时，也在不经意间给公众带来了巨大的伤害。

第四章

烟草策略

40 当报刊的头版标题写着“现在……有关吸烟影响的科学证据！”时，其中所列的数据意义何在？只是为了向读者表明契斯特菲尔德（Chesterfields）牌香烟不会对鼻子、喉咙和鼻窦产生不良影响。[1] 在今天看来，以前的那些香烟广告显得既古怪又令人啼笑皆非。

但在现实生活中，自从香烟大规模生产以来，在美国，肺癌已经从一种在所有癌症中占比仅为 1% 的罕见病例上升为当前因癌症而导致死亡的头号杀手，对男性和女性来说皆是如此。现如今，全球每年有 176 万人死于肺癌，其中包括约 14 万名美国人。[2] 与此同时，独立的医学研究证明，吸烟与肺癌之间的必然联系远远超出了合理怀疑的范围。此外，对肺气肿、哮喘、支气管炎、心脏病和许多其他严重疾病的病因所做的进一步研究揭示了香烟多年来对人类健康造成的危害已经到了令人震惊的程度。

然而烟草行业并没有承担起社会责任，即通过重新调整种植和生产资源以开发无碍健康的产品。与之相反，他们变本加厉地诋毁与之相关的科学研究，最终酿成了恶果。

烟草巨头，混淆视听的质疑与基于虚假事实的对等关注策略

科学史学家娜奥米·奥雷斯克斯和埃里克·康韦在名为《贩卖疑惑的商人》（*Merchants of Doubt*）一书中揭露了烟草巨头试图破坏健康科学的控烟努力。[3] 在该书的同名纪录片中，烟草巨头对公众话语 41
的巨大影响展现得更为明显。得益于《贩卖疑惑的商人》对烟草行业营销策略的历史记载，公众才得以窥见该行业一直以来都在不遗余力地贬损科学。其主要策略是先通过质疑合法的科学结论来引发全民讨论，再制造专家学者之间的公开争议（事实上对此结论并不存在争议），进而要求大众媒体对争议的“双方”给予同等的关注。

该策略在菲利普·莫里斯烟草公司的内部交流文件中暴露无遗：这是一本名为《糟糕的科学：一本资源书》（*Bad Science: A Resource Book*）的指导手册，长达 254 页。手册为对抗像美国环保署这样的监管机构提供了策略指导，例如指责这些机构“允许政治考量染指科学研究”，“使拙劣的科学成为颁布新法律和危害个人自由的糟糕借口”。[4] 不幸的是，这些对抗策略立竿见影，使得其他公司紧随其后纷纷效仿。他们对关于酸雨、杀虫剂和臭氧层空洞等影响人类健康的事物的独立研究提出了质疑，而这仅仅是企业贬损科学研究的几个案例，不一而足。

质疑策略如何兴起？

20 世纪 50 年代，随着越来越多有关烟草致癌和成瘾特性的科学

证据浮出水面，烟草种植大户和香烟制造商们意识到，科学研究将给烟草行业的发展带来无数威胁。首先，他们担心自己产品所占的市场份额急剧下滑；其次，他们担心立法机构和监管机构可能会采取相关行动，影响他们的业务利润；再次，他们预计将会面对一场严重的诉讼，要求烟草行业为每年因吸烟而导致的数十万人的死亡负责。在此背景下，“产品防线的科学研究策略”应时而生，这也是美国科学腐败的里程碑事件。

世界几大香烟制造商——菲利普·莫里斯公司、R. J. 雷诺公司与本森－赫奇斯等烟草公司曾联手合作，聘请了伟达公关公司（Hill & Knowlton）来帮助他们处理公众舆情，协调公众关系。公关公司建议烟草巨头们用受制于烟草行业的科学研究与独立的科学研究互打擂台，事实证明该建议的确卓有成效。

42 伟达公关公司的约翰·希尔（John Hill）告诉烟草公司高管们，完全否认现有医学研究的做法根本无济于事。他建议公司另辟蹊径，聘请有名望的科学家们对癌症、心脏病或任何被归咎于香烟的疾病展开研究，就其他可能造成疾病的原因提供强有力的研究证明。通过这种方式，当监管机构或诉讼律师试图将疾病的病因归咎于香烟时，烟草行业就可以用他们所谓的“可靠的科学研究”来为自己辩护——据可靠的科学研究，不能绝对肯定地说是吸烟导致了这些疾病。“可靠的科学研究”这一中立的说法实际上变成了奥威尔式的双关语[*]，意味着“由商业资助的，被伪装成科学的烟幕弹”。

---

* 奥威尔式双关语是由英国左翼作家乔治·奥威尔（George Orwell）衍生而来，指的是利用宣传、虚假报道、否认事实和操纵过去等语言手段来模糊意思，操纵他人。

希尔坚信，企业并不能“通过广告来赢得公众的信任，因为广告从本质上来说是利己的”。与之相反的是，“维护企业在科学领域的权威至关重要。因为与广告相比，科学有着明显的优势，即客观无私”。[5]

物理学家登场

在向烟草企业投诚的科学家中，名气最大的当属两位名为弗雷德的退休物理学家，即原子物理学家弗雷德里克·塞茨（Frederick Seitz）和火箭科学家 S. 弗雷德·辛格（S. Fred Singer）。他们因在第二次世界大战期间参与制造出原子弹的曼哈顿计划而声名鹊起。两位科学家成立了一个名为烟草研究委员会（Council for Tobacco Research）的前沿组织用来扮演代表行业利益的公益科学的角色。塞茨和辛格的努力没有白费，该委员会得到了烟草行业的慷慨资助。到20 世纪 70 年代末，烟草行业已经

> 花费了 5000 多万美元用于生物医学研究，再加上之前企业自行用于科学研究的数百万美元，烟草企业的资助总额超过 7000 万美元。到 20 世纪 80 年代中期，这个数字已经超过了 1 亿美元。[6]

塞茨和辛格后来与另外两位物理学家威廉·尼伦伯格（William Nierenberg）和罗伯特·杰斯特罗（Robert Jastrow）一起组成了一个智库，即乔治·C. 马歇尔研究所（George C. Marshall Institute）。马歇尔研究所将行业对独立科学的质疑策略升级为全面的斗争运动，这显然与这四人的军工和冷战背景有关。他们共同的观点包括反共产主

义和安·兰德（Ayn Rand）式的自由意志主义及个人主义。

43 马歇尔研究所为烟草、煤炭、石油和军工企业筹划的一系列战略活动有一个共同主题，即政府对企业的监管就是向共产主义靠拢。尽管苏联已经解体，但“冷战四人组”在 20 世纪 90 年代和 21 世纪还在持续地对真正的科学发起攻势。当然，如果没有烟草、石油化工以及军工企业为他们提供的巨额研究资金，他们的攻势根本不足为惧。

质疑策略和虚假信息的胜利

受雇于烟草企业的科学研究人员充当了行业的游说者，他们的研究成果给政客们提供了维护行业利益所需要的那一点点科学证据。后者顺水推舟，以此为由避免制定一系列繁重的禁烟政策以阻碍烟草企业的发展。几十年以来，所有针对烟草巨头的诉讼都无功而返。受雇于企业的辩护律师及专家学者巧妙地通过合理怀疑驳回了相关诉讼。

在此背景下，社会舆论不出所料地陷入了一片混乱。烟草行业的公关公司不但聘请了德高望重的科学家为企业背书，还积极地引导公众关注一场看似激烈但实际并不存在争议的科学辩论。因为唯一否认吸烟会导致肺癌和心脏病的科学家们正是那些受雇于烟草公司的科学家们。采用该公关策略的一个主要目的就是迫使大众媒体承认这种人为制造的科学辩论是合法的。而依据法律，广播电视媒体必须遵守公平原则[*]，在有争议的问题上向争议双方提供同等的陈述时间。[7] 虽然否认“吸烟致死”那一方的观点并非事实，但其代言人，一面隐藏自

* 公平原则（fairness doctrine）又称公正准则，是美国联邦通信委员会要求广播电视媒体必须遵守的新闻报道准则，即对政治和公共问题持不同意见的主要支持者，应为之提供公平的、均等的说明其观点的机会。

己的研究资金来源，一面又动用了大量的物质资源和政治资源来说服媒体相信其观点的真实性。烟草行业顺理成章地在公共话语中建立了一个基于虚假事实的对等关系，即用金钱公关去“制衡”合法科学。

烟草行业有条不紊地打出了一套公关组合拳。他们先是在1954年1月5日在448家报纸上刊登了一则占据两个版面的广告，广告的标题是《对吸烟者的坦率声明》，受众读者达4300万人次。三个月后，他们又发行了一本名为《从科学角度看待香烟争议》的小册子，书中引用了36名科学家对香烟诱发疾病的论断表示怀疑的观点。制作这 44
本手册的伟达公关公司在一份机密的内部备忘录中记载，

> 已经将手册送给17.68万名医生、全科医师和专科医生……医学院和牙科学院的院长……[以及]114家主要出版商和媒体负责人……提前几天在洛杉矶、芝加哥、克利夫兰、匹兹堡和华盛顿特区确保网络、新闻服务准备就绪；通过电话或上门拜访提醒专栏作家；确保全国各地的数百家报纸和广播电台报道该事件……内部作家撰写的文章是在公司外地办事处的协助下完成的。[8]

塞茨和辛格通过提供虚假信息的方式来分散公众注意力，引导公众对科学事实产生怀疑，并最终演变为对保持独立科研的专家学者的人身攻击，这样的行为理应受到谴责。遗憾的是，这已经成为反科学运动的标准手段。以反对“政治正确”为名，行公然发表仇恨言论之实并不是特朗普首创，烟草企业在与独立科学的斗争中早就已经将此策略付诸实践。

毫无疑问，商人正在贩卖质疑

烟草企业内部的文件证实了烟草巨头们在烟草危害健康这个问题上，曾经利用伪科学来故意误导公众。[9] 其内部沟通文件表明早在20世纪60年代，该行业的研究人员就已经洞悉烟草的种种致命危害，例如吸烟有害健康，吸入二手烟有害健康以及烟草中的尼古丁会致人成瘾等，但他们仍然通过伪科学在公众心中播下怀疑的种子。几十年来，通过引导公众对科学事实产生怀疑，烟草企业成功地抵御了监管和诉讼的压力，使其能够继续从毒害人类健康的商业活动中获得数十亿美元的利润。

烟草公司内部的匿名告密者曾经秘密复制了数千页的内部文件，并将其披露给公益倡导者和大众媒体。但这些披露的文件只是冰山一角，它们与后来因诉讼而被迫曝光的多达8000万页的行业内部档案相比根本就是小巫见大巫。这些文件揭露了烟草公司是如何通过向公众贩卖疑惑的手段来对抗科学对烟草行业带来的不利影响。布朗－威廉姆森烟草公司在1969年的一份内部备忘录中声称："怀疑就是我们的产品，因为它是与存在于公众脑海中的'事实'竞争的最佳手段，这也是引起争议的手段。"[10] 这句话极具代表性，暴露了整个行业的伪科学游戏。

45 具有讽刺意味的是，大量公之于众的内部档案也引发了意想不到的负面影响。这些档案在揭露烟草公司的不法行为的同时，也为其他行业提供了具体的操作模板。他们紧随其后效仿烟草公司，采用"情境性的科学”的手段来诋毁真正的科学，石油化工行业尤其如此。

日薄西山的烟草策略

几十年来，烟草巨头们通过质疑策略成功对抗了烟草诱发疾病的科学事实，但其防线最终开始崩溃。美国史上漫长的烟草诉讼案最终成功地让企业承担起社会责任。* 美国卫生局局长在政府报告中就吸烟影响健康正式向公民提出了警告。尽管监管机构没有要求彻底禁烟，但国家开始对烟草商品征收重税，要求其必须张贴吸烟有害健康的警告标签。许多公共和私人场所要求禁烟，并禁止烟草行业在主要媒体上发布广告。

尽管对烟草管制的政策在公共卫生方面取得了令人欣慰的成就，但考虑到吸烟导致的死亡数据，现有的成就是远远不够的。统计数据显示，美国有五分之一的死亡事件是由吸烟造成的，即每年有 48 万人因吸烟而死亡，直到今天依然如此。[11] 全球每年因吸烟导致的死亡人数为 800 万，且该数字还将攀升。[12] 想想看：美国烟草行业的研发费用是美国癌症协会（American Cancer Society）和美国肺脏协会（American Lung Association）研究费用总和的 20 多倍。[13] 以 1981 年为例，烟草业的研究费用是 630 万美元，远远高于合法医学机构 30 万美元的研究费用。想象一下，如果这些巨额研究费用年复一年地用于疾病治疗，而不是用来掩盖病因，医学研究将会取得多么重大的医学突破。

* 1997 年 6 月 25 日，美国菲利普·莫里斯公司等大烟草公司代表与密西西比州司法部部长及 40 个州的律师达成协议，在此后的 25 年内，美国烟草公司将对美国因吸烟而染病的人赔偿 3685 亿美元。25 年后，每年还要追加 150 亿美元。作为交换，烟草公司将免于刑事责任。

第五章

医药骗局

46 辉瑞和默克这样的大型制药公司，就像菲利普·莫里斯、R. J. 雷诺烟草公司一样，都是年销售额达数十亿美元的巨型企业。与烟草行业毫无底线地利用伪科学给社会造成危害相比，制药企业的科学研究成果通常卓有成效，可以显著提升临床疗效水平。然而，正如药品的副作用难以避免一样，大型制药公司的科学研究成果不仅价格昂贵，还会带来危险的副作用。

盈利之星

制药巨头的商业模式主要基于维护这样一种理念，即他们的产品对购买者来说至关重要(虽然有时的确是基于现实,但并不总是如此)。制药行业充分利用了这一理念，牢牢抓住了公众的想象力和他们的钱袋子。

年复一年，制药巨头都位于或接近于最赚钱行业的排行榜榜首。

2015 年，《福布斯》杂志将健康技术行业排在美国 19 个主要行业集团之首，净利润率为 21%。此外，《福布斯》还表示，“在更广泛的医疗保健技术领域，盈利能力最强的当属大型的普惠药制药公司，如辉瑞（净利润率 27.6%）、默克（净利润率 25.2%）和强生公司（净利润率 24.5%）”。[1]

阿片危机 47

在 21 世纪的前 20 年内，大型制药公司的违规行为引发了极为严重的灾难性后果，即在全美范围内造成阿片类药物成瘾及药物滥用。随着处方药成瘾问题从一个长期被忽视的社会边缘现象发展为席卷美国城市、郊区和乡村的普遍现象，鸦片和海洛因等传统毒品已经被半合成类药物的新型毒品如羟考酮和氢考酮所取代。

药物滥用的蔓延范围到了令人震惊的程度。根据美国疾病控制和预防中心的统计数据，自 2000 年以来，阿片类药物滥用导致超 40 万美国人死亡。近年来，过量服用阿片类药物已经成为美国人意外死亡的头号杀手，甚至超过了机动车事故。[2]

美国缉毒执法局（US Drug Enforcement Administration）的一个数据库显示，制药行业对阿片类药物的泛滥危机负有明确的责任，尽管该数据库直到 2019 年迫于调查压力才首次向公众公开。相关数据显示，从 2006 年到 2012 年，美国的大型制药公司在全国范围内共投放了 760 亿片止痛类药物羟考酮和氢考酮，而当时美国的阿片类药物管控已然失控。[3]

美国的医学研究为药物滥用提供了便利。疼痛医学，一个新兴科学研究领域的腐败现象最终导致了阿片类药物滥用成灾。如果疼痛医学研究没有被试图利用人们的痛苦、通过兜售危险药物来获利的行业所操纵，它本应该给许多遭受慢性疼痛折磨的患者带来福音。

在 20 世纪 80 年代，一个由科学家和临床医生组成的组织——美国疼痛协会（American Pain Society）开始推广广泛的疼痛疗法，并呼吁患者持谨慎态度使用阿片类药物。但随着该协会越来越依赖于制药企业提供的研究资金，它逐渐沦为阿片类药物的倡导组织。正如一位美国参议员所描述的那样，美国疼痛协会扮演了“阿片类药物的啦啦队员”[4]的角色。到 1996 年，该协会甚至声称用于疼痛治疗的阿片类药物是安全有效的，并否认药物成瘾会带来严重的风险。

逍遥法外的谋杀犯

到 2019 年，阿片类药物对人体的危害已经有目共睹，其主要制
48 造商和经销商面临着来自 48 个州以及 2000 多个地方政府和原住民部落的诉讼。其中数千起诉讼官司直指普渡制药，尽管该公司生产的阿片类药物只占全美市场产量的 3% 左右。人们指控普渡制药对其标志性药物——止痛药奥施康定（OxyContin）的积极营销助长了阿片类药物危机。另一家面临严重诉讼危机的公司是强生公司。

2019 年 8 月 26 日，俄克拉荷马州一家地方法院裁定强生公司的“虚假、误导性和危险性的营销行为”导致了“药物上瘾率上升及因服药过量而死亡人数剧增”[5]，这标志着制药巨头的辩护团队面对诉讼压力已经节节败退。尽管这一裁决只针对强生公司，但它在整个制药行业内引起了恐慌。

几天之内，普渡制药的所有者、亿万富翁萨克勒家族（Sackler family）与来自美国多个州法院和联邦法院的数千起诉讼达成了初步和解协议。为减少损失，萨克勒家族同意转让对普渡制药的控制权，并由公司提供 70 亿至 90 亿美元再加上家族的 30 亿美元的和解资金赔偿给多个州、地方政府及原住民部落。[6]

虽然大多数原告均表示愿意接受这项和解协议，但由于好几个州的总检察长谴责萨克勒家族在协议中所提供的援助远远不足以弥补普渡制药造成的危害，谈判陷入了僵局。纽约州政府怀疑萨克勒家族隐瞒了从销售阿片类药物中积累的大量财富，“检察官已经向与萨克勒家族有关的 33 家金融机构和投资顾问发出传票，试图追踪该家族从普渡制药中获取的数十亿美元”。[7]

这些诉讼不仅针对像普渡制药这样的制造商，还针对阿片类药物的经销商，其中最大的三家药物经销商已经开始寻求庭外和解。[8] 他们和另外两名被告提出了一项价值近 500 亿美元的和解协议，但该协议也遭到了拒绝。一位批评者声称，“500 亿美元对医药公司来说只是小钱。我们需要的是他们面临刑事指控并承担相应的责任。他们犯了谋杀罪却逍遥法外”。[9]

被市场扭曲的制药科学

阿片类药物泛滥只是制药巨头们最显而易见的罪行。除此之外，企业的日常运作与制药科学合理研发的理念也背道而驰。制药行业的暴利归根结底来源于它通过科学研究来生产有效的药物。尽管如此，该行业的主要目标是生产满足市场需求的药物。药物作为商品的价值

49 才是推动企业研发的主要因素，如果生产的药物本身恰好具有治疗价值，那就两全其美了。

如果药物研发优先关注的是人类健康的需求，那么研发的方向将与现行的导向大相径庭。以市场为导向的营销策略在很多方面扭曲了制药行业的发展趋势。药物研发资金的多少是由潜在的市场规模决定的，这就意味着药企会将更多的研发资金用于研究勃起功能障碍或男性秃顶问题，而不是用于那些严重威胁人类健康福祉的问题。举例来说，2008 年辉瑞公司宣布其研发策略发生重大转变，价值 75 亿美元的年度研发预算将重新集中在“那些高利润率的疾病研究”上。公司将研发重点聚焦到六大疾病领域，即癌症、疼痛、炎症、糖尿病、阿尔茨海默病和精神分裂症。就医学研究而言，以上这些疾病当然值得关注。但与此同时，辉瑞却打算放弃其在“贫血、骨骼健康、胃肠道疾病、肌肉疾病、肥胖、骨关节炎”以及“心脏疾病的四种常见类型，即动脉硬化、高胆固醇、心力衰竭和外周动脉疾病”[10]等其他领域的研究项目。

就人类需求的角度而言，如果药企的研发方向恰好与资源的优化利用相一致，那纯属巧合。正如一位金融分析师解释的那样，辉瑞“基本上只关注利润的最大化和市场的最大化”。例如，“考虑到人口的老龄化趋势，阿尔茨海默病的药品研发将是一个巨大的潜在市场”。[11]

罕见病

美国食品药品监督管理局将“罕见病”定义为：

> 在全国范围内影响少于20万人的疾病。这些疾病包括人们熟悉的囊性纤维化、卢伽雷氏病和图雷特综合征，也包括人们不熟悉的汉堡病、工作综合征和肢端肥大症或“巨人症”。有些疾病的患者人数甚至不到100人。然而，总体而言，这些罕见病影响了多达2500万美国人。[12]

罕见病研究经费投入不足的问题本应促使政府机构采取行动填补
这一缺口，但情况并非如此。相反，亿万富豪们已经开始以私人的名 50
义资助那些影响他们自身或身边人的罕见病的医学研究。目前，虽然罕见病研究经费只占美国整体科学支出的一小部分，但这种“资金充足的私人研究”标志着“在美国，科学研究获取资助的方式和科学的实践方式正在发生深刻的改变”。[13]

这样的改变并不利于科学的发展。尽管改变本身可能会吸引那些怀有浪漫主义情怀的志得意满的赞助人和特立独行的科学家来投入医学研究，但当个体可以通过设定研究的优先领域来影响整个人类社会时，它就侵蚀了为共同利益服务的科学理想。一个现实的例子是，由于慈善赞助的医学研究的优先领域主要与捐赠者本人的家族历史有关，其研究资金偏向于那些主要影响白种人的疾病研究，如黑色素瘤、囊性纤维化和卵巢癌等。相比之下，镰状细胞性贫血“多发于黑种人，长期以来一直未获得研究者们足够的重视”，尽管它“已经导致数百万人伤残和死亡”。[14]

罕见病疗法

除了罕见病问题以外，“罕见病疗法”或“价格昂贵的罕见病药物”也存在着很多问题。这些具有高治疗潜力，但与此同时利润率低的药物和治疗方案尽管可能会给患者带来曙光，但制药公司不会为此投入研发经费，因为它们不能给企业带来足够的经济回报。如果美国食品药品监督管理局没有硬性要求制药企业必须进行大规模临床试验来证明药物的安全性和有效性，罕见病疗法及药物临床试验将不会进入人体测试阶段，也不会作用于患者。

尽管美国政府用纳税人的钱资助了罕见病的药物研发，但这并没有惠及平价药物研发。正如哈佛大学医学教授米歇尔·霍姆斯（Michelle Holmes）博士所言，“所有科学的和美好的事物都受经济利益驱使”。[15] 霍姆斯博士的言论来源于她本人的真实经历。她在临床研究中提出了一种假想，即作为治疗方案的一部分，阿司匹林对乳腺癌治疗可能具有重要的价值。[16] 尽管动物实验和对患者的数据统计分析都指向了这个方向，但霍姆斯一直无法筹集到足够的资金来证明这一论断。“申请专利的药物能得到随机试验数据的支持，”她感慨道，“但具有惊人疗效的阿司匹林却没有得到开发，因为它在便利店仅售 99 美分。”[17]

51 美国公众已经形成了关于癌症治疗的惯性认知，即因为潜在的治疗方案本质上是神秘莫测的，所以癌症的治疗费用高昂，但这并不是真实情况。治癌药物之所以昂贵，是因为大型制药企业生产药物的目的就是为了追求巨额利润。

制药巨头与第三世界

由于贫困国家的贫困人口能够提供的市场机会有限，第三世界[18]历来并不是制药巨头们关注的重点。

2014 年，埃博拉病毒在西非爆发，在几内亚、利比里亚和塞拉利昂三个非洲国家肆虐。

到 2014 年年底，埃博拉病毒已经感染了超过 1.3 万人，造成近 5000 人死亡。然而，制药行业对埃博拉病毒的相关研究却表现得漠不关心。世界卫生组织（World Health Organization）时任总干事陈冯富珍博士（Dr. Margaret Chan）哀叹道，“一个受利润驱使的行业不会为没有购买力的市场投资开发产品”。她补充说，世界卫生组织“早就警告人们要注意药物开发过程中的贪婪以及对公共卫生隐患的忽视会造成极其严重的后果”。她解释道，只要埃博拉病毒的传播“还仅限于贫困的非洲国家”，“制药企业就没有开发相关疫苗的动力”。[19]只有当该病毒有可能传播到工业化国家时，制药企业才会开始设法加紧研发抗击疫情。

“知识产权”与垄断定价

大型制药公司不仅没有帮助第三世界国家预防或治疗疾病，反而还利用已有资源来对抗其他组织或机构为此做出的努力。当世界卫生组织提议应改善国际卫生条件，向没有支付能力的人免费提供药物时，大型制药公司就通过游说政府或动用财力的方式来否决这些提议。

最重要的是，制药巨头们担心这样的改变会威胁到国际专利垄断体系的安全，而后者是他们获得超额利润的重要保障。大型制药公司为其专利保护辩护的理由如下，“知识产权保护是医疗创新的一个重要组成部分，它为研发可以帮助全世界人民的新疗法提供了必要的激励措施”。葛兰素史克*公司的首席执行官安德鲁·威蒂（Andrew Witty）如是说。[20] 尽管这样的论断听上去合乎情理，但像葛兰素史克
52 这样的大型公司所声称的知识产权保护，往往与一项基本人权，即第三世界数十亿患者关乎其生死存亡的获取药物的诉求发生尖锐冲突。

1997 年，艾滋病在全球范围内造成了严重的社会危机。在此情况下，南非通过了一项法律，即《药品法案》，允许政府实施抗病毒药物的专利强制许可来治疗本国的艾滋病患者。实施该法律的原因是每名患者每年需要支付 1 万至 1.5 万美元不等的费用来购买专利药，而这远远超出了绝大多数南非公民所能承受的范围。该法律允许国内企业生产或进口价格比专利药便宜许多的仿制药。2001 年年初，40 家跨国制药公司联合起诉南非政府，要求后者承认并维护药品的专利权。幸运的是，一场席卷全球的公共健康权利的抗议风暴迫使制药公司最终做出让步。南非政府得到了德国、法国、荷兰，甚至美国政府的支持。2001 年 4 月，原告撤销了诉讼。

在印度，约 97% 的人口每天的生活费仅为 5 美元，而制药巨头拜耳生产的一种治疗肾病和肝脏的药物每月所需的费用却高达 4500 美元。作为应对，印度政府在 2012 年向第三方制造商发放了许可证，允许其生产一种每月花费仅为 135 美元的仿制药。获得许可证的仿制

* 葛兰素史克（GlaxoSmithKline）公司由葛兰素威康和史克必成合并而成，于 2000 年 12 月成立，是世界五百强公司，核心业务是药物开发和疫苗开发。

药生产商将向拜耳支付药品专利权的使用费。该决议获得了印度议会的通过并得到了最高法院的支持，正式成为法律。制药巨头的应对策略是加大对政府的游说力度并采取诉讼的方式试图挑战这些法律，但是印度政府没有妥协。[21]一直以来，制药行业都在试图推翻印度政府的专利法，后者明文规定禁止并打击药企的专利常青行为。

专利常青 *

制药巨头们表示，考虑到研发新药的成本很高，他们专利保护的要求是合乎情理的。但是“事实并非如此”，诺贝尔经济学奖得主约瑟夫·E. 斯蒂格利茨（Joseph E. Stiglitz）宣称：

> 一方面，制药企业用于市场营销和广告的费用超过了研发创意的费用。另一方面，过度保护的知识产权实际上减缓了新药研
> 发的速度，因为它限制了科学家在他人研究的基础上进一步深入 53
> 研究，并且扼杀了对创新来说至关重要的思想交流。事实上，大多数重要的创新发明都来自大学和研究中心，例如由美国政府和相关机构资助的国立卫生研究院。[22]

尽管各国政府普遍允许制药公司为其研究成果申请专利保护，专利期限通常为 20 年。但这种看似慷慨的让步并没有让制药企业满意。他们想要的是能够永久垄断药品价格的权利。

---

* 专利常青（patent evergreen）是指，专利权人通过在已有专利基础上策略性地提交专利申请，利用专利法及相关法规延长专利垄断权的行为。

制药企业为使专利“常青化”而采取的一个主要策略是，在专利到期前对药品配方进行微小的、无关紧要的改动，然后再为“新的、改良版的”药品重新申请20年的专利。发展中国家政府很快就识破了药企的伎俩，开始大力反对重复授权。印度政府尤为如此，一直站在反对专利“常青化”的最前线。印度《专利法》第3（d）条明令禁止制药企业“在不能增强已知功效的情况下，仅凭对药品已有成分的新发现”而去申请专利。

2007年，诺华制药在印度销售一种治疗白血病的专利药物，每剂售价高达3000美元。与此同时，该种药物的仿制药却能以每剂200美元的价格生产。当印度专利局拒绝了诺华制药专利常青的申请后，该公司向前者发起了法律挑战，并最终上诉到印度最高法院。最高法院于2013年驳回了诺华的最终上诉。这一具有里程碑意义的判决“受到了公共健康活动人士的赞扬。他们说该判决将保护印度为发展中国家生产廉价仿制药的能力”。[23] 医学救援组织的一位发言人说，印度是“发展中国家患者的生命线”。[24] 印度每年生产的仿制药高达100亿美元，其中一半以上用于出口。

制药巨头转变策略

印度最高法院的判决象征着公共利益的胜利，但这只是持续斗争中的一场胜利之战。患者健康与药品垄断定价之间的斗争仍在继续。
54 尽管制药巨头转变了应对策略，从正面攻击调整为退让妥协，但其追求利润最大化的目标始终如一。

2015年，诺华制药以大幅降价的方式向埃塞俄比亚、肯尼亚和越南提供某些药物。对于在那些国家迫切需要药物的人们来说，这无疑是一个积极的信号。但正如一位支持商业的评论家所指出的，“诺华也从中受益了”。该公司“认为综合考虑产品供应和供应范围，企业仍然可以获得足够的利润”。[25] 制药行业的主要商务咨询公司麦肯锡公司（McKinsey and Company）在 2010 年的一份意见报告中就概述了药企的策略转变。[26] 报告一针见血地指出，大型制药公司长期以来“对新兴市场和那里的流行疾病缺乏关注”。（注意委婉语的表述。在麦肯锡的商业术语中，贫穷国家被定义为“新兴市场”，富裕国家则是“发达市场”。）接着报告笔锋一转，指出“2008 年，新兴医药市场占全球医药市场总价值的 30%，预计到 2013 年，新兴医药市场的年增长率将达到 14%”。

制药行业通过采用“分级”或“差别”定价的策略来开发新兴市场，一个极端的例子是一种名为索非布韦（Sovaldi）的治疗丙型肝炎的药物。该药品在美国的售价为每颗 1000 美元，而在印度售价仅为 10 美元。尽管索非布韦在印度市场的售价相较于发达市场的售价少了 99%，但制造商吉利德仍能从每名完整服用该药物疗程的印度患者身上获得约 1800 美元的收益。[27]

第三世界与非法药物测试

麦肯锡公司在意见报告中还建议制药公司在新兴市场建立“低成本的研究机构”，以减少涉及大量人体试验的药物测试费用。除此之外，这一举措还能避开“发达市场”的“更为严苛的监管环境和越发升级的专利侵权纠纷”。

葛兰素史克的一位发言人指出，“在东欧、亚洲、中南美洲的药物试验成本可能要比在美国和西欧降低 10% 至 50%”。[28] 这是因为在新兴市场，药物的安全法规及其执行力度要比发达市场宽松得多。这种快速蔓延的成本削减趋势加剧了制药行业一个业已存在的不良行为，即在临床药物试验中广泛使用不知情的弱势群体作为受试者。

55 约翰·勒卡雷（John Le Carré）的畅销小说《永恒的园丁》（*The Constant Gardener*）就是根据臭名昭著的药物试验事件改编而成。辉瑞公司在没有得到尼日利亚政府授权及儿童家人同意的情况下，在尼日利亚儿童身上进行了一种新的抗生素药物试验。这项不道德的临床试验发生在 1996 年，但直到 2000 年才引发公众关注。2006 年有人将之前被隐瞒的官方报告以匿名的方式泄露给《华盛顿邮报》后，该事件才得以完全曝光。正如美国国会议员汤姆·兰托斯（Tom Lantos）所言，“无论是在美国还是在欧洲，大型制药公司都在利用那些贫穷、目不识丁和不知情的人作为实验用的小白鼠，这已然是一种犯罪行为”。[29]

慈善资本主义的悖论

盖茨基金会一直以来都在积极推动第三世界医药研究的创新发展。人们普遍认为盖茨基金会致力于慈善事业，是社会积极变革的有力推动者。但其批评者指责它其实是典型的“打着慈善旗号，行资本之事”。作为世界上最大的私人基金会，盖茨基金会拥有 507 亿美元的捐赠基金。[30] 就其本身而言，它就是主要投资者，而辉瑞、葛兰素史克、默克和强生等大型制药公司构成了其投资组合的重要组成部分。

尽管如此，慈善资本主义基金会还是与右翼亿万富翁为公然避税而设立的资助反科学的机构存在着本质区别。举例说明，盖茨基金会已经投资 2 亿美元用于卫生厕所研发，即提供一种卫生的方案来处理人们的排泄物。拥有卫生厕所在大多数美国人看来是理所当然，然而根据联合国儿童基金会的数据，世界上有超过一半的人口（约 45 亿人）没有卫生厕所，由恶劣的卫生条件引起的感染导致每年有 48 万名儿童死于腹泻。[31]

盖茨基金会倡议帮助全球贫困妇女

值得称赞的是，盖茨基金会还致力于帮助发展中国家的妇女促进生殖健康。2012 年，梅琳达·盖茨（Melinda Gates）宣布开展一项价值 40 亿美元的计划，“到 2020 年，让超过 1.2 亿的贫困发展中国家 56
的女性获得避孕药具”。[32] 虽然该倡议因采用了辉瑞公司生产的醋酸甲羟孕酮注射液（Depo-Provera）作为避孕药而存在争议，但不可否认其意义重大。它为许多贫困妇女提供了一项掌控自己人生的选择，帮助她们摆脱不断生育和养育孩子的恶性循环。

然而，该倡议远比表面所呈现的更为复杂。道琼斯旗下的新闻网站《市场观察》（*MarkctWatch*）发表评论文章，认为“价值 40 亿美元的女性医疗保健研究将极有可能使梅琳达·盖茨成为未来制药行业最大的参与者”。该评论还进一步补充道，

> 人们可以做一个简单的计算，如果有 1.2 亿女性新用户选择了辉瑞公司的醋酸甲羟孕酮注射液作为避孕药，按每个女性平均的年花费在 120 美元至 300 美元之间来估算，那么每年辉瑞公司

> 的新增销售额将达到150亿美元至360亿美元。相对于40亿美元的研究资金来说，这是相当不错的投资回报。[33]

这意味着，盖茨基金会通过大幅度扩张醋酸甲羟孕酮注射液的市场使辉瑞公司获得了额外的收益，而额外的收益反过来又增加了前者在辉瑞公司的股份价值，进一步充实了该基金会，比尔·盖茨和梅琳达·盖茨对世界经济的影响力也随之扩大。

简而言之，这就是慈善资本主义的悖论。慈善基金会经常为困难民众提供必要的医疗援助，而这一点无论是富裕国家还是穷困国家的政府都未能做到。但像所有的慈善项目一样，它并没有解决根本问题。第三世界爆发的健康危机根源在于贫穷。但颇具讽刺意味的是，盖茨基金会与大型制药公司联手，不仅延续而且加剧了全球经济的不平等。

医学研究中的利益冲突

2018年年底，纪念斯隆·凯特林癌症中心（Memorial Sloan Kettering cancer Center）的首席医疗官何塞·巴塞尔加（José Baselga）博士被爆出一直以来隐瞒了自己从制药公司获取数百万美元报酬的事实，这一爆料震惊了癌症研究界。自2013年以来，巴塞尔加在其发表的100多篇研究文章中丝毫没有提及自己广泛的企业人脉。一个令人震惊的
57 案例发生在2017年，

> 在没有透露他与罗氏关系匪浅的情况下，巴塞尔加对罗氏赞助的两项临床试验结果做出了高度评价，尽管在许多人看来试验

结果令人失望。而事实是自2014年以来，他已经从罗氏获得了300多万美元的好处费。[34]

当巴塞尔加博士的违法行为被曝光后，他不甚体面地辞去了在纪念斯隆·凯特林癌症中心的职务。人们对他的落马并不感到意外。正如《纽约时报》的一篇社论所指出的，

他的落马揭露了现代医学中一个长期存在的问题，即药品和医疗设备制造商一直以来都向任职于研究型医院的位高权重者支付好处费。医疗系统的腐败是一个极为普遍的现象，远比受贿和行贿双方公开承认的要多得多。[35]

企业的确要为科学的腐败承担主要责任，但这显然不是由单方面的行为导致的结果。医学伦理学家马西娅·安吉尔（Marcia Angell）认为，道德底线的崩溃才是医药科学腐败的根源。对此负有主要责任的不应是商人，即便他们引导并控制了科学研究，而是像巴塞尔加博士那样与商人狼狈为奸的医生和科学家。

在我担任《新英格兰医学杂志》编辑的20年职业生涯中，我最终不情愿地得出了这一结论，即人们根本不再相信已发表的临床研究成果，也不再信任医生的判断或权威的医疗指南，对此我深表遗憾。[36]

安吉尔博士在文章中评论道，“企业的很多行为应该受到谴责，但很多医疗行业的行为性质更加恶劣，更应该受到谴责”。尽管大多数大型制药企业的欺诈行为时有发生（她在文中列举了葛兰素史克、辉瑞、默克、礼来、雅培和塔普制药等公司的案例），但这些企业只是遵循了商业的本质——试图最大限度地提高投资者的回报率。然而，“医生、医学院和医药专业组织并不能以此为借口为自己开脱，因为他们唯一需要负责任的对象就是患者”。[37]

医药腐败的情况触目惊心。虽然大型制药公司贿赂给医生和医学
58 研究人员的总金额无法直接计算，但安吉尔通过分析九家最大制药公司的企业年报估算出每年的贿赂金额高达数百亿美元。作为回报，医院和医学研究机构将药物营销活动伪装成客观的科学。[38]

近年来，医学研究中的利益冲突愈发明显。医学研究机构和医学院对此尴尬局面无法视而不见，迫于压力只能做出回应。然而他们的回应往往软弱无力，难以让人信服。“他们不断提到‘潜在的’利益冲突，似乎这与真正的利益冲突有什么不同。他们更多地谈论如何披露和‘管理’而非防止利益冲突。”他们想要两者兼得，“在遏制腐败的同时又能保有资金”。[39]

内梅罗夫案

以下这个案例充分说明了医药腐败的乱象有多么严重。该案例牵涉到葛兰素史克公司、美国国家心理健康研究所（National Institute of Mental Health）以及美国著名精神病学家查尔斯·B. 内梅罗夫（Charles B. Nemeroff）教授。2008 年，美国参议院金融委

员会（Senate Committee on Finance）的一项调查深度揭秘了这三方相互勾结的真相。

2003 年，内梅罗夫从美国国家心理健康研究所获得了 395 万美元的研究经费，用于一项为期五年的葛兰素史克－克莱恩抗抑郁药物研究。总研究经费中的 135 万美元直接拨给了埃默里大学，内梅罗夫在该校担任精神病学系主任的职位。该项研究显然应该严格地保持独立性，以免结论依附或屈从于葛兰素史克公司的影响与压力，但事实并非如此。尽管所有人都知道内梅罗夫受雇于葛兰素史克，但埃默里大学并没有要求内梅罗夫与葛兰素史克撇清关系，前者仅需汇报从后者那里获取的薪酬情况。如果内梅罗夫在葛兰素史克公司的年薪超过 1 万美元，按规定，埃默里大学必须向美国国立卫生研究院如实汇报。

尽管内梅罗夫同意了这些条款，但他并没有遵守承诺。他隐瞒了因在演讲中推销葛兰素史克的抗抑郁药品帕罗西汀（Paxil）和其他产品而获取的数十万美元的好处费。当埃默里大学发现内梅罗夫没有遵守协议并要求他对此做出解释时，他否认了所有的违规行为并承诺从今往后从葛兰素史克公司获取的年薪不会超过 1 万美元。

事实证明内梅罗夫又一次食言了。2004 年，葛兰素史克公司付给他的酬金数额是 171 031 美元，但他向埃默里大学汇报的酬金数额是（注意了）9999 美元。埃默里大学对此行为早已见怪不怪。早些时候， 59
内梅罗夫曾写信给学校的财务人员，以倨傲的语气提醒他们注意他为大学带来的由制药巨头赞助的资金有多丰厚。

你肯定还记得史密斯-克莱恩-比查姆制药公司(Smith-Kline Beecham Pharmaceuticals)捐赠支持我校设立了讲席教授基金,而据我推测詹森制药公司也很有可能慷慨解囊。此外,惠氏-艾尔斯特制药公司(Wyeth-Ayerst Pharmaceuticals)资助了院系的一个职业发展研究奖励计划,阿斯利康制药公司(AstraZeneca Pharmaceuticals)和百时美施贵宝公司(Bristol-Myers Squibb)也将应我要求资助相关研究项目。我校教职工以该种方式获得制药企业的资助显然与我在这些企业董事会的任职情况息息相关。[40]

查尔斯·内梅罗夫的帕罗西汀案是医药研究中利益冲突的典型案例。葛兰素史克公司当然不是内梅罗夫唯一提供服务的客户。在他传奇职业生涯的高光时刻,他曾同时与21家制药公司有咨询业务往来。[41] 2008年美国国会调查显示内梅罗夫在2000年至2007年从制药公司那里获取的酬金总额超过了280多万美元,其中至少有120万美元没有如实向学校汇报。该事件曝光后,他辞去了系主任一职,但仍保留了教职。他被学校处罚两年内禁止参加外部资助研究项目。不痛不痒的处罚表明埃默里大学和内梅罗夫一样,无法抗拒制药巨头提供的资金诱惑。尽管如此,2010年,内梅罗夫还是获得了更好的职位。迈阿密大学并不介意他道德上的污点,邀请他担任学校精神病学系主任。

该事件的后续进展是,2012年,葛兰素史克公司承认针对公司欺诈的刑事指控,并同意向美国政府支付30亿美元的罚款,这也是制药公司有史以来达成的最大的医疗和解。即便如此,数十亿美元的罚款也无法阻止大型制药公司的欺诈行为。葛兰素史克公司的帕罗西汀、文迪雅（Avandia）和安非他酮（Wellbutrin）是此次涉事的三款药品。

> 30亿美元的金额只是葛兰素史克公司在这些药物上获得的一
> 小部分利润。举例说明，在和解协议所涉及的年份内，文迪雅的
> 销售额累计达到104亿美元，帕罗西汀为116亿美元，安非他酮 60
> 为59亿美元。[42]

相较于获得的巨额利润，葛兰素史克公司完全有能力将这30亿美元的罚款视为一项商业运营支出。

内梅罗夫案绝不是一个个例。如果说内梅罗夫是这场利益冲突与博弈比赛的冠军得主，那么亚军当属哈佛大学的儿童心理学家约瑟夫·比德曼（Joseph Biederman）博士，其获益手段是给出"你的孩子可能患上了躁郁症"的诊断。近年来，儿童双相情感障碍的诊断数量暴增了40倍，这与比德曼为强生公司生产的抗精神病药物利培酮（Risperdal）的背书不无关系。[43] 2008年，上述国会调查发现，比德曼从制药企业那里获得了至少160万美元的咨询费，但他向哈佛大学汇报的金额仅为20万美元。[44] 尽管如此，在笔者撰写本书时，比德曼仍然在哈佛大学任教，也仍然在马萨诸塞州总医院担任儿科精神药理学研究的负责人一职。

转折点：拜杜法案*

内梅罗夫和比德曼的案例是研究机构忽视了科研背后的利益冲突的典型代表。但情况并非总是如此。一个关键的转折点发生在1980年，作为一项新的法律制度，《拜杜法案》允许大学和非营利研究机构对于政府资助的发明创造享有专利申请权和专利权。该法案的发起人表示，《拜杜法案》将为学术研究的创新提供有效的制度激励。但事实证明，它会造成大学科研生态的持续恶化。正如一位评论家评论的那样，它引发了“知识产权淘金热”。[45]通过取消公共许可证限制，《拜杜法案》为试图寻求创新技术垄断权的企业投资者们敞开了大门。

该法案最初只允许大学和小企业享有联邦资助科研成果的专利权，但大企业最终也水到渠成地获得了同样的权利。1987年，在该法案通过仅仅7年后，大企业也获得了科研成果转换的专利权，结果却模糊了政府、大学和行业研究之间的界线。像辉瑞或葛兰素史克这样
61 的制药巨头通过将研发投入与医学院实验室所获的联邦资助相结合，撬动了更多的社会资本参与研发。由于他们的研发投入，制药巨头顺理成章地独享了研究成果的专利权。换句话说，**现在的运行模式是由公共资金资助大学和研究机构生产知识**，**而这些知识最终将被资本私有化**。

* 《拜杜法案》（Bayh-Dole Act）由美国国会参议员博区·拜（Birch Bayh）和罗伯特·杜尔（Robert Dole）提出，1980年由国会通过，1984年又进行了修改。后被纳入美国法典第35编《专利法》第18章，标题为《联邦资助所完成发明的专利权》。该法案为政府、科研机构、产业界三方合作，共同致力于为政府资助研发成果的商业运用提供了制度激励。

利益冲突的患者维权组织

各式各样的患者权益保护组织也为医药腐败的滋生提供了温床。白血病和淋巴瘤协会（Leukemia & Lymphoma Society）、美国糖尿病协会（American Diabetes Association）、食物过敏研究与教育协会（Food Allergy Research & Education）和美国多发性硬化症协会（National Multiple Sclerosis Society）等患者维权组织都从制药公司获得了一笔不菲的资金资助。作为代表这些组织的综合团体，国家卫生委员会（National Health Council）的 350 万美元年预算经费中，有 62% 依赖于药企的资助。任职于美国消费者权益组织“公众公民”（Public Citizen）的迈克尔·卡罗姆（Michael Carome）博士对这一现状轻描淡写地评论说，“这就是利益冲突”。[46]

患者权益保护组织从大型制药公司那里收取资金的行为并不违法，但普遍存在的利益冲突与其他的利益纠葛一样，损害了医学研究的完整性。甚至连世界卫生组织也不能免于商业利益的影响。世界卫生组织 2011 年至 2012 年的预算中有 30%（约 49 亿美元）来自私人捐赠者或者政府捐款，而大型制药公司对政府施加的影响力显然不容小觑。“捐赠者可以指定捐款的用途，并借此直接影响世界卫生组织的工作。”任职于国际医疗救援组织的托马斯·杰鲍尔（Thomas Gebauer）如此评论。[47]

侵蚀医学研究的商业营销策略

大型制药公司营销策略的成功之处在于营造出一种假象，即其产品的疗效是建立在坚实可靠的科学理论基础之上的。在这个总战略定位之下，还有一些标准化的子策略方针。主要策略之一是培养业内所谓的“KOL”（key opinion leaders），即关键意见领袖。对该种策略的最直接的阐释就是“雇用科学家做产品推销员”。葛兰素史克公司利用查尔斯·内梅罗夫的影响力来推销自家药品只是该策略在实际应用中的一个案例而已。

除此之外，制药公司还采用诸如“种子试验”*、“论文代笔”、“无良期刊”和“贩卖疾病”等其他一些标准化的不当营销手段。这些五花八门的营销策略不免让人反思，如果制药公司能把用于公关和
62 营销的锦囊妙计投入到药品研发中，困扰人类的健康问题肯定会得到很大的改善。

种子试验

“种子试验”披着临床药物试验的外衣，实则是制药公司进行药物营销的手段。其关注点不在于测试新药的疗效或安全性，而是具有处方权的医生。制药公司将新药推销给医生，从而增加医生给病人开这种药的可能性。简而言之，这是一项没有科学价值的虚假研究。

种子试验是一个巧妙的骗局。参与实验的医生被误导以为他们的病人是实验对象，而实际上医生自己才是行为矫正实验的对象。一场针对万络（Vioxx）和加巴喷丁（Neurontin）的止疼药诉讼曝光了其所属公司默克和辉瑞的相关内部文件，才使得这一做法被社会公众知

* 种子试验（seeding trials）也是一种临床试验，但是其目的不是为了测试药物的疗效，而是向医生推荐药物的新作用，是一种营销手段。

晓。默克公司的这项止疼药研究由营销部门全权负责实施，最终造成了参与实验者中有 3 人死亡，5 人心脏病发作。无独有偶，

> 辉瑞公司的研究进行得非常糟糕。研究人员缺乏经验，没有受过专门培训，实验设计本身也存在较大的缺陷，因此几乎没有得出任何有用的结论。更令人担忧的是，该项研究造成了 11 例患者死亡，73 例患者发生了“严重的药物不良反应”。[48]

生物伦理学家卡尔·埃利奥特（Carl Elliott）对此发出了疑问：“为什么对人体受试者造成危害的研究几乎没有受到审查？”[49] 在开展临床实验研究的早期，大多数的研究由大学实验室发起，在人体研究伦理保护规范的监管下进行。而在私营药企研发占主导地位的当下，规范监管已经不适用于临床研究的发展现状。

一个名为机构审查委员会（Institutional Review Boards）的小型委员会组织向医学研究中的人体受试者提供有限保护。机构审查委员会应美国联邦相关卫生机构要求设立，设立的目的不在于直接对研究过程进行监督，而在于在研究开始前评估试验方案是否合法且符合道德规范。机构审查委员会最大的缺陷在于无法确实履行对药企的监管责任。该机构中的许多委员会本身的性质等同于私人企业，其运作往往由药企赞助。[50] 如果机构审查委员会真的要否决一项研究，那么研发 63
企业当然会去赞助另一个更懂得“投桃报李”的机构。因此，机构审查委员会完全有经济上的动机来批准大型制药公司的种子试验。

医学论文代笔

人们不能因为一位著名科学家的名字出现在权威科学杂志的某篇文章的作者栏中，就由此断定他或她真的参与了这篇文章的撰写或它所报道的研究。在科学和医学的学术研究中，论文代笔问题愈发严重。那些同意在文章中挂名的科学家们，甚至通常都不核实论文数据的真实性。斯坦利医学研究所（Stanley Medical research Institute）的主任、著名的精神病学专家 E. 富勒·托里（E. Fuller Torrey）对此哀叹道："一些行业专家认为，现行的医学论文体系无异于一种高级的职业卖淫。"[51]

与只提供代写服务的公司相比，那些既提供代写服务，又开展临床试验的公司造成的不良影响更为严重。一个典型的案例是西瑞克斯公司（Scirex），"这是一家鲜为人知的研究公司，由全球最大的广告传媒公司之一宏盟（Omnicom）部分控股"。有证据表明，宏盟和另外两家广告巨头——埃培智集团（Interpublic）和 WPP 集团"已经花费数千万美元用于收购或投资像西瑞克斯那样对实验性药物进行临床试验的公司"。[52]

从 20 世纪 90 年代初到 20 世纪末这 10 年间，制药行业提供给大学实验室的研发经费占比从四分之三下降到三分之一，其间的差额资金都流向了内部研发机构或如西瑞克斯等广告代理机构。《新英格兰医学杂志》的一位前编辑对此评论道，该现象意味着"广告营销与科学研究不再那么泾渭分明了"。[53]

国际顶级医学期刊正在努力遏制论文代笔的乱象，或者至少可以这么说，已经意识到他们的投稿者存在着利益冲突的情况，但这些期刊本身并不能置身其外。2007 年的一项调查显示，美国两大医学杂志《新英格兰医学杂志》和《美国医学会杂志》的年收益中有很大一部分来源于其刊登的医药广告，资金数额分别为每年 1800 万美元和 2700 万美元。[54]

《柳叶刀》（*Lancet*）的资深编辑理查德·霍顿（Richard 64
Horton）在 2004 年对医学期刊现状做出的负面评价如今看来恰如其分，“医学期刊已经沦为制药行业的信息清洗工具”。[55] 但需要注意的是，他所评论的对象是现刊中水准最高的那些期刊，即已经尽了最大努力谨守其职业操守的期刊。

题外话：《柳叶刀》和反疫苗运动

尽管《柳叶刀》是国际上最具权威性的医学杂志之一，但它作为信息传播的载体，放大了人们的不安情绪，对近代医学史上的反疫苗事件起到了推波助澜的作用。1998 年 2 月，《柳叶刀》杂志刊登了安德鲁·韦克菲尔德（Andrew Wakefield）博士的一篇论文，文中指出有证据表明常用的疫苗可能是导致儿童自闭症的罪魁祸首。[56]

在此之前，麻腮风三联疫苗（MMR）作为有效预防儿童腮腺炎、麻疹和风疹的措施已经有了数十年的使用历史。韦克菲尔德的文章甫一发表就引发了一场广泛的反疫苗抗议运动。惊恐的父母们将反对接种的范围从麻腮风三联疫苗扩展至一般意义上的所有疫苗。虽然负责任的医学研究人员通过有力的证据彻底揭穿了韦克菲尔德的不实说法来证明疫苗和自闭症之间并无联系[57]，韦克菲尔德自己也被爆出伪造论文数据以及存在经济利益纠葛[58]，2010 年《柳叶刀》

也正式撤销了该研究论文，但为时已晚，轰轰烈烈的反疫苗运动已然开始。

在《柳叶刀》的发行地英国，论文的撤销给韦克菲尔德本人的事业发展和英国的反疫苗运动都带来了不利影响。但韦克菲尔德并没有因此而一蹶不振。他将自己的业务转移到了美国，并利用执迷于反科学和阴谋论的特朗普的支持者们成功跻身社会名流。[59] 不幸的是，美国的反疫苗运动已经从对疫苗持犹豫保留的态度演变到极为严重的地步，导致没有接种疫苗的学生人数已经开始严重影响社会公众的健康状况。

世界卫生组织已经将对疫苗持犹豫保留的态度列为全球健康的十大威胁之一。当接种疫苗的人口占比低于 95% 的警戒线时，预防疾病
65 暴发传播所需要的“群体免疫”就失效了。2017 年，在美国的 19 月龄至 35 月龄儿童中，只有 91.5% 的儿童接种了麻腮风三联疫苗。[60] 2019 年 4 月，美国疾病控制和预防中心共报告了 22 个州的 695 例麻疹病例，“这是美国自 2000 年宣布消除麻疹以来报告病例数量最多的一次”。[61] 反疫苗运动造成的不良影响是，它利用特朗普的追随者对大型制药公司的合理怀疑来煽动他们的反科学情绪。在这场人为制造的争议中，制药行业站在了科学和真理的一边，尽管这样的说法对制药行业来说当之有愧。

无良期刊*

与此同时，“开放获取”期刊**的出现加速了医学期刊的“逐底竞争”（The Race to the Bottom）。***开放获取的科学期刊在20世纪90年代末出现，短短十多年内数量急剧增加。时至今日，大约有1万种开放型的科学期刊，其中很大一部分是医学期刊。线上期刊的名称通常与现行的出版物名称极为相似。

开放获取期刊兴起的初衷是想通过免费获取的方式来使读者更广泛地获得科学资讯。与之相对的是，撰写论文的作者则需自己支付发表论文的费用。在运行的早期，一些正规的开放获取期刊通过严格的同行评审来维持刊物的高水准。但后来，投机取巧的出版商发现即使文章的质量得不到保证，他们也照样可以收取不菲的版面费。只要作者支付了费用，这些无良期刊就会刊发投稿的研究论文，根本不对文章的质量进行监管。这些欺诈性质的期刊都是在线期刊，其生产成本低到可以忽略不计。

没过多久，互联网上就充斥着这些打着科学研究的旗号，看似光鲜时髦实则毫无价值的论文。仅2014年一年，据估算这些不良期刊

---

* 这里的无良期刊（Predatory Journals）指的是带有掠夺性质，只管收费，而不对提交和发表的论文进行适当的质量检查的期刊。这些期刊像捕食者一样，把作者（通常是新作者或没有经验的作者）当作猎物，引诱他们进入自己的陷阱。作者被快速发表的承诺吸引，愿意为这种服务付费。

** 开放获取期刊（open access journal）在20世纪90年代末兴起，是因特网上的在线出版物，免费提供给用户使用，用户只需支付上网的费用，而不必支付其他费用。

*** “逐底竞争”是国际政治经济学的一个著名概念，指在全球化过程中，为吸引国际资本，政府会竞相削减有关福利体系、环境标准和劳工保障的政策。

就发表了约 42 万篇论文。[62] 事实证明，格雷欣法则[*]不仅适用于货币，也同样适用于科学，“劣科学会驱逐良科学”。有效科研和学术垃圾的区分变得愈发耗时，对相关研究开展的文献综述也变得愈加庞杂。
66 长此以往，充斥着医学界的大量不可信的研究结果将对医学研究（甚至可以说对人类健康）带来极其不利的影响。

无良期刊的成功之处在于期刊的管理者与投稿者心照不宣，狼狈为奸。正如科学调查记者吉娜·科拉塔（Gina Kolata）发现的，“在这些期刊上发表论文的许多——甚至可能是大多数——学者都清楚自己的行为。他们利用大学可能无法分辨期刊是否正规的事实来装点自己的学术履历”。[63] 她宣称，这种行为相当于“学术欺诈”，“不仅削弱了科学的可信度，还搅乱了重要的研究”。[64]

这些假期刊催生了更为庞大的科学造假机构。已经通过无良期刊发表论文的作者以额外缴费的方式受邀在学术会议上发表会议论文。他们只需向主办方提供夺人眼球的论文标题，甚至无须参加这些虚伪的会议，就能给自己的学术履历再添光鲜一笔。

贩卖疾病

先有某种疾病，再研制出治疗该种疾病的药物，这是事情发生的自然顺序，也合乎常理逻辑。但大型制药公司却人为颠倒了事情发生的先后顺序。正如安吉尔博士发现的那样，“药企并没有根据现有疾

---

* 格雷欣法则（Gresham's Law）也叫作劣币驱逐良币法则，由英国经济学家格雷欣提出，他发现两种实际价值不同而名义价值相同的货币同时流通时，实际价值较高的货币即良币，必然退出流通，而实际价值较低的货币，即劣币，则充斥市场。

病来推销相应治疗的药物，相反，他们是根据自己生产的药物来炒作疾病概念”。[65]

虽然这种倒行逆施的营销手段并不是什么新鲜事物，早有先例可循，但直到 20 世纪 90 年代自百忧解（Prozac）迅速成为美国人普遍服用的抗抑郁类药物之后，这种现在被普遍称为“贩卖疾病”的营销手段才真正流行。该词最先是以书名的方式出现在 1992 年关于这一主题的论著中。[66]

百忧解（即礼来公司生产的盐酸氟西汀药物的商品名称），是首批获得美国食品药品监督管理局批准的一类新型抗抑郁药。[67] 它和包括帕罗西汀、左洛复（Zoloft）、塞来莎（Celexa）等在内的其他药品成为 20 世纪 90 年代销量最好的抗抑郁药物。这些药物的年销售额都达到了 10 亿美元，是当之无愧的销售明星。而从 1985 年到 2007 年，美国市场的抗抑郁药物的年销售额从 2.4 亿美元增加到 120 亿美元，增长了 50 倍。

然而，大型制药公司并不满足于现状，他们采用了一种巧妙的手段来扩大新型抗抑郁药业已形成的巨大市场。虽然百忧解被美国食品药品监督管理局定义为抗抑郁药，但模棱两可的应用规定使得它能通过只需极少剂量检验的额外测试，以作其他用途。制药公司最大限度地利用了这个漏洞来寻找（必要时甚至创造了）药物的“其他用途”，67
并对此大肆宣传。礼来公司将百忧解的药物更名为沙若芬（Sarafem），不仅顺理成章地获得了 7 年的专利保护延长期，还创造出该药物的另一种用途，即用来治疗经前期烦躁症（PMDD）。第一支沙若芬广告就明确向观众阐释经前期烦躁症不同于老生常谈的经前期综合征

（PMS），是一种新形态的、奇异的精神症状。[68]

国家心理健康研究所的前研究员罗兰·莫舍博士（Dr. Loren Mosher）认为药企现行的营销战术“几乎都是标准化的流程”。它首先发起一场公共关系运动，旨在唤起人们对某种疾病的“认识”，引导人们关注“某种存在大量潜在患者的轻度精神疾病”。下一步，为了达到食品药品监督管理局的最低要求，制药公司会开展一项小规模的假设驱动型研究，为某类药物用于治疗该种疾病提供相关证明。如果该研究没有取得预期的效果，研发人员就会不断尝试，直到他们得到能支撑他们结论的结果为止。[69]

随后，制药公司会策划一系列的公关活动将人们关注的焦点从疾病转移到药物上。公司聘请权威的医学专家来为研发的药物背书，并让专家引用为该药物量身定制的光鲜的研究数据来支持论断。为了进一步宣传药物疗效，公司还将成立一个相关的患者权益团体（当然该团体会谨慎地隐瞒其资金来源）作为该药物宣传的幌子。果不其然！一种新的疾病诞生了，而治疗该疾病的药物也随之问世。

读者是否还记得上文中提到的内梅罗夫竭力推荐的药品帕罗西汀？帕罗西汀原本是葛兰素史克公司生产的一种抗抑郁药，但该药品在1999年获美国食品药品监督管理局批准可用于治疗社交焦虑障碍。对此，帕罗西汀的产品总监自豪地说，“每个营销人员的梦想都是找到并开发一个潜在或未知的市场，正如我们的产品所开发的社交焦虑障碍治疗市场”。[70]

这种现象极具美国本土色彩，这是因为大型制药公司只针对美国和新西兰市场开展这样的公关活动，而直接面向消费者的药品广告更是与公关活动协同运作，造成了药企在美国贩卖疾病的怪象。1997年，美国食品药品监督管理局赋予制药公司为处方药拍摄电视广告的权利。不久之后，百忧解、伟哥和克拉宁等药品就成为家喻户晓的明星产品。[71]

所有这些被冠以新专业名词的某某综合征、失调及功能障碍等有一个共同点，它们或是将日常的正常生理现象（如月经[72]、绝经[73]、青春期情绪化[74]）医疗化和病态化，或是将一些轻症疾病（如肢体抽搐[75]）定义为严重疾病。这些新类型的疾病层出不穷，让人眼花缭乱。 68
一个简短的焦虑障碍列表就包括社交焦虑障碍、一般焦虑障碍、经前焦虑障碍、不宁腿综合征、肠易激综合征和季节性情感障碍等多种类型。此外，许多新类型的疾病都与性有关，诸如勃起功能障碍、女性性功能障碍、睾酮缺乏和性欲减退障碍等。需要说明的是，笔者并不怀疑这些症状存在的真实性或是严重性，关键在于人们对这些疾病的认知几乎完全是药企公关活动的产物。

后“九一一”综合征

营销人员深谙潜意识的恐惧和焦虑易被操纵，因而为了销售精神类药物，绝大多数被炒作的疾病都被人为地创造或夸大了其危害性。在“九一一”事件发生后，辉瑞公司立刻在市场上推广旗下产品左洛复，宣传其能治疗创伤后应激障碍，就是其中一个性质恶劣的销售案例。

辉瑞的公关关系机构负责人钱德勒·奇科（Chandler Chicco）通过创建一个患者权益团体（创伤后应激障碍组织）来宣传这种新疾病。

2011年9月26日，该组织声称那些“目睹过暴力行为”或经历过“自然灾害、其他意外灾害及心理创伤事件，如经历过‘九一一’恐怖袭击”的人会存在创伤后应激障碍的风险。[76]根据这一说法，其潜在患者理应包括通过电视“目睹”这一恐怖袭击事件的数亿观众。

葛兰素史克公司也不甘示弱，在“九一一”事件后大力推出了帕罗西汀的广告。广告中着重渲染了一张张悲伤的面孔，向观众叙述着以下内容，如“我总是不由自主地想可怕的事情将会发生”或是“这件事就像我脑海中的一盘磁带，一遍又一遍地重复”。[77]辉瑞公司和葛兰素史克公司利用创伤后应激障碍放大了人们对恐怖主义的恐惧。而美国政府利用了人们的恐惧心理，不仅为永无休止的海外战争辩护，还侵犯了美国人民的公民自由。

监督和管理：美国食品药品监督管理局

事到如今，很明显，药理学并不是唯一被大型制药公司侵蚀的医
69 学或者生化科学学科。精神病学、肿瘤学、心脏病学以及其他相关学科，在无处不在的利益冲突中无一幸免。

社会能否采取某些措施来保障医学的真实性？的确有这个可能性，前提是政府机构能够合理行使对公众利益的监督权和控制权。美国食品药品监督管理局、环境保护署和联邦贸易委员会消费者保护局本应躬先表率。但是，受惠于制药行业的机构远不止食品药品监督管理局，在此情况下，民众又怎么能指望这些机构来消除大型制药公司的腐败影响呢？正如医学伦理学家谢尔顿·克里姆斯基评论的那样，食品药品监督管理局早就沦为“一个在药物评估过程中利益冲突已经

变得习以为常的机构”。[78] 2000 年的一项调查显示，“受雇于政府机构来评估药物安全性和有效性的专家中，有一半以上都与制药公司有经济往来，而他们的决定直接影响着制药公司的切身利益”。[79]

2004 年 11 月，担任美国食品药品监督管理局安全专员 20 余年的戴维·格雷厄姆（David Graham）在美国参议院做证时承认，他的主管曾试图“让他闭嘴，并向他施压，让其就某些药物的安全性提出批评意见时持审慎态度”。12 月，美国卫生与公众服务部（Health and Human Services Department）检察长的一份报告证实了格雷厄姆的证词。该报告指出，“食品药品监督管理局的药物评估和研究中心的工作环境几乎不允许异议，完全扼杀了科学异议”。在接受调查的 360 名食品药品监督管理局的科学家中，有 63 人证实，“尽管他们对药物的安全性、有效性或疗效持保留态度，但迫于压力，仍需批准或建议批准（某种新药申请）”。[80]

但美国食品药品监督管理局与大型制药公司之间混乱的伦理关系远不止是利益冲突和官僚主义对科学家的钳制这么简单。尽管公众希望监管机构在这场利益的博弈中占据上风，但药企明显占据了优势——食品药品监督管理局用于药物监管的年预算总额仅占制药行业每年营销支出的 1% 左右。[81]

考虑到食品药品监督管理局预算经费来源，人们会发现事实远非如此。克利夫兰医学中心（Cleveland Clinic Foundation）的心血管医学部主任史蒂文·尼森（Steven Nissen）博士直言，食品药品监督管理局的预算“在很大程度上依赖于用户缴纳的使用费”。申请上市许可的制药公司向食品药品监督管理局支付使用费用，这意味着“后

70 者的经费来源于它负有监管责任的对象”。[82] 对此现象，另一位更为尖锐的批评者认为用户缴纳使用费“只不过是一种合法的贿赂形式，几乎可以保证制药公司每次提交新产品核查申请时都能得到有利的反馈”。[83] 值得注意的是，这些费用可不是什么小数目，总额达数十亿美元。2016 年，一款处方药（包括临床数据）的申请费用至少为 230 万美元。从 1992 年到 2016 年，制药公司向食品药品监督管理局支付的用户费用总额达到了 76.7 亿美元。[84]

除了批准新药以外，食品药品监督管理局还可授予申请的企业独家营销权，该权利与专利权一起构成了药企垄断定价体系的壁垒。当制药公司试图抵制监管时，他们会通过游说者来鼓吹所谓的“自由市场”。然而事实上，大型制药公司的超额利润却依赖于独家营销权所带来的不自由市场。

一些温和的建议

归根结底，还是回到了这个老问题——人们能采取措施来保障美国医学的真实性和可靠性吗？答案是肯定的。解决办法如果用四个字来概括，就是**公共管制**（public control）。或者可以用令大型制药公司及其政治盟友深恶痛绝的七个字来概括，就是**严厉的联邦监管**（federal regulation with teeth）。

首先，所有的医学研究都应该由政府资助。其次，政府机构应该负起严格监管的责任来防范经济利益冲突。这就要求相关机构消除因企业利益而引发的干预。私有化的科学就其本质而言就是一个悖论，因为受雇于企业的科学家们迫于压力会隐瞒与赞助商的营销计划相冲突的数据，有选择地报告他们的研究成果。这是一个零和博弈的问题，消除现有的乱象并不是简单地将科学家从相关企业获得的年研究费用限制在 1 万美元以内，而是将企业赞助的研究费用削减为零。

像食品药品监督管理局这样的监管机构必须从美国政府的税收分配中获得充足的经费预算，而不是被迫依赖于所监管对象支付的“使用费用”来维持运作。监管机构的管理人员和工作人员不应该与制药企业有任何联系。政府不得允许私人公司利用公共资金来获得发明专 71
利。美国必须禁止药企直接面向消费者播放药品广告，而这一点几乎世界上的其他国家都已经做到。

那些所谓的政治现实主义者肯定会对上述建议持反对意见，认为这些建议在现行的美国政治背景下是行不通的。他们并没有说错。因而摆在人们面前的是一个二选一的抉择，究竟选择科学还是现行的美国政治环境？

第六章

向喝水的井里吐痰

72 1979 年 2 月，时任美国总统卡特在墨西哥犯了一个明显的外交禁忌。在墨西哥城为他举办的欢迎集会上，卡特对墨西哥总统开了一个关于“蒙特祖玛复仇”的玩笑作为敬酒词，引起了一阵令人紧张的尴尬笑声。令在场的听众惊讶的是，这位和蔼可亲的美国总统根本不知道这句玩笑话对墨西哥人来说是多么严重的侮辱。

“蒙特祖玛的复仇”被用来影射游客在不太富裕的国家因饮用未经过滤的自来水而引起的腹泻。无独有偶，在印度的英国游客把这种症状称为“甘地的复仇”或是“德里肚”。所有去第三世界国家旅行的人都会收到例行警告：“不要喝那里的水！”这些现象都反映出这样一个事实，即对于世界上大多数人而言，安全饮用水仍然是一种负担不起的奢侈品，而发达资本主义国家却对此熟视无睹。

因而在 2015 年，当密歇根州弗林特市政府宣布该市的自来水不适合人类饮用，并且已经危害了当地儿童的健康长达几个月，甚至数年之久的时候，可以想象该市的市民对这一事实会有多震惊。公共卫生倡导者莫娜·汉娜－阿提沙（Mona Hanna-Attisha）博士的研究揭露了这一可怕的发现。她的研究表明对弗林特市的儿童来说，饮用水中的铅含量超标已经达到了危险水平。“作为一名儿科医生，”汉娜－阿提沙博士说，“我知道铅是最糟糕的一种毒药。它是一种神经毒素，会对发育中的大脑产生严重后果，且造成的伤害是永久性的，足以改变人的一生。”[1]

多年来因严厉的财政预算，弗林特市政府削减了饮用水的支出经
费，并最终导致了这场危机。为了节约经费，他们将水源从休伦湖改 73
为弗林特河，尽管这条河在历史上“由于工业排放和市政当局的违规操作而导致水质很差”。[2]

尽管弗林特河受到了包括来自下水道渗漏的粪便大肠菌群等有机和无机有毒污染物的污染，但当地政府官员却“操纵了检测结果，通过谎言淡化了问题的严重性”。[3]在宣布弗林特河的水不宜饮用后，那批政府官员却厚颜无耻地辩称因财政压力巨大而拒绝恢复休伦湖的水源供应。在2015年年底，他们迫于压力被迫同意这一方案，但为时已晚，这场水资源的危机仍在蔓延。

美国政府不止一次宣布弗林特市进入了紧急状态，并于2016年1月动员国民警卫队向弗林特市居民分发安全饮用水。2017年6月，密歇根州卫生部门负责人和其他四名官员因弗林特水污染事件被控犯有过失杀人罪，突显了这一事件带来的致命后果。[4]

一时的科学疏忽带来的却是一场灾难。像弗林特市一样遭遇水污染的事件其实早有先例。被《华盛顿邮报》赞誉为“帮助揭露弗林特

铅水危机的英勇教授”——马克·爱德华兹（Marc Edwards）早在10年前就曝光了发生在华盛顿特区的一个类似丑闻。任职于弗吉尼亚理工大学的环境工程学教授爱德华兹发现，

> 华盛顿特区的管道腐蚀导致了管道中的铅渗入供水系统，并通过厨房水龙头和淋浴喷头污染了居民的日常生活用水。在2004年协助媒体曝光了华盛顿特区的铅水危机后，爱德华兹花了6年时间向美国疾病控制和预防中心的权威发起了挑战，试图想让后者承认他们避重就轻，没有如实阐释铅超标对儿童造成的巨大危害。[5]

而爱德华兹教授要求联邦机构承担责任的孤勇行为却为他招致了长达6年的骚扰、威胁和嘲笑，但在2010年，

> 他的论断最终得到了证实。媒体发现，美国疾病控制和预防中心在一份误导性的报告中公然欺骗公众，谎称自来水中的铅含量不会对华盛顿居民的健康构成威胁。[6]

发生在华盛顿特区和弗林特市的水污染危机表明了令人不安的发
74 展趋势。爱德华兹教授在接受《美国科学家》（*American Scientist*）采访时解释道：“我们正处在一个行业蛋糕越来越小的时代，这将给科学和工程建设的方方面面带来前所未有的巨大压力。”[7] 愈发缩减的联邦研发经费预算将把美国的科学研究更快地推向私营企业的怀

抱。与此同时，监管机构的失职与政客勾结的行为使得私有化的科学进一步退化，将导致环境恶化和美国人民生活质量的严重下降。

铅水危机的影响范围已经远远超出了弗林特市的范围。匹兹堡和芝加哥也同样遭遇了铅严重超标的问题。2019 年 8 月，纽瓦克市面临着“近年来美国最严重的城市环境危机之一”[8]。汉娜 - 阿提沙博士宣称，以上危机是“由利润驱使的、缺乏社会责任心的铅工业发展的必然后果之一。它阻碍了科学的发展，无视法规，将含铅的汽油、油漆和管道等产品带入人们的日常生活中”。[9]

弗林特市和纽瓦克市所遭遇的环境危机其实是全球性危机的区域表现。“不要向喝水的井里吐痰”这句谚语是对在全球化背景下生态环境问题的隐喻性警告，但显然警告的力度还远远不够。“正在向喝水的井里投毒”也许更能准确地反映当今社会的现状。

需要提醒读者关注的是，在阅读本书的同时，成千上万人正因环境污染而死亡，其中大多数受害者是贫穷国家的儿童。根据康奈尔大学生态学家大卫·皮门特尔（David Pimentel）的估算，水、空气和土壤污染每年致死人数达到 6200 万人。[10] 在他的研究数据基础上，读者不妨做个简单的计算，在全球范围内每天都有 17 万人因环境污染而死亡。

蕾切尔·卡森和环保主义的起源

20 世纪 50 年代末，巴里·科莫纳（Barry Commoner）和其他具有政治意识的科学家们成立了圣路易斯核信息委员会，向人们警示内华达州原子弹试验的放射性尘埃的危害性。科莫纳及其支持者率先发起了一场他们称之为科学信息的运动，号召科学家勇敢地承担起社会责任。他们坚持认为，科学家需要负责的对象应是人民，而非政府的决策者。推动公众充分且直接地了解社会发展的科学问题是科学家不可推卸的道德责任。[11]

蕾切尔·卡森以书中的诤言发出了一位富有社会责任感的科学
75 家的最强音。1962 年，她的著作《寂静的春天》一经出版就引起了社会的广泛关注，人们围绕书中话题展开热议，引发了公众对于科学在人类事务中的影响的反思，推动了美国乃至世界范围内环保运动的发展。

卡森认为现代社会大量使用杀虫剂和其他化工合成品以增产粮食的行为对人类的发展造成了严重影响，并最终威胁到地球上所有生物的可持续发展。《寂静的春天》通过揭露美国的农企和商界为追逐利润而引发严峻环境危机的事实，给商业化的美国社会敲响了警钟。该书和卡森本人都遭到了与之利害攸关的企业及美国农业部的强烈抵制和抨击。后者“雇用科学家逐字逐句地分析卡森女士的作品。其他相关企业也正在准备简报，为其产品的使用进行辩护。企业与相关机构在华盛顿和纽约等地举行会议、起草声明，试图对书中所指控的问题发起反击”。[12] 受雇于化工企业的科学家们认为可以通过将卡森的身份定义为大众作家来贬损她的科学权威性。他们声称她的作品是为了迎合普通民众而创作，精英科学家们对此不屑一顾。尽管相关企业试图将卡森边缘化，她还是引发了一场轰轰烈烈的社会运动。《寂静的春天》将人们对生物的关注从传统的机械论和还原论转向了生态学，对今后人们研究生物学的方式产生了重大影响。

卡森反对 DDT 杀虫剂的运动使人们普遍意识到杀虫剂对生态环

境造成的危害。自那以后，人们对限制杀虫剂所付出的努力成效如何呢？遗憾的是，尽管人们的环境保护意识有所提高，但意识并没有转化为有效的行动或持久化的解决方案。在《寂静的春天》出版 54 年后，环保律师和环保活动家卡罗尔·丹瑟罗在一本名为《需要付出怎样的代价》（*What It Will Take*）的书中评估了卡森所倡导的环保运动的现状。多年来丹瑟罗致力于保护公众免受杀虫剂和其他农药的毒害，她把自己 28 年的从业经历比作打地鼠游戏：“问题不断出现，不管我们解决了多少次，总会有新的问题发生。”她总结道，化工企业生产的农药种类繁多，按种类对抗农药危害并不是行之有效的环境保护策略。人们需要挑战的是企业无处不在的主导地位。[13]

从尼克松到特朗普 76

尽管如此，环保思潮的兴起的确对美国的政治产生了深刻的影响。尼克松总统于 1970 年 1 月 22 日向国会发表的国情咨文就是有力的证明。“恢复自然本来的状态，”尼克松宣称，“已成为美国全体人民的共同事业。”他进一步强调：“清洁的空气、清洁的水以及开放的空间——这些应该再次成为每个美国人与生俱来的权利。”[14] 尼克松总统发表的国情咨文并不是纸上谈兵，他用实际行动和联邦资金来对这一提议给予支持。“我们仍然认为空气是免费的，”尼克松说，“但是清洁的空气和水并不是免费的。环境污染治理耗资巨大。”他提出了一项高达 100 亿美元的净水计划，于 1970 年 12 月创建了美国环境保护署，并分别于 1970 年和 1972 年签署颁布了《清洁空气法》（Clean Air Act）和《清洁水法》（Clean Water Act）。

在共和党人如火如荼地开展反科学主义、反智主义的今天，一位共和党总统，尤其是一位以不甚体面的方式被迫下台的总统，却用实际行动回应了民众对环境保护的诉求。现在看来尼克松政府的环保政策颇具超现实主义色彩，但事实的确如此。遗憾的是，美国政府的环境治理却在开倒车，甚至走向了完全相反的方向。

当特朗普政府在2017年年初行使行政权力时，美国政府决策中的反科学倾向变得愈发明显。特朗普上任后签署的首批行政命令中就包括提出一项大幅削减科研经费的联邦预算。美国国立卫生研究院和环境保护署的研究经费分别被削减了18%和31%。[15]而环境保护署的经费削减将导致需要裁减3200名工作人员。与之相对的是，其他研究领域，特别是那些有军事应用的领域获得的经费预算要多得多。

特朗普政府及其盟友们加剧了几十年以来因民主党和共和党两大政党屈从于企业压力而造成的环境污染状况。企业对环境科学的攻击层出不穷，五花八门，但在当前的公共话语体系中，最为突出的攻击手段当属否认全球变暖的人为因素影响。

否认全球变暖的人为因素

1988年，美国国家航空航天局（NASA）首席气候科学家詹姆斯·E.汉森（James E. Hansen）在美国参议院能源和自然资源委员会上所做
77 的证词，“引发了公众对全球变暖的关注，并将争议的焦点从学术探讨转移到对现有科学政策的全方位辩论”。[16]对全球变暖有着不可推卸责任的石油巨头和煤炭巨头试图效仿烟草巨头的策略，通过招募科学家来改善其产品的公众形象。但就其实际效果而言，营销效果远不

如烟草、食品和制药行业成功。

气候学家对全球变暖的事实并不存在争议。科学研究已经明确指出，地球的平均温度在近几十年以来正以惊人的速度不断上升。然而，尽管全球变暖并不存在科学上的争议，但它无疑已经成为一个有争议的政治问题。无法从气候学家那里获得科学支持，能源公司只能依赖政治力量和公共营销来自谋生路。不幸的是，该策略已经足以达成企业的主要目的，即搅乱关于全球变暖的讨论而减少企业承担的舆论压力。这一举动与他们的政治盟友们不谋而合，正好给了后者一个合适的借口，来遮掩其没有采取有效措施应对气候问题的不作为。

虽然美国右翼政客、智库和媒体正不遗余力地否认气候变化的事实，但他们并不是运动的发起人。他们之所以这么积极呐喊是因为得到了石油巨头和煤炭巨头慷慨的经费支持。石油和煤炭企业生产含有碳元素的化工品，通过燃烧反应产生的能量来满足家庭供暖、交通运输和重工业的能源需求。这一过程的副产品是产生了大量无色无味的二氧化碳，这些二氧化碳进入并留存在地球的大气层中。大气层中存在一定比例的二氧化碳是正常现象，因为地球上的每个人和动物在呼气时都会产生二氧化碳。而植物会从空气中吸收二氧化碳并释放出氧气，供人类和动物吸收，后者则通过呼吸作用再次释放出二氧化碳。这种平衡的循环往复早在数百万年前就已经形成了。

但在过去 100 年左右的时间内，随着大气中二氧化碳比例的逐渐上升，这个循环的平衡开始被打破。现在大气层中二氧化碳的浓度已经达到人类历史上最高水平，达到了 300 万年前远在人类出现之前的水平。[17] 这一点至关重要，因为二氧化碳是一种“温室气体”。它在大气中的作用就像温室的玻璃一样，允许太阳光线的热量进入，但阻止地表热量的散失。这就是全球变暖的基本原因：温室效应会导致人们生活的地球的平均温度不断上升。

78 大气中过量的二氧化碳的来源并不难猜测。这显然是自 18 世纪末工业革命兴起以来，碳基燃料，主要体现为“矿石燃料”消耗大幅增加的结果。罪魁祸首是推动工业化发展的燃煤蒸汽机、驱动车辆的汽油发动机及其他将碳基燃料转变为机械能的机械。因而，全球变暖是**人为**所致，是人类活动的结果。如果全球变暖是由人类的行为集聚造就的，那么人类理应承担起阻止全球变暖的进程并扭转这一趋势的责任。

全球变暖的一个危险性的征兆是极地冰盖和冰川的不断消融。越来越不稳定的气候模式导致了大面积的干旱和洪涝灾害并存。世界各地的极端气候事件屡破纪录，从高温热浪、野火肆虐到风雪成灾，极度严寒；从飓风、龙卷风、旋风到泥石流和海啸。[18] 2005 年的卡特里娜飓风事件给美国人民带来了严重的心理创伤。它袭击了美国主要城市新奥尔良[19]，造成了严重的人员伤亡和财产损失。2017 年的飓风“玛丽亚”摧毁了波多黎各；2019 年和 2020 年肆虐的野火殃及了美国的加利福尼亚州、亚马逊雨林和澳大利亚的大片地区。以上都是已知的因人为因素而导致的严重自然灾害事件中的一部分而已。

导致极端气候事件形成的机制相当复杂，许多气候现象的细节仍有待研究。但人们对导致洪水和飓风频发且灾害强度不断增加的基本过程已经有了清晰的认知。根据研究预测，海洋几乎吸收了因温室气体而捕获的额外热量中的 93%。[20] 海洋变暖会导致海洋蒸发加强，使更多的水蒸气进入空气，从而增加了强降雨的可能性。来自海洋的暖空气与来自陆地的冷空气碰撞，将热能转化为机械能，形成了时速 100 英里的暴风雨。

从长远来看，全球变暖的危害相当严重。“全球变暖是人类历史上对地球生命最严重的威胁”，生物多样性研究中心宣称。[21] 鉴于此，有关世界末日的种种预测并非完全没有科学依据。但全球变暖引发的人类生存危机使得采取措施应对全球变暖危机迫在眉睫，只有目光短浅的愚蠢之人才会不以为意。虽然以人类时间感知的尺度来衡量气候 79
变化，其变化过程是缓慢而不均匀的，这为蛊惑民心的政客提供了一个肤浅的观点来否认气候变化的事实。但气候科学家已经毫无疑问地证明，地球表面、海洋和空气的温度上升是不可阻挡的趋势，且该趋势还在持续递进。[22]

政府对气候科学的审查

十多年来，美国政府一直在试图审查和质疑詹姆斯·汉森及其他科学家发出的有关气候变化警告的内容，这反映了美国反对环保主义的政治斗争不断升级。2005 年 12 月，汉森做了一场关于全球变暖的公开演讲。他在演讲中公布的数据表明 2005 年是一个世纪以来最热的一年。

汉森的演讲触犯了石油行业和煤炭行业的利益，立即引发了小布什政府的不满。美国国家航空航天局官员警告汉森，如果他坚持发表类似的声明，将会造成“可怕的后果”。他们告知汉森，他以后发表的演讲和文章，包括在航空航天局网站上发布的内容，都必须经过其

“公共事务”负责人员（换句话说，就是公关部门）的审查，而且他必须获得上级部门的批准才能接受记者的采访。

汉森的遭遇并不是个例。在对七个美国政府机构中任职的1600名科学家进行的一项调研中，有近一半的科学家表示，在小布什执政的八年里，他们曾被警告不要在报告中使用“全球变暖”这样的术语。然而，与汉森不同的是，大多数的科学家都不得不屈从于来自管理层的压力。

在奥巴马执政期间，科学家们所承受的政治压力仍在持续，但表现形式更为微妙。2009年，“白宫做出了一项战略决策，即淡化对气候变化的关注——或者避免使用这个词”。随后奥巴马总统要求他的“环保运动盟友们”进行自我审查，并在气候变化议题上保持沉默。[23] 许多主流环保组织不得不配合政府的要求，这不仅让他们威信扫地，同时也让否认气候变化存在的右翼势力获得了更多的公共话语权。

汉森对美国政府气候政策的批评并没有因为奥巴马政府的上台而终止。他强烈抨击奥巴马的“总量控制与排放交易”计划，认为试图通过市场化的激励手段来控制工业碳排放是一个可悲且无效的政策。
80 这样的机制实际上创造出了一个允许污染许可证自由买卖的市场。汉森还积极反对奥巴马政府的基石输油管道项目，该项目预计每天能将80万桶原油从加拿大西部油砂矿基地运往美国墨西哥湾沿岸炼油厂。他被控在白宫组织抗议基石项目活动而两次被捕。2015年，在推动该计划实施七年之后，奥巴马迫于公众压力，否决了美国、加拿大的基石输油管道项目。

然而，特朗普在2017年1月上任后立即重启了基石输油管道项目。

特朗普政府几乎是用报复性的方式重新回到了小布什政府对科学进行审查和干预的老路上：即将上任的特朗普政府“向环境保护署和农业部等政府科学机构发布了事实上的禁言令，要求环境保护署撤下相关的气候网页”，并“规定任职于环境保护署的科学家所做的任何研究或数据在向公众发布前必须先经过政治审查”。[24] 为了防止政治审查的干预，美国和加拿大各地的科学家发起了名为“游击存档”（guerrilla archiving）的数据拯救活动。他们迅速收集了几十年以来的气候记录和其他政府数据，将其复制到独立的服务器上，以防数据在政府干预下突然消失。

奥巴马对阵特朗普?

特朗普政府的一系列不靠谱的操作并不能抹去奥巴马政府气候政策背后双重博弈的事实。相较于特朗普，贝拉克·奥巴马政治经验丰富，更老于世故，但他对煤炭和石油行业的关切并不逊于特朗普。面对环保人士敦促政府减少石油开发的要求，奥巴马私下向能源企业的高管们保证他绝不会这么做，“只要我还是美国总统，政府就会继续鼓励石油开发和基础设施建设”。[25]

为了更清楚地表明自己对石油化工企业的支持，特朗普声称美国在他执政的四年里的石油产量超过了小布什八年执政期的总和。他将“修建长度足以环绕地球的新的石油和天然气管道”的功劳归于自己，甚至夸口说要让更多的公共土地供私人开采矿石燃料。“我们到处都在钻探，”特朗普说，“我可以保证，美国人民将继续在我们能找到的任何地方钻探。”

2010 年，英国石油公司（British Petroleum）位于墨西哥湾的钻井平
81 台因爆炸事故造成了持续 87 天的原油泄漏。而时任总统奥巴马并没有
从史上最严重的石油泄漏事件中获得经验教训。不到两年后，他宣布：

> 在近海，我已指示政府开发我国 75% 以上的潜在石油资源，其中包括几个月前我们在墨西哥湾开辟的新区域。该区域面积约占 3800 万英亩，可以生产超过 4 亿桶的石油产量。[26]

科学共识与否定科学事实的虚假信息

尽管科学共识不能通过量化来评判，但一项关于气候研究成果的综合性研究在梳理了 24 210 篇关于气候变化的同行评议文章后，发现 69 406 位作者中有 99.99% 的人认可全球变暖的事实，并认为人类活动是全球变暖的主要原因，尤其是碳基燃料的燃烧造成了大量的二氧化碳排放。在调研的 69 406 名科学家中，只有 4 人反对这一论断。至少可以说，科学界对全球变暖的共识不容置疑。[27]

否定全球变暖这一科学事实的虚假信息故意混淆概念，将表面现象（天气）和现实本质（气候）混为一谈。异常寒冷的冬季天气被伪科学用来作为否认气候变化的证据。特朗普就用他特立独行的语言风格表达了伪科学的思维逻辑，“我们必须停止这种代价高昂的‘全球变暖’废话。地球正在冻结，多地创低温纪录，而我们鼓吹‘全球变暖’的科学家却被困在冰天雪地里”。[28] 虽然特朗普所代表的民众常识达不到科学论证的水平，但由于这样的论断出自白宫未来主人的口中（或他的社交媒体推特），其影响力不容小觑。它的谬误在于用地表某些

区域的瞬时温度样本来替代地球长期的整体温度。事实上，全球变暖导致的气候不稳定必然会带来异常寒冷的冬天。

另一个相关的谬论试图忽视气候科学家发出的有关气候危机的警告，即如果人类不着力减少二氧化碳排放，几十年后全球平均气温将上升 3 到 4 华氏度。否认其灾难性后果的人的反应则是："那又怎样？一天之内温度上下波动 20、30 或 40 华氏度并不罕见。我们为什么要担心那微不足道的 3 到 4 华氏度呢？"但事实上，这 3 到 4 华氏度的
升温会导致灾难性的后果。最明显的就是极地冰川的加速融化将导致 82
海平面上升，淹没人口密集的沿海城市。汉森解释说："上一次地球温度升高 2 华氏度时，海平面升高了 6 米，差不多 20 英尺（1 英尺约合 30 厘米）。"[29]

如果把地球比作个体的人，那么地球的温度则更类似于人体温度，而非体感温度。想想看，如果人的体温上升了 3 到 4 华氏度且一直没有降下来，那就意味着这个人快要死了。同理，地球母亲也是如此。

双重否定：危在旦夕的气候危机还是岌岌可危的企业利润

民众日益增强的环境危险意识意味着政府制定的政策越来越违背民意。2017 年年初，当特朗普任命臭名昭著的气候变化否认者担任环境保护机构的负责人时，该现象比以往任何时候都更加明显。特朗普任命的环境保护署署长斯科特·普鲁伊特[30]（Scott Pruitt）在担任俄克拉荷马州司法部部长期间，曾 14 次起诉环境保护署。[31] 普鲁伊特丑闻缠身，在环境保护署的任期只持续了不到一年半，接替他的下一任新署长则是前煤炭行业的说客安德鲁·惠勒（Andrew Wheeler）。

特朗普在推特上发文抱怨说“全球变暖是耗资昂贵的废话”，这为理解否认全球变暖这一科学事实背后的逻辑提供了重要线索。呼吁人们采取行动应对全球变暖之所以是“耗资昂贵的”，是因为应对气候危机的行为会影响到大型能源公司的盈利情况。涉及的相关利益表现为 2015 年全球石油市场的价值为 1.7 万亿美元[32]，2018 年全球煤炭市场的价值预计将达到 1.037 万亿美元。[33] 这些价值数万亿美元的产业显然不会对日益高涨的减排呼声掉以轻心。虽然一些能源公司试图将部分投资转向节能减排的新技术，但能源行业作为一个整体，一直以来都在顽强地抵制着来自社会减排的压力，结果导致了对气候科学和生态科学的全面攻击。

全球最大的石油和天然气上市公司——埃克森美孚的内部档案赤裸裸地揭示了隐藏在石油巨头们否认气候变化行为背后的虚伪本性。
83 这些被披露的档案证明，该公司实际上对气候变化的事实心知肚明，它掩盖并否定了自己开展的全球变暖的科学研究。

环保先驱——詹姆斯·F. 布莱克

早在 1977 年，即因汉森的国会做证使得气候变化问题成为全球性公共议题的 11 年前，埃克森美孚公司的研究科学家詹姆斯·F. 布莱克（James F. Black）向公司的高管汇报，认为全球对碳基能源的依赖严重威胁了人类的生存环境。

布莱克告诉高管们“科学界普遍认为，人类影响全球气候的最主要的方式是燃烧矿石燃料排放二氧化碳”。[34] 值得一提的是，埃克森美孚公司最初的反应确实值得称许，

> 在布莱克汇报后的几个月之内，公司内部就启动了对矿石燃料产生的二氧化碳及其排放对地球影响的相关研究。埃克森美孚公司雄心勃勃的研究计划包括对二氧化碳的采样和构建精确的气候模型。该公司的智库花了十多年的时间，加深了公司对环境问题的理解，并意识到环境问题将对石油行业构成巨大的威胁。[35]

从当今的角度来看，颇具讽刺意味的是气候变化的开创性研究竟然是在一家大型石油公司的资助下开展的。但遗憾的是，埃克森美孚的高层开始对气候研究的成果感到担忧，转而试图掩盖事实的真相：

> 在20世纪80年代末，埃克森美孚公司削减了对二氧化碳的研究支持。在接下来的几十年里，埃克森美孚直接站在了否认气候变化的最前沿。它竭力质疑起自己内部的科学研究已经证实的全球变暖的事实。它游说美国联邦政府和国际社会，阻碍他们采取措施控制温室气体排放。它帮助建立了一套直到今天仍然存在的庞大的虚假信息体系。[36]

然而，埃克森美孚公司欺上瞒下的两面派行为最终还是被公之于众。2015年11月，纽约州总检察长宣布对埃克森美孚公司是否在全球变暖引发的危机问题上对公众撒谎展开刑事调查。当埃克森美孚的律师在法庭辩护时声称公司有言论自由的权利时，总检察长反驳道： 84
“女士们，先生们，第一修正案并没有赋予公司欺诈的权利。”[37]

臭名昭著的科赫兄弟

与埃克森美孚公司一样，石油化工巨头科赫兄弟——查尔斯·科赫（Charles Koch）和已故的大卫·科赫（David Koch）也在竭力否认全球变暖的气候危机。他们在 1997 年至 2015 年至少为否认气候变化的前线组织提供了 1 亿美元的资金。[38] 据估计，2016 年科赫兄弟的个人财富总额约为 820 亿美元，这些财富来自他们控股的美国第二大私营公司——科氏工业集团。[39] 该集团是一家囊括了石油、天然气和制造业的综合性化工企业，年收益接近美国的微软公司。

一项针对"在 1993 年至 2013 年所有已知的反对气候变化的组织和个人"的分析发现，埃克森美孚和科赫兄弟是否认气候变化组织及相关活动的主要金主。以下是美国忧思科学家联盟（Union of Concerned Scientists）公布的清单，清晰地显示了埃克森美孚和科赫兄弟对否认气候变化的前线组织的资助金额。[40] 而这仅是记录在案的金额，实际支持力度远不止于此。

美国企业研究所（American Enterprise Institute）

埃克森美孚公司：3 615 000 美元，1998—2012

科赫兄弟：> 1 000 000 美元，2004—2011

繁荣美国人协会（Americans For Prosperity）

科赫兄弟：3 609 281 美元，2007—2011

美国立法交流委员会（American Legislative Exchange Council）

埃克森美孚公司：> 1 600 000 美元，1998—2012

科赫兄弟：> 850 000 美元，1997—2011

萨福克大学的灯塔山研究所（Beacon Hill Institute at Suffolk University）

科赫兄弟：约 725 000 美元，2008—2011

卡托研究所（Cato Institute）

（前身为查尔斯·科赫基金会，直到 1976 年正式成立）

科赫兄弟：> 5 000 000 美元，1997—2011

全球竞争企业协会（Competitive Enterprise Institute）

埃克森美孚公司：约 2 000 000 美元，1995—2005

科赫兄弟：709 725 美元，1997—2014

哈特兰研究所[41]（Heartland Institute） 85

埃克森美孚公司：> 675 000 美元，1997—2006

科赫兄弟：2011 年通过科赫资助的捐赠者信托基金捐赠了数百万美元

美国传统基金会（Heritage Foundation）

埃克森美孚公司：780 000 美元，2001—2012

科赫兄弟：> 4 500 000 美元，1997—2011

能源研究所（Institute for Energy Research）

埃克森美孚公司：307 000 美元，2003—2007

科赫兄弟：125 000 美元，2007—2011

曼哈顿政策研究（Manhattan Institute for Policy Research）

埃克森美孚公司：635 000 美元，1998 至今

科赫兄弟：约 2 000 000 美元，1997—2011

科赫兄弟是企业在公关方面意识形态转变的典型代表，这种转变是试图通过散布虚假信息来攻击科学。而他们的父亲更是有过之而无不及，弗雷德·科赫（Fred Koch）是种族主义组织，也是极端反共组织约翰·伯奇协会（John Birch Society）的董事会成员兼重要资金支持者。该协会炮制了一系列后来在美国广泛传播的极端思想。例如弗雷德·科赫曾宣称废除种族隔离的政策是共产主义“奴役白人和黑人”的阴谋。[42]

查尔斯·科赫在年轻时曾追随父亲投入约翰·伯奇协会，但他最终选择了安·兰德式的自由意志主义。[43] 兰德坚决反对政府对商业进行监管的理念与科赫兄弟利益至上的世界观相一致，他们认为政府对私企运作的监督行为是不可容忍的，是对自由的阻碍。企业有**自由的权利**采用企业认为合适的方式来进行管理和运作。他们质疑政府方授权的机构，认为其没有权力阻止能源公司将有毒废弃物倾倒入河流，排放进大气。他们认为，环境监管不过是马克思主义的另一种形式而已。**环境保护主义就是新的共产主义**。

86 生态社会主义

有一种观点认为，环境保护主义在某种程度上是与社会主义和反资本主义紧密相连的。这样的观点并非完全是不经之谈，但这仅仅是一部分为事实的说法，正如本杰明·富兰克林所说，“半真半假往往是弥天大谎”。

事实情况是，越来越多的环保人士开始将自己定位为“生态社会主义者”，并意识到资本主义经济制度是保护人类栖息地的头号障碍。“人类的未来将属于生态社会主义，”作家乔尔·科维尔（Joel Kovel）宣称，“因为没有生态社会主义，就没有未来。”[44]但是根据右翼的说法——倡导环保主义的绿党实际上只是披着伪装，试图欺骗公众的社会主义红色政党——这样的说法并不准确。社会主义者并没有创造出环境保护主义，相反是环境危机造就了社会主义者。[45]

有识之士已经意识到生态破坏给地球生命带来的威胁，并试图寻找其原因。许多人开始将资本主义经济制度视为生态环境恶化的主要原因。娜奥米·克莱恩（Naomi Klein）在畅销书《这改变了一切：资本主义与气候》（*This Changes Everything: Capitalism vs. The Climate*）中宣称，“人们仍有时间避免全球变暖的灾难性后果，但这在当前的资本主义框架内无法实现。气候灾难无疑是人们改变资本运作规则的最有说服力的理由”。[46]

对于像埃克森美孚、科赫兄弟这样的化工巨头以及当今的能源行业来说，资本运作规则是维持其财富和权力不可或缺的因素，任何改变现状的企图必然会遭到他们的强烈反对。资本家抵制反资本主义情绪的兴起乃是意料之中的事情。然而，早在生态社会主义出现之前，世界范围内的环保运动就已经颇具规模，且力量强大。

与此同时，科赫兄弟热衷于政治，在美国政坛上极具影响力。兄弟俩凭借强大的经济实力操纵了美国第三大政党——自由党。1980年，大卫·科赫被提名为自由党副总统候选人。但由于自由党的影响力有限，已经无法满足科赫兄弟的政治野心，他们开始将目光转向了共和党。作为共和党的长期捐赠人，科赫兄弟在幕后操盘，直接影响着共和党的政治走向。他们投资800万美元创立了“稳健经济公民”（Citizens

for a Sound Economy）的前线组织并大力推动伪草根运动[*]的发展。这些组织和运动将自己包装为民众表达愤怒和反抗的民粹主义团体，但
87 实际上其背后的金主却是科赫兄弟和其他富豪。这一策略的成功运作在美国的茶党运动[**]中达到顶峰，并最终在2010年将整个共和党推向了科赫兄弟那边。[47]

在美国2012年的总统选举和2014年中期选举中，科赫兄弟耗资5亿多美元用于支持共和党候选人。在2016年美国总统选举中，科赫兄弟提供的竞选资金预估高达了9亿美元。[48]至此，为追求利益而否认科学事实的企业家牢牢掌控了美国两大政党中的共和党，并有效地压制了民主党。

监督和管理：美国环境保护署

特朗普政府主张经济发展和就业优先的政策使得美国环境保护署成为其猛烈抨击的对象，但也使得后者获得了环保人士的力挺。与此同时，该现象也引发了人们对该机构工作效能的思考。在某种意义上它真的保护了环境吗？而科学在这个过程中又扮演了怎样的角色？

1976年美国联邦议会通过了美国《有毒物质控制法案》（Toxic

---

* 伪草根运动（astroturf）是由美国议员劳埃德·本特森（Lloyd Bentsen）于20世纪80年代创造出的词语，用来形容看起来像是草根自发组织、事实上却是由企业资助的政治运动。

** 美国的茶党运动是一个于2009年年初开始兴起的美国财政保守政治运动，其名称引用自1773年12月16日的波士顿茶叶党，当时英国政府在没有国会议员代表北美殖民地的情况下征税而引发反征税事件。该运动的成员呼吁降低税收，并通过减少政府支出来减少美国的国债和联邦预算赤字。茶党运动被描述为共和党内的立宪运动，由自由意志主义、保守主义和右翼民粹主义的支持者组成。

Substance Control Act），并指定了环保署负责该法案的具体执行工作。*美国市场上有 62 000 种现存化学品直接从环保署那获得了许可证。之后，环保署“又批准了 22 000 种化学物质的许可证，其中大多数物质对健康或环境的风险几乎没有评估数据。换言之，当前美国市场上的 8 万多种化学品中，大多数都没有经过第三方的安全测试”。[49]

不妨换个角度来思考这一现象，在过去的 40 年里，美国环保署根据法案总共对多少种化学物质提出了管控要求呢？答案是只有区区的五种。[50] 美国政府问责局（Government Accountability Office，简称 GAO）的一份报告指出，环保署对有毒化学品的监管的主要问题在于效能低下。政府问责局已经注意到该机构对二噁英（橙剂中的一种活性成分，会诱发癌症和出生缺陷）的评估“已经进行了 18 年”，但离形成最终的评估报告还需要“好几年”的时间。政府问责局指出，

> 环保署缺乏足够的科学数据来对美国人生活中常见的化学物质以及因商业目的而使用的上万种化学物质的毒性进行有效的评估。[51]

值得一提的是，环保署的监管不力仅仅是美国环境监控能力衰弱表现的冰山一角。即使环保署的确对污染企业实施了处罚（这种情况极为罕见），涉事企业也可以向一个大多数美国人从未听说过的更高 88
级别的权威机构——信息和监管事务办公室（Office of Information and

---

* 《有毒物质控制法案》主要对工业化学品及其相关产品在进入市场前后的短期和长期环境和健康风险进行评估和限制，而美国环保署被指定负责新化学品或现存化学品的评估及使用过程中的监管。

Regulatory Affairs）提出申诉。

近年来，美国信息和监管事务办公室屡屡推翻环保署的裁决和政策。根据一位前环保署律师的说法，“一项政策的出台需要经过长达数年的科学审查和成本效益分析，然而在最后阶段却惨遭否决”。她进一步补充说，“这一现象对环保署的整体氛围产生的影响是可怕的、令人泄气的”。[52]信息和监管事务办公室直接“隶属于总统行政办公室”。换句话说，总统拥有直接控制权。该办公室有权审查和监管环保署、食品药品监督管理局、职业安全卫生管理局及其他机构采取的所有行动。因此，当为总统竞选提供大笔资金的企业自然成了总统拉拢的对象时，白宫也成了他们对抗监管的最后的堡垒。

2001 年至 2011 年，信息和监管事务办公室共对 6000 多份行政法规草案进行了高度保密的审查。在提交给布什政府的法规草案中，其中有 64% 被信息和监管事务办公室推翻或修改。在奥巴马执政期间，遭到推翻或修改的法规草案占比更高，达到了 76%。一位奥巴马的支持者失望地哀叹道：“可悲的是，事实上总统本人一再破坏对环境、健康和安全的监管，允许信息和监管事务办公室堂而皇之地用自己的判断来取代相关机构的专业判断。”[53]

对于特朗普政府之前的历届美国政府来说，无论是共和党还是民主党执政，环保署更像是一个幌子，让政府可以假装发挥其保护环境的职能。而特朗普政府似乎干脆直接放弃了这个冠冕堂皇的说辞。从某种程度上来说，既然特朗普有意撤销环保署，那么也就不那么需要信息和监管事务办公室出面来推翻环保署的种种议案了。然而，信息和监管事务办公室并没有因此而被撤销。相反，特朗普政府指示信息和监管事务办公室与美国环保署合作，共同实施“监管改革”。[54]

美国企业的“洗绿”* 行为

早些时候，当企业高管们和董事会发现对蕾切尔·卡森的环保理念的诋毁和攻击适得其反时，他们从中学到了一个宝贵的经验教训：公众对自然环境的关注就像瓶中的精灵一样，一旦被释放就无法重新被塞回瓶子里。这就需要企业采用双管齐下的策略：除了为否定科学事实的虚假信息活动提供赞助资金外，污染企业还应尽力拉拢新兴的环保主义运动为己所用。

在此背景下，“洗绿”这个被英文词典收录的新词应运而生。它 89
被定义为一种公关策略，旨在让人们觉得某个公司的产品或政策是“绿色的”，换句话说，就是环保的。为此，他们聘请了环境科学家为其站台，用生态术语打造绿色公关，并大肆宣扬取得的绿色产品认证证书。企业推动的绿色转型甚至超越了公关活动的范畴，直接参与到环境科学研究中。企业聘请的科学家和工程师，其主业不再是充当虚假信息的代言人，而是进行合法的科学研究。

企业绿色转型的目的是将环保主义引导到符合企业利益的道路上来，从而减少两者之间的冲突。为此，他们试图让专业环保人士来主导环保运动，即通过提出技术解决方案——而非政治解决方案——来解决环境问题。如果技术治理的方法能够成功，这将最大限度地降

---

* 洗绿（greenwashing）一词来源于美国环保主义者杰伊·威斯特维尔德创造的概念，由“green”（绿色环保）和“whitewashing”（洗白）结合而成。指的是企业伪装成“环境之友”，试图掩盖对社会和环境的破坏，以此保全和扩大自己的市场或影响力。

低监管和其他形式的政府干预对企业造成的影响。但更为重要的是，它将制衡环保运动中日益增长的生态社会主义和反资本主义的激进倾向。

这种新的“主流”环境科学研究将生态平衡调控视为指导原则。

> 但这种生态平衡调控并不是那种质疑经济学、消费者习惯和科技控制等基本价值观的颠覆性的生态理念，它代表了一种工程思维。在这种思维中，废弃物、污染、人口、生物多样性和有毒环境等社会问题都可以通过科学技术获得解决。[55]

通过技术治理来修复受损生态环境的提议数不胜数，其中包括煤炭洗涤、碳捕获和封存、生物燃料、光伏电池、风力涡轮机和核能等技术，以及总量控制与排放交易及其他碳排放权交易等经济创新模式。在这些提议中，呼声最高的莫过于用天然气（其本身也是一种矿石燃料）来取代肮脏的传统矿石能源。

天然气能否作为清洁能源？

大型石油公司原油储量的枯竭以及天然气开采新技术的优化，导
90 致了石油行业有意识地减少石油产量，而增加了天然气开采量。随着天然气作为“利润中心”的地位日益突显，石油巨头开始垄断天然气的生产和销售市场。以实际数据为例，在 2009 年，“美国 80% 以上的天然气供应还是由‘夫妻档’的公司生产的——这些公司的雇员平均只有十多名，市值还不到 5 亿美元”。[56]

但在2010年底埃克森美孚收购了天然气生产商XTO能源公司（XTO Energy），天然气的行业格局自此发生了改变。英国石油公司、壳牌集团（Shell）、康菲石油公司（ConocoPhillips）和雪佛龙公司（Chevron）也不甘落后，纷纷抢攻天然气市场。在短短五年内，石油巨头就完全垄断了天然气生产。

尽管石油巨头是出于商业考量才转向天然气市场，但这种商业行为被粉饰为一种向生产“清洁能源”的良性转变。天然气作为一种污染较少的能源得到了广泛推广，它已经替代煤炭等传统能源成为主要的发电燃料。天然气之所以被认为是一种相对清洁的矿石燃料，是因为燃烧天然气所产生的年二氧化碳排放量仅为燃烧煤炭的一半，但该排放总量依然十分庞大。不那么脏并不意味着清洁。打着环保旗号牟利的“洗绿者”将天然气描述为一种可靠的“桥梁燃料”——认为它的使用可以为支撑美国未来实现摆脱矿石燃料扮演桥梁式的重要角色。奥巴马在2014年的国情咨文演讲中对这一说法表示赞同。他称赞天然气是“一种桥梁燃料，可以在为经济提供动力的同时减少导致气候变化的碳排放”。不幸的是，这一观点得到了包括著名的塞拉俱乐部（Sierra Club）在内的许多环保组织的支持。[57]

甲烷：泄漏、排气和焚烧

然而，对天然气清洁属性的称赞只考虑了气候变暖中的二氧化碳因素。天然气的主要成分是甲烷，它“可以使地球变暖，在等量情况下是二氧化碳的80倍以上”。[58]尤为重要的是，燃烧天然气不仅产生温室气体，其本身就是一种温室气体。当然如果有办法阻止天然气进入大气层的话，这也无关紧要。能源行业向人们保证，他们的技术可以做到这一点，但根据独立第三方的评估结果来看，事实却并非如此。[59] 据估
91 算，每年有 1300 万吨天然气在开采、运输、储存、加工和分配过程中泄漏到大气中，而这些泄露的天然气足够为 1000 万户家庭提供所需的能源。[60]

更糟糕的是，石油公司故意将大量甲烷直接排放到大气中。在石油行业内部，这种常规操作被称为“排气”。除此之外，还有一种称为“焚烧”的纯属浪费的操作，“公司开采的速度要比管道运输的速度快，因而故意燃烧掉多余的天然气”。据世界银行估算，“仅去年一年，在全球范围内因焚烧天然气而排放的二氧化碳就超过 3.5 亿吨，相当于近 7500 万辆汽车的温室气体排放量”。2018 年，美国页岩油田的三大运营商“通过焚烧或排气的方式所消耗的天然气产量创历史新高，达到了 3.2 亿立方英尺，比过去五年的平均水平高出 40% 以上。从 2019 年的前两个季度的数据来看，其消耗的增长速度甚至比 2018 年更高”。[61]

从绝对值上看，天然气行业违规操作行为最严重的是诸如埃克森美孚和英国石油公司等大型石油企业。但值得注意的是，许多小型的石油生产商在石油开采过程中将其油井中抽出的甲烷进行 100% 的排放或焚烧。在他们看来，甲烷是不需要的副产品。美国得克萨斯州的页岩油生产商 Exco 资源公司（Exco Resources）几乎将其产出的所有天然气都燃烧殆尽，“尽管公司可以通过管道来输送天然气，但与管道输送和销售天然气所需的费用相比，直接排放要划算得多”。[62]

2019 年 8 月底，特朗普政府宣布计划取消奥巴马时代的甲烷排放

控制法规，使得甲烷对环境的潜在威胁也随之急剧增加。[63]

压裂技术

除上文所述的环境威胁外，天然气开采过程中还存在着另一个严重的环境污染问题。通过“水力压裂技术”（hydraulic fracturin），更常见的说法是“压裂技术”（fracking），从油页岩中提取石油及天然气可以有效地降低开采成本，对能源行业来说极具吸引力。从2000年到2015年，在美国通过水力压裂技术开采的天然气占总产量的比例急剧上升，从原来的不到5%上升到67%。[64] 在同一时期，美国通过水力压裂技术开采的原油占比从2%上升到50%以上。[65] 除了资本的因素外，特朗普政府还进一步地在背后推波助澜，通过拍卖数百万英亩的油气区块开采权引发了一场压裂技术开采的热潮。

水力压裂技术是将大量的“压裂液”——某种由水、沙子和化学物质的混合物质——以极高的压力注入地下页岩层形成裂缝，从而使 92
储存在岩层中的天然气或石油得以流动。在压裂过程中所用水量之多超乎想象——每口井需要消耗200到2000辆水罐车存储的水量。[66] 截至2016年，在特朗普大力推广油气开发之前，美国就已经有30万口水力压裂井。[67]

在压裂过程中使用的化学添加剂是有毒的，而且压裂液还会受到岩层中所含的重金属和放射性元素的进一步污染，包含苯、甲苯、乙苯、二甲苯、甲醛、砷、镉和铅在内的典型的污染物。尽管油气行业代表声称，这种受污染的液体最后会被回收并做安全处理。然而，独立的第三方调查研究表明，大量作业废水渗入到当地的河流、溪流和地下水中，对附近社区居民的健康安全构成了严重危害。研究表明，水力压裂作业后的废水污染会诱发不孕不育、流产和出生缺陷等生殖和发育障碍。

人为地震："人类诱发的地震活动"

通过水力压裂技术开发油气存在着一个特别明显的环境隐患，即存在撕裂地球的倾向。研究表明水力压裂确实会引发地震。

出于保险起见和其他目的，地震之前在法律上一直被定义为"天灾"。时过境迁，该定义已经不再适用于现实情况。2016 年，美国地质调查局在地震区域版图上新增了一个类别："人为地震"。据美国地质调查局报道，有 700 万美国人生活和工作在受油气开采废水回注影响的区域，而这些区域易发地震。俄克拉荷马州、堪萨斯州、得克萨斯州、科罗拉多州、新墨西哥州和阿肯色州的居民都位于高风险区。在某些情况下，人为活动引发的地震其破坏性"与加州高风险区的自然地震极为相似"。[68] 而该现象并非仅限于美国。通过水力压裂和其他形式来开采天然气所引发的强地震影响范围极广，从北美洲西部的加拿大艾伯塔省蔓延至亚洲西南部的中国四川省再到欧洲西北部的荷兰。[69]

可以这么说，美国非自然地震活动的震中位于俄克拉荷马州中部。2015 年，该州政府在证据确凿、无法否认的情况下姗姗来迟地承认了
93 水力压裂开采与地震之间的因果关系。2015 年，该州发生了 1000 多起 3.0 级以上的地震，而 2008 年只有两起。[70]2016 年 9 月 3 日，俄克拉荷马州及周边的六个州发生了里氏 5.6 级地震。地震发生后，俄克

拉荷马州监管机构立即下令关闭了占地 725 平方英里的 37 口水力压裂废水处理井。

不是桥梁而是路障?

批评人士担心，在人类通向美好环境、创造更好未来的道路上，天然气非但没能起到桥梁的作用，反而将成为阻碍。在水力压裂和水平钻井等天然气开采技术上投入的数十亿美元体现出当今社会科学资源分配严重不合理的问题。这些资金本可以投入，但实际却没有投入到非碳基能源的研发中，而这些非传统的替代能源才是避免迫在眉睫的气候危机的关键。

通过技术治理来解决环境问题的方法本身并没有害处。如果科学家和工程师可以自主地制定研发项目，人们有理由相信他们的研究会在短期内取得重要进展，将大气中的二氧化碳含量降低到安全和可持续发展的水平。然而，财大气粗的能源企业却通过科研经费有指向性地引导全球的科学人才将时间和精力投入到维护矿石燃料勘探和开发的现状上。

据笔者所知，没有一个严肃的环保主义者会否认这样的事实，地球上超 75 亿的人口需要大量的能源。人们不能简单粗暴地将石油、煤炭和天然气弃之不顾，而应该用无污染的能源来取代传统能源。目前三个主要的新的替代能源是太阳能、风能和核能。

太阳能和风能

在 20 世纪七八十年代，风力发电场和太阳能电池板还属于新奇事物，而在 21 世纪，人们对此已经司空见惯。截止到 2016 年，风力涡轮机的发电量占美国总发电量的 5% 以上。美国的堪萨斯州、艾奥瓦州、俄克拉荷马州、北达科他州和南达科他州这五个州有超过 20% 的电力来自风力发电。在堪萨斯州，风力发电的占比从 10 年前的不到 1% 上升到如今的近 30%。

太阳能从实质意义上来说是一种用之不竭的能源。太阳以光辐射的方式每年向地球表面输送的能量约为 17.3 万太瓦；与之相比，全球
94 能源的总消耗只有微不足道的 13 太瓦。[71]“阳光在一小时内辐射到地球上的能量……要比地球上一年消耗的所有能量还要多。”而覆盖面占地球面积不到 0.2% 的太阳能电池板所产生的能量是目前矿石燃料产能的两倍。[72]

科学界对太阳能技术的开发研究已经进行了 40 多年。早在 2005 年，美国能源部就宣布：“对太阳能的科学研究已经进入了快速发展的阶段。”[73]那么十多年过去了，为什么在美国太阳能发电量仍然只占总发电量的 1.5% 呢？[74]

对此现象，石油巨头和煤炭巨头常用的解释是太阳能太贵了——以提供每千瓦时的能源为例，矿石燃料的费用比太阳能要便宜得多。虽然这个观点一度看起来是合乎情理的，但经济学家保罗·克鲁格曼（Paul Krugman）认为，“气候经济学的现状近年来已经发生了很大的改变，远远超出了大多数人的认知水平”。[75]事实上，能源部先前预测的技术进步已经降低了太阳能和风能的生产成本，使它们能够与矿石燃料在能源市场上一争高下。

> 可再生能源成本下降的数据相当惊人。根据投资公司拉扎德（Lazard）最近的一份报告，从 2009 年到 2015 年，风能发电的成本下降了 61%，而太阳能发电的成本下降了 82%。[76]

从长远来看，可再生能源成本下降的变化更为显著。据彭博财经报道（Bloomberg Financial News）称，2016 年太阳能发电的成本是 1970 年的 1/150，同期太阳能装置数量与之相比翻了 11.5 万倍。与此同时，“2015 年全球清洁能源投资创历史纪录，目前的投资总额是矿石燃料的两倍”。[77]

以上这些数据表明，应对气候变化的最大障碍并不在于科学、技术，甚至也不是经济因素，而是政治博弈。

二氧化碳的社会成本

石油和煤炭巨头们现在依靠“企业福利”——大量的政府补贴——来维持行业的运转。据可靠的估计，“美国联邦政府和州政府对矿石燃料的勘探、生产和消费给予的年补贴，已知总额就高达 328 亿美 95
元”。[78] 国际可持续发展研究所（International Institute for Sustainable Development）的一份报告估算，全球向清洁能源过渡所需的费用仅是各国目前补贴煤炭、石油和天然气公司费用的 30%。[79]

即便是每年 328 亿美元的巨额补贴，也大大低估了矿石燃料在美国政治经济体制中被人为赋予的优势，因为该费用并不包括社会为矿石燃料所造成的危害买单的费用。这些隐性补贴中耗资最大的一项是二氧化碳的社会成本。美国国家科学院将其定义为

> 一种经济指标，对二氧化碳排放量每增加 1 吨所造成的全球气候变化导致的净损失的货币化价值进行全面评估的手段。[80]

2015 年，美国的二氧化碳的社会成本估算为每吨 36 美元。将该数字乘以当年美国 54 亿吨的碳排放量，就得到了“从未公之于众的，高达 2000 亿美元的矿石燃料补贴费用”。[81]

该数字意味着，要在未来让地球回到二氧化碳的可持续发展及维持其在自然界中的平衡的正轨上，不仅需要取消石油和煤炭企业每年 328 亿美元的行业补贴，还需要迫使他们为矿石燃料的污染支付每年 2000 亿美元的二氧化碳的社会成本。

美国民众忧心忡忡

绝大多数美国人都在担心生态危机会对人类生存发展造成严重威胁。2016 年，盖洛普民意调查（Gallup poll）显示有“64% 的美国成年人表示他们对全球变暖的现象‘非常’或‘相当’担心”。调查还显示，65% 的人认为“20 世纪地球温度的上升主要归因于人类活动，
96 而非自然原因”。[82] 然而，大多数美国民众并没有政治发言权。那些有权采取措施防止生态危机发生的政府官员，要么不作为，要么让情况变得更糟。

这清楚地表明，美国科学的悲剧在很大程度上是美国科学政策的悲剧。那些掌握美国权力的政客以最不负责任的方式肆意行事：他们不仅罔顾全球加速变暖的事实，还为全球变暖火上浇油。用法律术语来说，他们的行为是“堕落的冷漠”。

第七章

核能真能为和平服务吗？

1945年，原子弹在人类历史上首次应用于实战，摧毁了日本的广岛和长崎。仅仅八年之后，时任美国总统艾森豪威尔于1953年提出了一项“核能为和平服务”的倡议。他倡议的初衷并不是出于环保考量，将核能作为污染严重的矿石燃料的替代能源。在那个年代，关于环保的担忧并不是公众关切的重点。

艾森豪威尔倡议的目标是设立全球性的核能科研项目来生产一种新的、取之不尽的廉价能源。他反问道，

> 如果全世界所有的科学家和工程师都有足够数量的裂变物质用来进行测试并开发他们的创意，那么核能和平利用的巨大潜力将迅速转化为普及、高效且符合经济效益的应用。谁又能够怀疑这一点？[1]

怎么会有人反对这个在当时看来是合乎情理的目标呢？许多支持该倡议的科学家无疑认为他们是在支持一项崇高的事业。然而，该项目的缔造者对和平利用核能的兴趣仅仅是表面文章而已。

在冷战时期发起的核能和平计划实际上标志着美国在科学军事化道路上迈出了重要的一步。民用原子能与核武器计划紧密相连。这两个产业并行发展，相互促进。民用实验室和军用实验室的核研发并没有明确的界限。商业核反应堆的计划也只是在仿制已获开发的用于生
98 产核弹氚的聚变反应堆。历史学家彼得·库兹尼克（Peter Kuznick）简洁明晰地揭示了该计划背后隐藏的真正动机：

> 在核能为和平服务的掩护下，艾森豪威尔进行了美国史上最迅速也最鲁莽的核武器库升级。他就任总统时，美国拥有的核武器是1000多件，而到他卸任时核武器数量已经达到了约22 000件。但严格意义上来说，即使是这个数字也并不准确。艾森豪威尔授权的核武器采购行动一直持续到20世纪60年代，到肯尼迪政府时期，美国的核武器数量已经超过了30 000件。其巨额的增长数量与艾森豪威尔的核政策不无关系。按吨位计算，美国在1961年就积累了相当于136万枚广岛原子弹的核废料。[2]

核爆炸的和平利用?

在“核能为和平服务”项目的早期阶段，美国原子能委员会（US Atomic Energy Commission）“积极地向市场推销核能，将其包装为一种神奇的‘万能’的能源，可以为汽车提供动力，为饥饿人口提供食物，

为城市照明，治愈病患，并探索地球”。[3] 核能或许可以悄无声息地通过动力涡轮机来为城市提供照明，但用核能去探索地球的动静可谓是惊天动地，需要采用和平利用核爆炸（peaceful nuclear explosions）的方式进行，简称 PNEs。

1958 年，美国原子能委员会正式发起了“犁头行动”（Operation Plowshare），即将原子弹作为民用犁头，利用核爆炸的可怕威力服务于国民工程，例如挖掘运河或港口，爆破山脉来修建高速公路和铁路，压裂油页岩或进行大规模的露天采矿。犁头行动的提案之一是在阿拉斯加的汤普森角引爆五颗氢弹来开凿一个深水港。幸运的是，该提案因种种因素并未付诸实施。

正如一位评论员指出的，“即便没有核物理学高等学位的普通民众也能意识到，任何装置，哪怕体积小到可以装进飞机，只要具备足以夷平城市的巨大威力，都具有极其重大的军事意义”。[4] 人们完全有理由怀疑军事考量才是和平利用核爆炸倡议背后的真正动机。这并不是空穴来风，原子能委员会主席刘易斯·斯特劳斯（Lewis Strauss）承认，“犁头行动”的真正目的是“强调核爆炸装置的和平应用，从而在世界范围内营造出一种更有利于武器研发和测试的舆论 99
氛围”。[5] 但也许最能说明问题本质的是美国的“氢弹之父”——爱德华·泰勒（Edward Teller）在发起和推动核弹民用研究中扮演的关键角色。

泰勒是劳伦斯利弗莫尔国家实验室（Livermore National Laboratory）的主任，也是美国科学界最臭名昭著的“鹰派”分子。由于核试验国际协议的限制阻碍了他设计和测试核爆炸的勃勃野心，他转而寻求其他方法来绕过这些限制。泰勒将和平利用核爆炸视为一种军事试验的伪装方法，因为外界难以区分核爆炸究竟是用于民用研究还是军事研究。一份政府机密研究报告指出："以犁头行动为幌子进行核武器试验是非常简单的。"[6] 在 1961 年 12 月至 1973 年 5 月，原子能委员会在犁头行动的掩饰下共进行了 35 次核爆炸实验。

泰勒还曾断言民用核弹实验是清洁且安全的，试图消除公众对核试验放射性沉降物的恐惧。他和另外三位物理学家沆瀣一气，合作出版了一本书，为这种虚假的说法提供所谓的科学依据。[7] 该行为向建立伪科学的方法论迈出了开创性的一步，与烟草行业利用伪科学误导民众的公关行为如出一辙。

虽然核弹民用工程最终没能持续开展，但民用核能还是在能源结构中占有一席之地。核反应堆释放的热量可以加热水，继而产生蒸汽推动涡轮机发电。这种昂贵的、极其复杂的发电方式体现了鲁布·戈德伯格[*]式的精神：当事情可以通过更复杂的方法完成时，为什么要采用简单的方法呢？

美国首个商业核电站建成于 1957 年。截至 2016 年，共有 61 座商业运行的核电站、99 座核反应堆分布在美国的 30 个州。虽然这些核电设施并不产生碳排放，但核电并不是"清洁能源"。核电站使用的放射性燃料所产生的辐射对环境的危害要比二氧化碳危险得多。

---

* 鲁布·戈德伯格（Rube Goldberg，1883—1970），美国著名漫画家，因创作鲁布·戈德伯格机械（Rube Goldberg machine）系列漫画而受到大众的欢迎。他在其作品中描绘了许多用复杂的工具和装置从事简单事情的场景。《韦氏国际词典》（第三版）中将鲁布·戈德伯格机械定义为"以极为繁复而迂回的方法去完成实际上或看起来可以容易做到的事情"。

从“禁止核弹”到“无核运动”

从 1957 年到 2016 年，美国核能产业的发展经历了兴衰起伏。20 世纪 50 年代，英国的核裁军运动所引发的反核情绪蔓延到了美国。20 世纪 60 年代，美国的民权运动和反越南战争运动进一步加深了美国社会的激进化，但与此同时也提高了民众的环保意识，使得民众的 100
核反感与日俱增。一系列核事故和核威胁事件的发生在美国掀起了一场声势浩大的反核运动，1979 年美国三英里岛（Three Mile Island）的核泄漏事故更是使得人们的反核情绪达到了高潮。面对激烈的民意，美国政府无法置之不理，核工业的发展遭到了遏制。在 20 世纪 80 年代，核电站的数量开始减少。

20 世纪 90 年代初，民意调查显示有近三分之二的美国民众反对新建商业核反应堆。1993 年 1 月上台的克林顿政府正式宣布反对核扩张。为了应对不利的局面，美国的核企业每年花费 2000 万美元用于公关活动，将核能包装成一种清洁能源，可以替代煤炭和石油等污染严重的传统能源。事实证明核企业的公关活动卓有成效，成功地缓和了民众的反核情绪。到 21 世纪初，一场“核复兴”运动已在悄然进行。

核能会是地球的救世主吗?

核能产业的“洗绿”公关顺应了现行的技术官僚论的观点，即将核能视为一种安全、清洁、廉价而丰富的能源。该观点得到了以詹姆斯·E. 汉森为首的一些资深气候科学家的支持。[8] 作为“全球变暖”研究的先锋，汉森在民众中享有很高的声望，因而政府不能草率地驳回其环保提议。汉森在其声明中对核能的溢美之词固然与核能本身的优势有关，但显然与核能产业背后的大力资助息息相关。

汉森支持发展核能的观点建立在一个主要前提下，即风能、太阳能和水力无法提供充足的能源来维持现代世界的正常运作。而其他气候科学家并不赞同以上观点，他们认为这些能源可以替代核能应对全球能源治理的挑战。其中最著名的反对者当属斯坦福大学的马克·雅各布森（Mark Jacobson），他提供了详尽的数据支持，计算出“在全球范围内完全依靠可再生能源运作所需的水电站、波浪能系统、风力涡轮机、太阳能发电厂和屋顶光伏装置的具体数量”。[9] 在详尽的数据面前，汉森呼吁环保组织调整反核态度的努力未获成功。绿色和平组织、地球之友、塞拉俱乐部、自然资源保护委员会及其他约 300 个环保组织都拒绝了该项提议。[10]

101 核能是安全能源吗?

关于风能、水能和太阳能等可再生能源能否替代核能的争论间接地反映出后者备受争议的核心问题在于其安全性。如果能够确定核反应堆不再导致常规性风险（如向大气和水域泄漏放射性物质）或灾难性风险（如可怕的核芯熔毁事故），那么反对核能的声音就会迅速消失。

对未来可能发生的核事故进行预测从本质上是来说就是一种投机行为。现有的实证证据都是来源于业已发生的事故。面对切尔诺贝利和福岛核事故的惨痛警示，哪怕是再客观的评估者对核能的灾难性风险也不可能掉以轻心。1986 年 4 月 26 日，当时还隶属于苏联的乌克兰切尔诺贝利核电站的一个核反应堆发生了爆炸，其释放的辐射剂量是第二次世界大战时期广岛原子弹爆炸的 10 倍之多。这次爆炸使得

50 吨核燃料以放射性气体和尘埃的形式进入大气层，并随风扩散到中欧地区和斯堪的纳维亚半岛。切尔诺贝利核事故所泄漏的放射性尘埃约 70% 落在邻国白俄罗斯，污染了该国约 20% 的农业用地。切尔诺贝利核电站周围方圆 19 英里，即占地超过 1000 平方英里范围的区域，被划定为核隔离区。成千上万的居民被迫疏散，离开家园。曾经的繁华之城普里皮亚季成了隔离区最大的“鬼城”。

有多少人会因切尔诺贝利核辐射的长期影响而罹患癌症？这一直是一个颇具争议的问题，估算的数字从几千到几万不等。联合国国际原子能机构预测，到 2065 年将会有 4000 人因辐射影响死于癌症。此外，国际癌症研究机构预测，到那时，甲状腺癌和其他癌症的病例将增加 4.1 万例。[11] 从数值来看，受影响的人数并不算多。然而，以上的预测并不可信，因为提供数据的机构并非独立于核能产业之外。核工程师亚历山大·西奇（Alexander Sich）在 1996 年一针见血地指出，“国际原子能机构有意在促进，而不是阻碍核能的发展。10 年以来，该机构一直在试图淡化切尔诺贝利核事故的灾难性后果”。[12] 直至今日也依然如此。

切尔诺贝利核灾难是核能产业所标榜的安全性的一次重大挫折。面对质疑，核能产业的解释是切尔诺贝利反应堆老旧的设计才是导致 102
悲剧发生的罪魁祸首，如此严重的事故永远不会再发生。

然而事实并非如此。2011 年 3 月 11 日，地震和海啸的连锁反应最终导致日本福岛核电站发生了严重的核泄漏。地震引发的海啸摧毁了福岛第一核电站，导致了 15 000 多人丧生；事故发生几年后，仍有逾 2500 人被官方列为失踪人员。福岛核电站反应堆堆芯熔化，安全壳爆炸，向大气和海洋释放了大量放射性物质。[13]

核电站周围230平方英里的区域及西北方向80平方英里的区域，被日本政府宣布为隔离区，“该区域内放射性污染严重，不宜人类居住”。事故发生一年半后，“福岛官员表示共有159 128人被迫迁出了隔离区，失去了家园和几乎所有的财物”。但问题远不仅限于隔离区的范围。超标的核辐射已经污染了4500平方英里的区域，污染面积接近美国康涅狄格州的大小。[14]

曾试图淡化切尔诺贝利核泄漏影响的联合国下属机构，在福岛核泄漏事故发生后再次故技重施。国际原子能机构2015年的一份报告声称，“在遭受核辐射的民众及其后代中，辐射影响健康的可能性不会明显增加”。[15]与切尔诺贝利核事故相比，原子能机构对福岛核事故的乐观评估得到了更广泛的国际认同。到2018年，大多数权威机构已经得出结论，福岛放射性沉降物带来的长期辐射对人体的危害微乎其微。但是，正如一位知识渊博的评论员所说，“引发死亡的不仅仅是身体疾病，还有很多其他的原因”。核事故所造成的巨大社会心理冲击，对民众的身心影响“真实且深远”。此外，业已停止运转的福岛核反应堆中的大量辐射物，其放射危险性将持续数十年之久。[16]

民众的集体愤怒迫使日本政府全部关闭了剩余的48座核反应堆，至少目前仍然如此。*一名日本政党领导人说，运营福岛核电站的电力公司东京电力公司“实际上已经破产”。但日本政府通过多种方式对东京电力公司进行资助，因为“后者资产规模巨大，一旦倒闭将影响

---

* 时任日本首相岸田文雄在2022年的政府会议上表示，日本计划从2023年夏天开始重启7座核反应堆。

到民生经济的各个层面”。[17] 福岛核灾难给全球的核能产业发展造成 103
了沉重打击。德国关闭了 8 座年代最为久远的核反应堆，并承诺将逐步淘汰核电，在 2022 年之前全面弃核。瑞士也承诺到 2034 年实现全面弃核的目标。而美国作为世界上最大的核电生产国，出于经济考量，其核行业已经开始走下坡路，福岛核灾难的发生加速了这一进程。

核能是清洁能源吗？

尽管切尔诺贝利和福岛核事故的发生颇具戏剧性，但这并不代表核能产业的常规活动就不危险。铀矿的开采和加工以及常规的核能发电操作产生了越来越多的放射性废弃物，这些废弃物的毒性可持续数十万年之久。

相比于传统能源，核能的主要优势在于它不会增加大气中的二氧化碳含量。然而，这一优势并不能抵消核辐射对环境造成的污染和危害。一位社会责任医生组织（Physicians for Social Responsibility）的发言人警告说，存在于我们的空气和水中的放射性物质铀和钚是“一种潜在威胁，对人类健康的危害远比史上的任何瘟疫要严重得多”。电离辐射会诱发癌症并改变生殖基因，“导致后代先天畸形和患病的概率增加。且受影响的不仅仅是下一代人，而是所有的子孙后代”。[18]

事实上，处理核放射性废弃物的问题已经失控。早在 30 多年前，《国会季刊》（*Congressional Quarterly*）就报道说，核废弃物的解决方案迟迟未出，已经晚了 40 年：

> 尽管长期以来，人们普遍认为有必要通过立法制定国家层面的综合性政策，来处理核放射性废弃物。但自美国产生核废弃物的近40年以来，没有出台相关的政策。[19]

“储存在各种临时储存场所”的核废弃物数量极为庞大。报告还显示，截至1982年，

> 大约7700万加仑的液态军事核废弃物被储存在钢罐中，主要分布在南卡罗来纳州、华盛顿州和爱达荷州……在私营领域，
> 104 全国82座核电站通过燃烧铀燃料棒来发电，这些燃料棒在燃烧之后仍具有极强的放射性。操作人员直接将其储存在反应堆现场的水池中。但许多企业表示，他们的储存空间已满。

20年后的2002年，美国国会最终批准了在内华达州尤卡山建立国家核废弃物处置库的提议。如果一切按计划进行，商业反应堆和军工产生的放射性废弃物将在那里安全隔离1万年。遗憾的是，内华达州拒绝成为国家核废料的倾倒场，所以该项目的进展陷入了僵局。尤卡山核废弃物处置库预计将在2048年建造完成。[20] 在那以前，8万吨以上的乏燃料*大概率会继续储存在美国100多个存放点的水池或干式混凝土金属容器中——这些存放点的空间在1982年就已经耗尽，且从一开始就没有被设计用于长期储存核废弃物。

---

* 乏燃料（spent fuel），经受过辐射照射、使用过的核燃料，通常是由核电站的核反应堆产生。

核能产业的拥护者试图引用科学研究来淡化核废弃物的处理问题，并向民众暗示拥有最先进技术的核电站不会带来严重的辐射泄漏风险。[21] 这些说法不能只看表面，因为由商业利益驱动的科学研究从本质上来说是不可信的。正如《科学美国人》（*Scientific American*）的编辑指出的，“虽然核能产业和美国核管理委员会声称核能是安全的，但相关信息缺乏透明度，导致公信力缺失”。[22]

核能是廉价能源吗？

长期以来，全球核企业一直声称核能具备经济可行性，能够在市场上与矿石燃料一较高低。但这并不是真实情况；其表现出来的强大竞争力一直以来完全是人为产物。

全球范围内最成功的核电项目，就其所占的国家能源份额而言，当属法国。法国 80% 的电力供应来自核电站，毫无疑问，这有助于将其“碳足迹”[*] 降低到只有美国的 1/10 左右。[23] 然而，价格优势并不是法国核能产业所关心的问题，因为法国的核电企业是完全国有化的，其财政支持完全来自法国政府。

相比之下，美国的民用核能产业从一开始就转向了私有化。民用 105
核技术起源于第二次世界大战期间政府控制下的核武器研究，但美国政府在战后将利用核反应堆供电的业务移交给了私人投资者。1954 年，通用电气公司宣布，“在 5 年后——确定能在未来的 10 年内”，核反应堆将“由私人融资建造，无需政府补贴”。[24] 然后过去了 65 年，

---

* 碳足迹（Carbon Footprint），是指企业机构、活动、产品或个人通过交通运输、食品生产和消费以及各类生产过程等引起的温室气体排放的集合。

这一承诺仍未兑现。政府对新兴产业的扶持是司空见惯的事，但后者的发展不能一直依赖前者的补贴。然而，核能产业远远没能实现财政独立的目标。

忧思科学家联盟的一项综合研究证实，“核能发展史上政府对核能的补贴已经高达数千亿美元”，而该费用则由纳税人和公用事业公司的客户承担。[25] 直接的财政拨款只是政府扶持核能产业政策的一方面。更重要的是税收抵免、贷款担保和事故责任上限等一系列有针对性的帮扶措施有效地减少了投资者的建设成本和运营风险。

美国联邦贷款担保对核能企业的发展意义重大。没有政府对违约借款人的救助保证，任何私人借贷机构都不会向这样一个风险缠身的行业提供贷款——无论借款的利率有多高。高风险使得核电站在没有联邦政府协调的情况下无法投保。1957 年出台的《普莱斯 - 安德森核行业赔偿法案》（Price-Anderson Act）* “对核电厂在发生事故时所面临的责任总额设定了上限”，将核风险的重担从私人投资者转移到了纳税人身上。[26] 正如加利福尼亚州能源委员会的一名成员解释的那样，如果没有设置责任上限，“就不会有核电站”。[27]

核电站不能由私人企业投保这一事实揭露了核能产业的两个基本主张——核能的经济性和安全性，根本就是错误的。

---

* 1957 年美国就出台了世界上第一部关于核损害赔偿的法律《普莱斯 - 安德森核行业赔偿法》，该法案首次明确提出建立核事故赔偿互助基金，由核营运者责任赔偿、核事故赔偿互助基金、联邦政府财政支持构成国家三层核赔偿制度，并设置了核营运者责任的赔偿限额。

收拾核能产业的烂摊子

核能产业的发展留下了不少烂摊子，已经宣告失败的尤卡山核废
弃物处置库项目就是一个典型案例。如果核电企业真正处在由市场决
定的自由竞争中，他们本应承担起安全处理致命废弃物的成本。然而 106
事实并非如此，政府通过间接向核工业提供巨额补贴的方式承担了这
一责任。

1982年颁布的《核废弃物政策法案》（Nuclear Waste Policy Act）责成美国能源部从国家层面建成一个核废弃物的储存库。为了支付昂贵的建造费用，美国政府立法通过了一项核能税收法案。通过对使用核电的消费者征税的方式成立了核废弃物基金。从1983年到2013年，该基金筹集了约370亿美元，其中70亿美元用于建造尤卡山核废弃物处置库。当该项目被宣告搁置时，联邦法院裁定能源部立即停止

> 收取由消费者支付约7.5亿美元的年费用。该费用旨在为核废料处理项目提供资金。法院表示，停止收费的原因是**项目不复存在**。[28]

与此同时，放射性废弃物只能继续堆积在核电站的反应堆旁边，而核电企业不得不制造出更多的钢化桶来储存核废弃物。该行业的应对策略是厚颜无耻地向法院提起诉讼，要求能源部因未能收拾核企业留下的烂摊子而做出赔偿。诉讼取得了成功。2014年，联邦政府“向核企业支付了约45亿美元的赔偿金，预计未来还将继续支付226亿美元的赔偿金”。[29]尽管所有投入在一个并不存在的核废弃物处置库

上的钱都打了水漂，但这恰恰表明了政府用纳税人的钱给予核能产业巨大补贴的事实。如果政府没有承担起对处理核废弃物的法律和财政责任，核企业极有可能早就因为泄漏的核废弃物储存点而面临成千上万起诉讼了。

核能产业的底线

综上所述，核能既不清洁，也不安全，更不经济。民众并不欢迎核能的发展，并且有充分的理由感到担忧。2017 年 3 月，被日本东芝公司收购的西屋电气核电公司（Westinghouse Electric Company）申请破产，暴露了核能产业所面临的严峻的财务困境。而作为福岛两个反应堆的建造者，赫赫有名的东芝公司已经深陷泥潭，面临着巨大的经济危机。

尽管如此，由于美国政府一如既往的慷慨补贴，民用核能产业无疑还将继续呈现发展态势。具有讽刺意味的是，政府由于税收不足而
107 决定削减教育、医疗和基础设施的投入，与此同时却投入大笔资金来维持核能产业的生存。这一情况反映了美国政府将军事考量置于国家优先事项之首。尽管美国官员几乎从不直接提及民用和军用核项目之间的关联，但他们却因伊朗的“和平利用核能”项目是否具有军事目而忧心忡忡。由此及彼，只要美国政府认为核电站对美国的核军事战略至关重要，核能产业就会在美国继续存在。

第八章

学术－商业复合体

1964 年至 1967 年，笔者在不知情的情况下作为大学科技人才，自愿成了企业的笼络对象。笔者就读的佐治亚理工学院有几位教授在洛克希德飞机公司（Lockheed Aircraft）的人因工程实验室兼职做实验心理学家。当他们提出可以在笔者毕业后帮忙在实验室找到一份入门级的工作时，笔者急切地抓住了这个机会。 108

笔者当时并没有意识到这份工作会带来什么利益冲突或者道德困境。在笔者看来（就当时所能想到的情况而言），飞机制造企业需要科学技术并愿意为此支付费用的行为似乎是合乎情理的。似乎没有人心怀叵测；似乎也没有任何实验是为了迎合预设的结果而量身定制的。那么问题究竟出在哪里呢？

多年以后，随着阅历的增长和视野的开拓，笔者开始意识到问题的本质在于企业压倒性的金钱力量扭曲了美国科学研发的优先事项。洛克希德公司作为五角大楼庞大的资金渠道，投入了数十亿美元的科学资源用于军事研究。在满足企业发展需求的过程中，洛克希德公司和其他国防承包商已经将大学的科研拖进了科学军事化的行列。

学术－商业复合体的兴起

20 世纪 60 年代还属于学术－商业复合体发展的初期阶段。洛克希德实验室虽然聘请了佐治亚理工学院的教授，但该实验室并不
109 正式隶属于佐治亚理工学院。1982 年，美国科学促进会（American Association for the Advancement of Science）主办的期刊《科学》（*Science*）发表有关学术－商业复合体的评论，呼吁人们关注一个正在形成的新趋势："在过去两年中，企业对全美顶尖研究型大学的科研投资呈现出大幅增加的态势。"[1]

这种新型关系发展背后的原因毋庸置疑："从大学的角度来看，校企合作模式独具吸引力的原因非常简单——钱。"[2] 联邦政府对大学研发的资助从 20 世纪 70 年代起持续下降。到了 80 年代，里根政府的预算削减政策使得科研经费大幅消减。但正如谚语所说，"上帝关上一扇门时，总会打开一扇窗"。里根当选总统的同年，《拜杜法案》的颁布为企业获得政府资助的研发专利铺平了道路，进而将公共知识转化为私有财产。[3] 对大学与企业而言，校企合作极大提高了彼此的经济利益，传统意义上严禁通过学识牟利的学术规范也随之被学者抛诸脑后。

过去曾引起媒体警觉的企业研发投入如今已是司空见惯的平常事，甚至情况已经发生了根本转变："10 年前，科学家们对企业提供的科研资金嗤之以鼻，而现在他们正在迫切地寻求资助。"[4] 该评论

还指出，企业投资学术领域是因为他们觊觎大学的科研人才和研发技术。分子生物学家最受企业青睐——重组 DNA 技术的商业潜力使他们成为“企业非常感兴趣的商品”。[5] 值得读者注意的是，在此分析视角中，被商品化的并不是技术，而是科学家本身。

商业价值注入学术研究的另一个表征是，20 世纪 80 年代初，有数百家由任职于大学的科学家创建的小型生物技术公司如雨后春笋般出现在美国市场。“在分子遗传学和相关学科领域，据悉美国大多数顶尖研究人员都与这些彼此竞争激烈的新公司有关联。”[6] 然而，依据市场竞争中的“大鱼吃小鱼”定律，预计这些小型公司最终会成为大企业的原料：

> 许多主要的制药公司和化工企业目前都在加强自己在分子生物学领域的研究能力——其中包括厄普强、孟山都和联合化学公司……这些企业有望收购或排挤一些由科学家创建的小型生物技术公司，目前这些小公司的数量接近 200 家。[7] 110

从 1982 年至今

从 1982 年起至今，这个学术－商业复合体已经经历了长足的发展。美国政府对科研经费的持续大幅削减迫使公立大学和私立大学纷纷转向企业和金融家以寻求资助。1982 年，美国大学的科研机构从业界获得的年研究经费约为 2 亿美元，仅占这些机构从联邦政府处获得的科研资助的 4% 左右。虽然时至今日，业界资助与政府资助对应的占比并不好计算，但业界对大学科研的投资早就超出了百万级，动辄以数十亿计。在大学目前的研发投入中，企业的占比越来越多，而政府的占比正逐渐减少。

从第二次世界大战结束后到近年来，大多数的美国基础科学研究都是由联邦政府资助的。传统意义上，企业倾向于将资金投入应用研究而非基础研究，因为应用研究能在短期内产生收益，而基础研究具有长期性，难以在短期内产生经济效益。在 20 世纪六七十年代，基础科学研究所获资助中联邦政府的份额超过了 70%。2004 年，政府资助占比仍在 60% 以上，但 2013 年比例降至 50% 以下，2015 年下降到 44%。[8]

当今企业提供的科研资助规模普遍被低估的原因是，其中很大一部分资金被刻意隐匿。方式之一是企业可以把他们的科研资助伪装成对大学基金会的免税捐款。尽管一些州政府要求大学所获的捐赠必须公开记录，但还有许多州无此要求。另一种隐匿研究资金的方式是通过行业联盟项目来提供专项资金。该项目“为合作企业提供多个层面的好处，如保证对方在顾问委员会中占有一席之地，更早地获得学生的简历及参加私人定制的招聘会，或充分参与学校面对面的会议活动”。[9] 弗吉尼亚理工大学开展了 30 个行业附属项目。普渡大学一位负责此类项目的前主管承认，这种项目安排是“有争议的”，因为“看起来就像是企业支付费用来购买研究人员”。[10]

111 由公共资金资助的研究会受到美国研究诚信办公室（Office of Research Integrity）的督查，而由企业资助的研究却享有不受监督的特权。也就是说，企业赞助者可以任意地影响研究过程中的每一个阶段，从实验设计到研究的规模和重点，乃至对研究结果的解释。

伦斯勒理工学院："高等教育的新兴范式"

STEM是技术教育领域中的一个较为新潮的理念，涵盖了科学、技术、工程和数学，是这四门学科英文首字母的缩写。如果要罗列出著名的STEM教育高等学府，除了排名前列的麻省理工学院和加州理工学院，笔者的母校佐治亚理工学院也很有可能位列其中。唉，佐治亚理工学院的知名度主要归功于它声名遐迩的足球队及其队歌："我是佐治亚理工学院游手好闲的人，也是一名了不起的工程师……"

相比之下，伦斯勒理工学院的知名度要小得多，但它在STEM行业中声誉卓越。20世纪60年代，笔者与同学就对伦斯勒理工学院羡慕不已。它成立于1824年，是美国第一所技术研究型大学。但遗憾的是，它近年来以其高调参与学术－商业复合体而声名鹊起。

伦斯勒理工学院院长雪莉·安·杰克逊博士（Dr. Shirley Ann Jackson）就是一位典型的践行学术－商业复合体的成功人士。她是一名理论物理学家，曾担任美国核管理委员会主席和总统科学技术顾问委员会成员。《纽约时报》2014年的一篇报道将杰克逊博士描述为"一个舒适且有利可图的小团体中的一员，这个团体由横跨学商两界、在公司董事会任职的大学校长和大学里其他担任较高职位的领导组成"。[11] 杰克逊院长担任了许多公司的董事会成员，其中包括IBM、马拉松石油公司和联邦快递等著名企业。

环环相扣的董事制度将伦斯勒理工学院与IBM等公司捆绑在一起，使得大学研究更彻底地融入了商界。至2006年，在具有博士学
位授予权的公立大学和私立大学中，有超过50%的大学校长同时兼任 112
企业的董事会成员。[12]

2017 年，得益于杰克逊院长与企业的合作关系，伦斯勒理工学院获赠了由 IBM 提供的一台价值 1 亿美元的超级计算机。同年，伦斯勒还成为一项耗资 2 亿美元的科研计划的最大受益者。该项目在伦斯勒校园内新成立了生物制药研究机构，简称 NIIMBL。NIIMBL 的成员超过 150 名，来自商业界、学术界、非营利组织、地方政府和区域组织，其资金来源于美国商务部提供的 7000 万美元拨款和其成员至少 1.29 亿美元的初期私人投资。[13]

受制于公私合作模式的大学象牙塔

NIIMBL 的混合性融资来源使其成为近年来备受赞誉的公私合作模式（public-private partnerships）的践行典范，该合作模式也日益成为学术－商业复合体的典型特征。公私合作模式允许私营企业利用公共资金来进行营利性研究。通过在著名高校里建立研究机构、聘任名誉学术主席、为培养有望招募的未来科学家提供奖学金等方式，企业用纳税人的钱来加大自己的投资力度。

为建设所谓的“新理工学院”[14]，杰克逊院长提出了耗资数十亿美元的伦斯勒计划（Rensselaer Plan），NIIMBL 只是该计划的一个方面。伦斯勒理工学院的对外宣传揭示了这种为私人企业利益服务的“高等教育的新兴范式”：

> 参与合作的学院和大学将与工业界合作，共同制定教育培训、课程开发和认证标准，以确保向企业输送熟练工人。[15]

批评人士指责说，杰克逊院长的愿景“代表了美国大学企业化趋势的‘冰山一角’”。[16]这种模式要求伦斯勒理工学院首先成为一个庞大的金融机构，其次才是培育新一代科学家的教育机构（也可以被称为“熟练工的输送机构”）。

伦斯勒理工学院只是“冰山一角” 113

伦斯勒理工学院的例子极具启发性，但并非特例。一位敏锐的评论员指出，一些大学与企业“达成了浮士德式的魔鬼交易”。[17]似乎是冥冥之中的不幸安排，大学与企业纠缠不清的一个重要的代表人物——德鲁·吉尔平·浮士德（Drew Gilpin Faust）博士，她是“第一位同意在企业董事会任职的在任哈佛校长”，其姓氏恰巧与出卖灵魂的浮士德博士一样。[18]

如果说哈佛大学的浮士德博士和她的同行们在学术－商业复合体版的悲剧《浮士德博士》中扮演了出卖灵魂的学者——浮士德的角色，那么该剧中与魔鬼达成交易的表现是以牺牲社会公共资源为代价来攫取私人利益。各层次结构的教育都受到了巨大的冲击，来自公立教育的危机也深刻影响了私立大学。即使是那些像哈佛那样得天独厚的学校也无法独善其身。以前哈佛杰出的研究人员

> 可以毫不费力地从政府那里获得数百万美元的财政拨款来开展研究。现在，随着联邦研究经费的大幅削减，即使是研究领域中最顶尖的专家也不得不寻求新的资助。继其他大学的同行们感到经费紧张之后，哈佛大学的科学家们正越来越多地向企业和富

有的慈善家们寻求支持。[19]

在回应哈佛研究人员资助申请的公司中不乏微软、葛兰素史克、化工巨头巴斯夫和比尔及梅林达·盖茨基金会等大型企业和慈善组织。生物工程教授基特·帕克（Kit Parker）哀叹道："我现在已经沦落到了如此地步，管理我的研究小组让我越来越不像一个科学家；我更像是个骗子。"[20]

同一时期，在美国的西部大学……

与哈佛大学一样，美国加州大学伯克利分校（University of California at Berkeley）也是一所享有盛名的高等学府。近年来，该校迫切希望提升自己在STEM领域的声誉。但2013年，调查记者华金·帕洛米诺（Joaquin Palomino）报道了该校所面临的与其他高校类似的困境：

> 加州大学的财政系统预计到2015年将出现25亿美元的结构性缺口，而该校的财务管理人员还没有制订出切实有效的计划来应对这一危机。因此，在公共资金投入匮乏的情况下，私人资金持续地流入伯克利的自然科学部门。[21]

114 早在1997年，加州大学伯克利分校的生物学系就与诺华公司建立了公私合作关系，共同进行转基因研究。该行为引发了"私人资助研究的爆炸式增长"。[22]2007年，加州大学伯克利分校和伊利诺伊大学联合英国石油公司共同成立了能源生物科学研究所，这是“全球同类机构中规模最大的公私合作项目”。[23] 英国石油公司对该项研究共投资了5亿美元，其主要目的在于进一步研究生物燃料，但它也从这笔投资中获得了其他价值回报。

2010年，英国石油公司的深水地平线漏油事故向墨西哥湾泄漏了2.1亿加仑的石油，污染了665英里的海岸线。

> 就在爆破的油井被密封一个月后，加州大学伯克利分校的生态学家特里·哈森（Terry Hazen）发布了一个突破性的发现：他发现了一种新的微生物正在吞噬泄漏的石油，并将其分解成二氧化碳和水。根据哈森和他的科学家团队的说法，这种新发现的微生物异常活跃，以至于海湾里滞留的大量石油“在油井被密封后很快就消失了”。哈森的研究结果发表在学术期刊《科学》上，之后被多家主要媒体争相报道。然而，一个容易被忽略的事实是：该项研究是由英国石油公司资助的。[24]

一位微生物生态学教授评论道，“当人们在阅读《科学》杂志上发表的文章时，他们以为自己读的是伯克利大学教授的研究成果。人们并没有意识到，英国石油公司借助该项研究向读者表明，‘你们不应该再担心石油泄漏的问题了’”。[25]

来自企业的资金不仅侵蚀了伯克利研究的科学诚信，也改变了这所大学的整体特征。2012年，伯克利的校长自相矛盾地宣称，“为了确保我校的公立性质，我们需要加大我校的私人资金投入力度”。[26]

加州大学的校长的说法更为激进，他认为伯克利已经不再是一所公立大学，而是一所私立多于公立的“混合型”大学，伯克利必须“适应新的现实”。[27]

115 ## 为什么学术去商业化很重要？

如果说 1982 年《科学》期刊对学术商业化的伦理担忧只是来自过去微弱的呼吁，现如今禁忌的闸门已经完全打开。本章及前面几章所引用的许多案例已经表明，“商业道德”与学术研究的融合直接影响了科学的整体性和可靠性：

- 在该背景下进行的研究从一开始就被设计成有利于资助方想要推广的产品。
- 数据收集和分析方法由资助方控制。
- 如果获得了预期的结果，将由有名望的科学家们（该人选倒不一定是研究小组的成员）以独立的名义将研究成果提交知名科学期刊发表。
- 如果研究结果与资助方期望不符，该结果不会被刊发。
- 受雇于企业的大学研究人员同时也在联邦科学委员会任职，该委员会负责监管这些行业的运营和产品。

公私合作模式还将促进科学知识的私有化，这是对追求科学技术作为人类共同财富的可怕诅咒。科学进步需要开放的科学，即尽可能广泛地共享，而非垄断研究成果。

笔者怀疑，尽管大多数在大学任职的科学家都在诚实地努力维护其所在学科的完整性，但只有最勇敢、最坚定的学者才能抵御持续的职业压力。企业化身为《浮士德》中的魔鬼梅菲斯特，以财富、声望和行业高位为诱惑，吸引学者加入他们大力资助的研究项目。一些心怀善意的科学家之所以接受企业的资助，是因为若不如此，他们的研究将因经费不足而被迫中止。即便是这些科学家也往往没有意识到——或者拒绝承认——他们的研究工作是如何被企业操纵的。企业一般并不公然直接操控研究成果，他们更倾向于持续地对研究过程的优先级或参数施加微妙的影响。

更通俗地说，高校学术研究的商业化“将学生变成了顾客，将教 116
师变成了工人，将行政人员变成了首席执行官，将校园变成了市场人群”。[28]需要补充说明的是，学生作为顾客只适用于在校期间。正如人们所看到的，大学的教育正在将学生商品化为“熟练工”。显然伦斯勒理工学院的“新兴范式”已经赢得了高等教育改革的胜利。

第九章

智库与理性的背叛

117 尽管学术 - 商业复合体被视为科学对资本的妥协与退让的表现，但实际情况可能更加糟糕。在大学以外的科研领域，其现状要比大学的科研情况更加糟糕——糟糕得多。

政策研究机构更为人所熟知的名字是“智库”，它们经常被定义为“没有学生的大学”。在理想的状态下，智库由不为教学任务所累的专家学者组成——这些学者的主要职责就是读书、研究、思考、研讨和写作。智库的思想者应该集中智慧研究当今政治经济社会的热点问题，并提出解决方案。事实也的确如此，政府往往会听取和采纳智库的专家学者所提出的政策建议。

但当代美国社会的智库其存在本身就是一种矛盾的现象。它的公信力取决于人们对其独立性的评判，但它的生存却依赖于大规模的筹款和捐赠，因而其现状就是一种彻头彻尾的利益冲突。两位调查记者在 2016 年的一份综合性的调查报告中得出了以下结论：

> 智库的研究人员本应独立于金钱等利益之外。但在寻求资金支持的过程中，智库会推动对捐助企业来说至关重要的项目，因而有时很难区分研究人员是否扮演了游说者的角色。研究人员在未披露与相关企业关系的情况下，还可以享受非营利性组织的免税优惠政策。[1]

智库成立的初衷是由最卓越的人才秉持客观公正的态度，全面审 118
核有争议的问题，进而提出最佳解决方案。但由于当选官员以及政治任命官员才是智库提议能否采用的最终裁决者，因此智库不可避免地受到美国政党政治的影响。部分智库在发展过程中开始自我分化为“左倾”、“右倾”或“中间派”。近年来美国政治两极分化的加剧与智库成立的初衷背道而驰，该现象颇具荒诞的讽刺意味。

当今美国大多数智库的研究都背离了客观事实，通过夸大事实及耸人听闻的“研究内容”来吸引媒体的关注。为了吸引投资，智库的研究人员还可以根据捐赠者的要求来调整研究的方向。举例说明，对全球变暖的事实提出的争议表面上看是由哈特兰研究所和能源研究所等智库的研究成果引发的，实际上该研究成果是能源巨头们的布局，这背后少不了资本的推波助澜。

就向资本妥协而言，自由派和改革派智库与右翼智库并无差异。但被资本侵蚀的智库研究已经被科赫兄弟、德沃斯兄弟和默瑟兄弟等信奉自由意志主义的亿万富翁们推向了危险的极端。随着智库对美国学术领域的影响日益凸显，其存在严重破坏了学术研究的独立性，给科学和社会的发展造成了不可估量的危害。

美国智库简史

第二次世界大战后，美国智库机构的数量激增，以一种新的、不同于以往的方式将学术活动纳入制度化的管理模式。美国现代智库起源于1910年的卡内基国际和平基金会和1916年的布鲁金斯学会。1945年以后，在世界范围内智库的数量呈现爆炸式增长——从几十个增加到几千个。

20世纪30年代末，美国智库的定位从“没有学生的大学”堂而皇之地沦为宣传部门和公关机构。保守派抱怨布鲁金斯学会“太左倾”，
119 于是美国企业协会（AEA）［后来更名为美国企业研究所（AEI）］应运而生。然而，即便是在坚定的右翼主义者看来，布鲁金斯学会也仅仅是政治立场偏左。智库历史学家杰森·斯塔尔（Jason Stahl）指出，“美国企业协会在1938年成立的原因毋庸置疑——以保守的反福利国家（anti-welfare state）立场来对抗新政自由主义*（New Deal liberalism），这与同时期的布鲁金斯学会的立场相似”。[2]

尽管美国智库的发展因第二次世界大战的影响而中断了数年，但仅仅在战争结束后的一年内，国防承包商道格拉斯飞机公司就成立了兰德公司，为美国军方建言献策。两年后，兰德公司从原公司中分离出来，正式成为一个名义上独立的研究机构。[3]在那时，美国智库的总量大约为45家，如今已经增多到约2000家，其中有400家位于华盛顿特区及其周边地区。

智库历史上一个标志性的转折事件发生在1971年。美国企业研

---

* 美国新政自由主义指的是在经济上崇尚福利国家，文化上推行价值中立主义，即经济领域的干预主义和文化领域的放任主义。

究所应政府要求就五角大楼的一项巨额开支计划提供政策建议。尽管美国企业研究所在规定时间内完成了基于事实的保守提案，但该提案被故意搁置，直到国会完成了关于军费开支的投票。当被要求解释推迟提交的原因时，美国企业研究所的总裁给出的解释是他们“不想试图影响投票结果”。[4] 这一解释惹恼了一些推崇以商业化为导向的观察人士：如果不能影响立法决策的过程，那么美国企业研究所基于自由放任主义（laissez-faire）提出的建议又有何用？上述人士的不满推动了美国传统基金会（Heritage Foundation）于 1973 年成立。这是一种新型智库，主要致力于倡导而不是研究问题。

在 20 世纪整个 80 年代和 90 年代，美国传统基金会模式的倡导性智库占据了市场主导地位。倡导性智库进一步发展成为“公共关系智库”，即意味着学术导向更为弱化，意识形态更加公开，更唯媒体马首是瞻。

随着智库发展的重点从研究转向游说和公关，知名学者在其人员结构中的占比持续下降。在智库的人员构成中，1960 年以前博士所占比例为 53%，1960 年到 1980 年该比例下降至 23%，1980 年之后又下降到 13%。[5]

朝圣山学社的蓬勃发展 120

由精英学者和政客组成的国际性组织——朝圣山学社（Mont Pelerin Society）在第二次世界大战后的智库发展中发挥了开创性的作用。1947 年，以弗里德里希·哈耶克（Friedrich Hayek）为首的学者们创立了朝圣山学社。从成立初期，它就一直是宣扬激进的自由意志主义的主要温床。与此同时，朝圣山学社也是右翼智库的鼻祖。1955年，该学社在伦敦创建了经济事务研究所（IEA），后者被学社的一位主席形容为“玛格丽特·撒切尔的私人智库”。经济事务研究所反过来又创建了“十几个子智库（其中包括阿特拉斯网络），主要作为朝圣山学社的前线组织”。[6]阿特拉斯网络作为一个伞形组织，综合协调96个国家460多个智库和特工的活动。

在1980年，罗纳德·里根竞选总统期间，共有22名朝圣山学社的成员担任过他的经济顾问，足以证明朝圣山学社在美国政坛极具影响力。里根甫一当选，就选择了美国传统基金会作为政府的智库。而传统基金会的创始人埃德温·弗尔纳（Edwin Feulner）正是朝圣山学社的忠实拥护者。弗尔纳在1977年至2013年一直担任该基金会的主席。此外，他与哈耶克、米尔顿·弗里德曼和詹姆斯·M. 布坎南等著名学者都曾担任过朝圣山学社主席一职。[7]

“花生福利”*

促使美国的智库从20世纪的政策研究机构转变为21世纪的游说和公关机构的一个主要因素是亿万富翁们为了维护自身的利益，希望政府能降低税收并放松对企业的监管。在与政府博弈的过程中，他们为宣扬该意识形态的政客提供了大量就业机会——这种状况被评论家嘲讽地称为“花生福利”。

在此背景下，想要全面统计各个智库背后有哪些捐赠者几乎是不

---

* “花生福利”指的是无论能力和政绩，只要政客和共和党人保持着保守派激进主义的意识形态，便能在退休后在右翼智囊团、媒体机构等发表讯息或故事，而这样的福利足以让不少右翼政客“发家致富”、颐养天年。

可能的。通常智库与其捐赠者倾向于淡化他们之间的关系。作为非营利组织的智库，为了申请免税资格，按规定必须向美国国内收入署披露其资金来源，这些财务披露的信息属于公共记录。尽管如此，智库在实际操作中并不难隐藏资金的真实来源。一种流行的方法是通过捐赠者的定向基金如信托基金和资本基金来转移资金，因为这些基金允 121
许资助者在隐藏身份的情况下合法地进行匿名捐赠。

来自个人的捐赠资金往往会伪装成企业和基金会的捐赠。事实上去细分某个智库的捐赠资金究竟是来自查尔斯·科赫，已故的大卫·科赫，还是科氏工业集团，抑或是科赫家族名下的某一个“慈善”基金会，并没有那么重要。仅科赫家族名下就有若干个基金会：

- 查尔斯·科赫基金会（Charles Koch Foundation）
- 查尔斯·G.科赫慈善基金会（Charles G. Koch Charitable Foundation）
- 查尔斯·科赫研究所（Charles Koch Institute）
- 大卫·H.科赫慈善基金会（David H. Koch Charitable Foundation）
- 弗雷德·C.和玛丽·R.科赫基金会（Fred C. and Mary R. Koch Foundation）
- 科赫文化信托基金（Koch Cultural Trust）
- 克劳德·R.兰伯基金会（Claude R. Lambe Foundation）

对于智库而言，科赫兄弟是最重要的阔气金主。卡托研究所、美国传统基金会、哈特兰研究所、美国企业研究所和曼哈顿研究所仅是兄弟俩所资助的智库中的一小部分而已。科赫兄弟还和其他富有的捐助者同盟们组成了一个庞大的捐赠网，从而扩大了自身的影响力。[8]

除了智库，科赫兄弟的捐赠对象还包括许多专科院校及综合性大学——除了获得巨额资助的乔治梅森大学以外，其他许多高校也获得了兄弟俩的捐赠。从华盛顿州的西雅图太平洋大学到佛罗里达州的佛罗里达大西洋大学，从加利福尼亚州的斯坦福大学到北卡罗来纳州的凯南斯维尔的詹姆斯·斯普林特社区学院，[9]科赫兄弟的捐赠资金已经横跨了整个美国，流入了三百多所高等学府。他们试图通过捐款来影响美国大学的课程设置，这种不加掩饰的意图遭到了学生们的抵制，进而发展为日益壮大的“消除科赫校园影响”（UnKoch My Campus）的学生运动。

2018 年 5 月，“消除科赫校园影响”的学生运动对外公布了借由
《信息自由法》申请获得的文件，揭示了乔治梅森大学赋予科赫基金
会“在招录和解聘教授方面的发言权”[10]的内幕。该校校长不得不承
122 认，从 2003 年到 2011 年，该校允许捐赠者参与选拔和评估教职工。
税务记录还显示，科赫兄弟从 2011 年到 2014 年向乔治梅森大学捐赠
了 4800 万美元。[11]

值得注意的是，科赫基金会无孔不入的商业触角（有时被戏称为“科赫章鱼”）并不是右翼智库唯一的金主，只不过相比于前者，其他捐赠机构的名字不为公众所知悉。最具影响力的基金会有（以下排名不分先后）：

- 理查德·梅隆·斯凯夫家族基金会（Richard Mellon Scaife Family Foundations）

- 约翰 · M. 奥林基金会（John M. Olin Foundation）
- 林德和哈里 · 布拉德利基金会（Lynde and Harry Bradley Foundation）
- 格莱德基金会（Glide Foundation）
- 沃尔顿家族基金会（Walton Family Foundation）
- 迪克和贝琪 · 德沃斯家族基金会（Dick and Betsy DeVos Foundation）
- 艾尔莎和艾德加王子基金会（Elsa and Edgar Prince Foundation）
- 默茨家族基金会（Mercer Family Foundation）
- 彼得 · G. 彼得森基金会（Peter G. Peterson Foundation）
- 阿道夫 · 库尔斯基金会（Adolph Coors Foundation）

尽管基金会通常被视为慈善或公益机构，但对富豪家庭而言，基金会的主要功用在于可以凭此来享受税收优惠政策。把资金放在免税的基金会里是富豪们可以最大化地控制私人财富的方法之一。

疯狂的学术界

亿万富豪们对智库的慷慨资助为学术腐败的滋生提供了温床，催生了一个由智库、基金会、捐赠者导向的各类基金机构以及游说公司组成的迷宫般的学术世界，经济学家马歇尔 · 斯坦鲍姆（Marshall Steinbaum）对此现状做了极为简洁准确的描述：

> 当这些机构和个人的研究成果无法被顶级期刊或学术会议收录时，他们就会在圈子内部创办期刊、举办学术会议，辅之以各类学术性头衔以及五花八门的奖项、职务及论文等。这种障眼法 123

具有双重作用。首先，它欺骗了相关媒体和决策机构，让后者误认为该项工作得到了学术界的认可，或者至少让他们有理由声称事实就是如此。其次，这种自欺欺人的手段让这个小圈子的内部人士误认为自己是学界泰斗，并没有意识到自己只是冰冷无情的意识形态政治机器中受到优待的小小齿轮。[12]

智库的存在使政客们得以声称他们批准通过的法律是基于真正的科学和学术研究成果制定而成的。尽管没有人能确保这些受雇于企业的智库专家们所提供的说明报告是否客观公正，然而美国各级政府的官僚与政客却必须听取专家们的意见并装模作样地表示重视。此外，主流新闻媒体通常也会心照不宣地配合政府的行为。智库的专家们在享受着免税政策的同时还充当着与其利益相关的企业游说者。这完全是违法行为，但实际上当前美国智库就是这么操作的。

哈特兰研究所和布鲁金斯学会（Brookings Institution）这两个智库，从可信度上来说截然相反。这两种智库的对比揭示了政策研究机构是如何深受利益冲突的影响。

致力于否认气候变化的智库

就美国智库的科学性和可信度而言，民众下意识地认为最不具科学性的智库当属哈特兰研究所。它因推动有关气候危机的激进反科学理论而闻名，被批评家们讽刺称之为平面研究所（Flatland

Institute）。*《经济学人》将哈特兰描述为“当今世界上因提倡质疑人为气候变化而著称的智库”。[13]

同大多数智库一样，哈特兰研究所也在不遗余力地隐瞒其资金来源，掩饰其带有明显政治倾向的游说性质。2012 年，该组织的大量内部机密文件因电子邮件泄露而曝光，使民众得以窥见智库的内部运作模式。[14] 被曝光的电子邮件和文件揭露，哈特兰正在为“气候教育”活动积极募集捐款。活动的重点之一是设计和推广从幼儿园到高中的课程，以便向易受影响的年轻人灌输对气候科学的怀疑。[15] 此外，哈特兰还给予非政府组织“国际气候变化专门委员会”（International Panel on Climate Change）大力资助，每年的资助金额高达 30 万美元。该委员会每年都会举办否认全球变暖的常规性大型集会，被环保主义者戏称为“否认集会”。

哈特兰研究所的筹款对象主要是石油公司以及“因气候政策而利益受损的其他公司”。在其高达 640 万美元的预算提案（该预算提案还备注了“机密，请勿传阅”的字样）中，有三分之二用于疏通政府关系、举办筹款活动、大众传播及出版书刊等。[16] 显然该预算更像是一个游说机构，而非研究机构的科研预算。 124

像哈特兰研究所这样的智库实际上是不受政府监管的，但美国法律中明确规定了其相应的限制条款。为了继续享有免税优待，智库必须严格避免党派政治，但该条款被狭隘地等同为直接支持竞选公职的候选人。大多数智库都通过简单地建立不享受免税待遇的平行组织来

---

* Flatland 与 Heartland 发音相近，暗讽该研究所如同英国作家埃德温·艾勃特的小说《平面国》中固执己见的居民，不能容忍高于自己维度的知识存在。

绕过这一限制。

遭曝光的哈特兰内幕其实并不令人意外，因为这些内部文件在很大程度上只是证实了中肯的观察者们长期以来的假设。然而，并非所有智库都像哈特兰研究所、美国传统基金会或卡托研究所那样将无视道德、妥协于意识形态的行为摆在明面上。

布鲁金斯学会：“全球顶级智库”

开创性的布鲁金斯学会为现代智库的发展提供了榜样。自 1916 年成立之初，布鲁金斯就坚持高质量的学术性研究，是世界上最负盛名的智库。以上评判来自宾夕法尼亚大学劳德研究所（Lauder Institute）的研究报告，这是一家完全致力于研究智库并对其进行排名的元智库机构（meta-think tank）。[17] 劳德研究所的下属智库和公民社会研究项目负责包含近 7000 个智库的数据库维护，并以年度为单位发布“全球智库指数报告”。在 2016 年的报告中，劳德研究所将布鲁金斯学会列为“全球顶级智库”之首。排名所依据的标准包括“研究成果和分析报告的质量和声誉”。[18]

但布鲁金斯学会的内部备忘录和与捐赠者往来的机密通信显示，它在学术独立方面的声誉并不完全是实至名归。新英格兰调查报道中心与《纽约时报》合作曝光的文件显示，布鲁金斯学会经常通过向大
125 公司承诺给予“捐赠好处”来寻求对方的募捐资助。其中一份机密的电子数据表

就列出了近 90 家捐赠公司，牵涉的范围从制造业的美铝公

司（Alcoa）到金融机构的富国银行（Wells Fargo）。让人们得以一窥布鲁金斯学会庞大的数据库中有关捐赠者身份、捐赠前景以及捐赠者可能获得的好处等信息。该数据库以及数千页的往来电子邮件、募捐请求和与企业高管的会议备忘录，突显出布鲁金斯学会的运作模式，即确保捐赠者们能看到他们的捐款所产生的切实效果。[19]

布鲁金斯学会的备忘录和电子邮件披露出该组织清楚地意识到自己的研究与观点必须让位于合作企业的利益。企业捐赠的交换条件是利用布鲁金斯学会的声望进一步推动企业营销能力的发展。

布鲁金斯学会与科学

与正面攻击科学的美国右翼智库相比，以布鲁金斯学会为代表的一些负有名望的政策研究机构却对科学构成了一种微妙的威胁。虽然布鲁金斯学会的重点关注领域是社会科学，但它也直接涉足其他科学领域。想想它与大型制药公司所做的交易，不难发现布鲁金斯学会也存在着多方利益的博弈。以身兼数职的学会研究员马克·B. 麦克莱伦博士（Dr. Mark B. McClellan）为例，麦克莱伦是布鲁金斯学会的高级研究员，负责医疗保健研究项目。凭借药理学专家的光环，他向政府的医疗保健小组提供的信息被视为来源合法且科学准确；作为小布什政府的食品药品监督管理局局长，政府官员的身份也使得他在公共健康事务方面拥有很大的发言权；而麦克莱伦同时也担任制药巨头强生公司的董事会成员，其利益与强生公司休戚相关。[20]强生公司的丙肝药物在上市的第一年就获得了 23 亿美元的营销额。每位服用该药物的患者都需要为 12 周的疗程支付 6.6 万美元。凭借布鲁金斯学会高级研究员的身份，麦克莱伦对该类丙型肝炎药物的疗效进行大肆宣传。2014 年，麦克莱伦从强生公司那里获取了约 26.5 万美元的津贴，从布鲁金斯学会获得了 353 145 美元的专家费。尽管麦克莱伦本人的利益输送行为相当明显，但布鲁金斯学会还是选择了对此视而不见。

126 虽然布鲁金斯学会的金字招牌，如同美国某些精英大学一样，依然能在权力博弈的舞台上赢得广泛的尊重，但其所受企业的影响并不少于臭名昭著的哈特兰研究所或卡托研究所。因而，将布鲁金斯学会定位为危害美国科学诚信的同谋并不为过。只不过近几十年来，秉承自由意志主义的其他智库充当了反科学的急先锋，在一定程度上掩盖了布鲁金斯学会对科学的隐蔽危害。

特朗普：反科学和无知崇拜的代表

鉴于本章的关注重点在于情报和知识分子，笔者到目前为止还没在本章中提及“特朗普”这个名字。然而，特朗普的崛起代表了右翼反智主义的反科学和对无知的狂热崇拜。许多右翼公知一方面厌恶特朗普，一方面又窃喜于可以利用他来实现“解散行政国家”的目的。

身为美国总统的特朗普，其本人的蛮横无知固然让自由意志主义的学者为之尴尬，但他所组建的政府却为摧毁公众对“大政府”（big government）的信心提供了一个绝佳的机会。攻讦特朗普政府可同时削弱公众对政府的信任。

结论：智库对美国科学的不良影响

根据朝圣山学社的宏伟蓝图而创建的智库组织，其成员们为了金钱、事业、物质享受、空洞的声望和虚假的荣誉而出卖自己的良知。尽管这是一个世界性的现象，但其核心问题最早显现在战后的美国。

美国智库的所有行为都是建立在不诚信和卑鄙的基础上的。智库的专家学者们扮演了“反罗宾汉式”的角色，其目的在于劫贫济富——将美国经济的巨额财富从多数人手中转移到少数人手中。这是人类历史上规模最大的抢劫行为。尽管犯罪者已经从普通民众身上劫走了数万亿美元，他们还不满足，且依旧逍遥法外。

这一切又会对美国科学产生什么影响？右翼公知们违背了知识分子的社会良知，使得经验现实和理性遭到了政治攻击。在此过程中，他们在把科学变成谎言的道路上迈出了危险的一大步，削弱了知识改善人类境况的力量。

第十章

经济学无疑是沉闷的，但它真的是一门科学吗？

127 自冷战以来，经济学在美国一直被视为一门极其沉闷的科学，但这并不是它被称为“沉闷科学”的由来。该称号主要归功于经济学最早的研究者和实践者深受马尔萨斯悲观论的影响。

经济学的研究领域是关于如何生产和分配商品及服务以满足人类的需求。它试图通过分析国家和个人的贫富来达到改善人类物质条件的目标。尽管经济学的原理经常被美国大学和政策研究机构误用，但对于它是否是一门科学的质疑，答案依然是肯定的。经济学是一门科学，且如果按照应有的方式实践，它有可能是对人类发展最有益的科学。然而，就目前的情况而言，它主要发挥了桥梁纽带的作用，用于巩固企业在科学领域的主导地位。

批判在经济学中的关键作用

包括经济学在内的社会科学，与自然科学和物理科学有着本质的区别。社会科学的实践者不能将自己置身于他们的研究对象——人类社会之外。既然社会科学家与他们的研究对象息息相关，又怎么能声称保证社会科学的客观性呢？

科学哲学家桑德拉·哈丁（Sandra Harding）认为，社会科学的客观性要求社会科学家进行“批判和自我反思”。[1] 为了进行自我反思，社会科学家必须不断监督自己的行为，以防止经济诱因和意识形态偏 128
见影响他们的科学判断。批判和自我反思并不是个体行为，它必须是一项需要大量研究人员集体协作的社会工程。

至于批判，如果没有思想流派之间自由和公开的辩论，社会科学的客观性是不可能存在的。过去一个世纪的历史表明，经济学在客观性方面存在严重的缺陷，因为就整体而言，其合法的理论观点一直受到严格限制或压制，但情况并非一直如此。

18 世纪：自由放任主义经济学

经济学理论在 18 世纪取得了长足的发展，其最高成就代表是苏格兰人亚当·斯密极具影响力的著作《国富论》（*The Wealth of Nations*）中提出的新的理论范式。斯密生活在一个社会剧烈变革的时代，这个时代后来被称为工业革命时代。他通过分析亲眼目睹的工业革命过程，斯密得以构建出一套系统完整、逻辑严谨的理论体系，阐释了社会怎样优化组织其生产力以最大限度地提高社会福利。

斯密从法国重农主义学派的理论那里获得了灵感，后者的教义通常被简化为人们熟悉的口号——“自由放任！”或“随它去吧”。重农学派主张生产者和消费者、销售者和购买者在不受统治权力干涉的情况下自由交换商品。尽管斯密本人并没有在著作中直接使用这个经典短语，但后人已经将其视为经济自由主义的核心要义。

斯密经济学理论的逻辑自洽性，为它赢得了普遍真理的光环，其推崇者甚至将该理论与牛顿发现万有引力定律相媲美。然而，随着时间的推移和英国工业的进一步发展，经济自由主义的观点显然并不普遍适用于快速变化的世界。斯密经济学理论弊端也自然受到了后世学者的批评。

129 19 世纪：争论愈演愈烈，经济学蓬勃发展

对亚当·斯密及其后继者的经济自由主义的争论贯穿了整个 19 世纪，推动了经济学理论的创新发展。其中对该理论所做的最系统、最具影响力的批评当属卡尔·马克思，他盛赞斯密为“古典政治经济学”的先驱。然而，“古典”一词点出了斯密经济学理论的历史局限性，并不具备真理的普遍性和永恒性。尽管斯密对 1776 年的世界经济进行了深入的分析和研判，但当今世界与他书中所描述的世界相比，已经发生了翻天覆地的变化，而且变化还将持续。

马克思对资本主义制度的批判性分析引发了其支持者和反对者的激烈交锋。但只要这样的辩论是公开的，马克思理论的反对者就不能简单地忽视他的批评，他们不得不思考马克思对斯密经济学理论批判的现实意义。

20 世纪早期

对马克思主义政治经济学的辩论已经超越了纯粹理论的范畴

20 世纪初，帝国主义国家之间矛盾加剧，斗争日益激烈，使得世界深陷战争的旋涡。到第一次世界大战结束时，主要参战国之一的俄国已经退出了资本主义的阵营，走上了一条新的后资本主义道路。在这条道路上，供求关系不再是社会经济运作的最核心要素。俄国革命为经济学提供了一个全球性的实验样本，检验了关于国内和国际经济事务组织彼此互不相容的假设。

新生的苏联政府的经济政策是马克思政治经济学的苏联化实践。然而，在这个伟大的实践进行了 10 年之后，官方的马克思主义沦为空洞的口号，为斯大林政府不断变化的国内外政策提供理论依据。

与此同时，在美国，任何反资本主义的经济理论都遭到了政府的敌视。马克思主义政治经济学的支持者们遭受歧视，无法在大学的经济系或其他专业经济机构获得一席之地。政府根本不考虑替代资本主义经济运作模式的可能性。

其结果是，无论是在东方还是西方，经济学都不再受到自由和公 130
开的辩论精神的引导。意识形态的壁垒紧紧关上了社会科学的批判和自我反思之门。

翻天覆地的经济大萧条

在美国，经济学为政府提供应对经济问题的必要对策，其实践功效在冷战期间达到了最低水平，但它的急剧衰落在冷战开始前几十年就已初见端倪。随着美国资本主义经济在喧嚣的 20 年代（the

Roaring Twenties）飞速发展，学院派经济学家忽视了自由放任主义经济学存在的弊端。很快，美国经济的表面繁荣在20年代末就爆发了危机。

20世纪30年代的经济大萧条彻底动摇了资本主义经济制度的根基。在大萧条爆发之前，西方经济学家的主流观点是认为资本主义经济的起起落落处于可控范围内，人们无须担心。经济大萧条动摇了人们对资本主义的信心。马克思对资本主义的批判重新获得了人们的关注，但与此同时，斯大林政府以马克思主义之名实施的经济政策扭曲了马克思主义政治经济学，为后者的应用实践造成了不利影响。

凯恩斯主义经济学的出现

同一时期，英国经济学家约翰·梅纳德·凯恩斯提出了一种新的经济学理论来解释经济危机爆发的原因以及政府该如何通过干预来应对经济危机。凯恩斯的主要思想为以他的名字命名的经济学派，即“凯恩斯主义经济学”奠定了基础。凯恩斯及其后继者将大萧条的经济崩溃归咎于总需求不足。生产商无法销售他们的产品，是因为消费者的购买力不足，继而生产就会受到严重影响，经济就会陷入混乱。凯恩斯主义认为政府应该通过增加支出来应对经济危机，以创造就业机会，推动经济增长。

凯恩斯倡导的不仅仅是政府采用传统的“启动泵”式的经济政策，即通过有限的临时政府支出来提振低迷的经济。在他看来，维持现代资本主义经济正常运行所需的政府开支必须是庞大且不间断的。而依

靠税收并不足以维持该经济政策所需的庞大的政府资金。额外的资金 131
缺口必须由赤字支出提供。为了刺激经济，政府不仅要维持财政赤字，还需要不断增加财政赤字。

有人曾对他的经济理论提出质疑："凯恩斯先生，您的设想怎么可能实现呢？一个国家的经济怎么可能永远承受越来越大的预算赤字？从长远来看会有怎样的后果？"

对此，凯恩斯的回复是"从长远来看，到那时我们已经都不在了"。他的意思是，这个终极问题应该留给子孙后辈和他们那个时代的经济学家去解决。[2]

凯恩斯的理论吸引了罗斯福的关注。作为美国总统，罗斯福有权将他的政治经济学观点付诸实践。罗斯福新政的精神内核来源于凯恩斯主义，但其政府在 20 世纪 30 年代的财政赤字方面过于保守，无法使美国经济摆脱大萧条的影响。最终将美国经济从泥潭中拉出来的是第二次世界大战强加给罗斯福政府的巨额赤字支出。战争开支刺激产生了巨大的经济总需求，数百万失业工人重新找到了工作，大萧条迅速结束。

第二次世界大战结束后，凯恩斯主义在美国大学的经济系中占据了绝对优势。然而，还是有少数顽固派学者反感凯恩斯提出的有关私营企业最终必须依赖公共部门才能生存的观点，他们斥责凯恩斯是一个"社会主义者"。这个身份标签实则并不准确。凯恩斯主义的主要目的在于拯救资本主义制度，使其免于自我毁灭。然而，伴随着冷战的开始和麦卡锡主义的兴起以及美国政府打击"赤色分子"的策略，凯恩斯主义经济学的影响力被削弱了。

20 世纪中期

冷战期间，经济学裹足不前

第二次世界大战后，意识形态给经济学施加的禁锢达到了顶峰，使得经济学发展僵化，停滞不前。学院派经济学家无法客观地讨论非主流意识的经济观点，否则就会被扣上同情共产主义或亲苏的帽子，并失去教职。大多数学者屈服于美国政府强制的一致性和自我审查，
132 他们的才智并非用于对客观知识和真理的无私追求，而是浪费在全盘接受国际化的市场经济体系绝对优势的观点上。

经济学家的研究内容局限于自由市场体系范围内的问题，回避研究任何可能与之相矛盾的新知识。因而，20 世纪中期的经济学建构了一套完整的理论框架，用以证明商业利润体系存在的合理性。与其他门类的科学一样，经济学研究的最终目的在于商业盈利。

凯恩斯主义的落幕和芝加哥学派的兴起

虽然战后美国军费的开支下降，但援助欧洲重建的马歇尔计划的实施所需的巨额支出维持了美国高水平的经济需求总量。随着时间的推移和经济的复苏，人们对资本主义经济的信心也随之恢复。

在 20 世纪 50 年代初期，大萧条时期的梦魇已经散去，私人投资者愈发将巨额的政府支出视为可怕的竞争者，而不是救星。他们的政治盟友转而开始反对罗斯福的新政政策。大力倡导自由主义和自由市场的理论最终取代凯恩斯主义成为经济学界中主流思想。

以米尔顿·弗里德曼和弗里德里希·哈耶克为首的反凯恩斯主义者被称为新古典经济学家。但在当今的社会背景下，也许称他们为原

自由主义者更为合适。早在 1944 年，哈耶克就在其颇具争议性的著作《通往奴役之路》中提出激进的自由市场主义的观点。由于弗里德曼和哈耶克都曾在芝加哥大学任教，因而他们及其追随者被称为“芝加哥学派”。尽管凯恩斯主义在美国 20 世纪 70 年代初仍然具有相当的影响力，但从那时起，芝加哥学派在美国大学经济系逐渐兴起，并开始占据主导地位。

意识形态的两极分化和越南战争

20 世纪 60 年代，美国的意识形态分歧继续存在且愈发扩大。东南亚的地缘冲突迅速成为国际安全局势的动荡中心[3]，加剧了美国社会意识形态的进一步分化。一方面，美国国内的好战分子支持美国介入中南半岛的战争；另一方面，数以百万计的美国年轻人涌上街头抗议本国的军事侵略行为。

美国青年激进的反战运动蔓延到了大学校园中，甚至削弱了经济 133
院系内部自由经济理论在冷战时期形成的一家独大的地位。随着对占据主流的新古典经济学理论的批评日益增多，对美国经济发展模式的争论逐渐开始允许马克思主义经济学家发表观点。

与此同时，自由市场信念的捍卫者们也不甘示弱，加大了宣传力度。在 1964 年的美国总统竞选中，巴里·戈德华特（Barry Goldwater）说出了那句颇具争议的名言：“捍卫自由的极端主义并非罪恶”，大肆宣扬不受管控的自由主义。自那以后，美国保守主义社会运动*变得越来越极端，也就是说，越来越不保守。

被嘲讽为“冷战自由主义者”或“国务院自由主义者”的好战知识分子开始质疑自己到底是不是自由主义者，许多人发现他们并不是传统意义上的自由主义者。其结果是保守主义思想在美国大行其道。以欧文·克里斯托尔（Irving Kristol）、诺曼·波德霍雷茨（Norman Podhoretz）等为代表的公知们背离了自由主义的理念，自称为“新保守主义者”，一场新的思想运动就此拉开序幕。新保守主义者对经济学的贡献是对供给经济学（supply-side economics）理论的热情支持。这个未经证实的理论认为大幅减少对企业和超级富豪的税收将刺激经济的增长，从而使所有美国人受益。被称为新保守主义教父的克里斯托尔爽快地承认，他虽然并“不确定”供给经济学理论的“经济价值，却很快发现了该理论背后的政治可能性”。[4]

继该理论之后，美国社会又出现了一个更加反动、态度更为强硬的经济学谬论。

今非昔比的自由主义者

距今不久以前，自由意志主义的定义曾包含着更多的政治多样性。像大多数意识形态一样，它涵盖了许多种立场和原则。一些自由意志主义者表达了对传统意义上的诸多进步运动的关注，如隐私权、公民自由和反军国主义。

但在 20 世纪 80 年代，在英国撒切尔政府和美国里根政府的鼓励

---

* 美国保守主义运动是“二战”以后出现的、相对于美国自由主义运动而存在的一种涉及美国社会、政治、文化、思想的运动，它的基本指导原则是：自由优先于平等，秩序无比宝贵，宗教信仰十分重要。

和支持下，一种新的、饱含恶意的自由意志主义思潮开始涌现。新自由意志主义的中坚分子们已经摒弃了前辈们较为温和的思想观念，嘲讽他们为无能的“传统自由意志主义者”。当今天的自由意志主义运动鼓吹捍卫个人权利时，它真正捍卫的是个人财产权，而对绝大多数 134
人的人权毫不在意。在这种极端自由主义的世界观中，没有财产的个人就没有权利。[5]

新自由意志主义者的胜利绝不是一个自发过程的社会形态，也不是优秀思想驱逐错误思想的案例。要了解它是如何产生的，就必须意识到金钱在其中扮演的重要角色。

尽管新自由意志主义的理论观点和政策主张是由右翼学者提出的，但使抽象的理论变成具体现实的却是由大约 500 名超级富豪组成的科赫联盟。也正是他们使得一种小众的异端邪说演变为一种信徒众多的新信仰。

再见共和党（GOP）*，你好科赫网络（KDN）

传统意义上的共和党实际上已经被一个极右翼的政党所取代，称这个政党为 KDN（Koch Donors Network），即科赫网络[6]也许更为恰当。2017 年，这个秘密政党与时任美国总统特朗普合谋，通过了税收和预算法案，从普通美国家庭手中拿走了 1.5 万亿美元，转移到了富人的资产中。

在政治领域，科赫网络“无论是在规模、范围还是预算方面都与

---

* GOP 是“Grand Old Party”的简称，是共和党的传统昵称，被广泛用于美国政治报道中。

共和党全国委员会不相上下”。截至 2017 年，其基层组织机构“美国繁荣委员会”（Americans for Prosperity）在数十个州都设有分会。[7]

科赫联盟每年举行一次秘密集会，数百名美国富豪聚集在一起，是政府参议员、国会议员和州长争相恭维的对象。科赫联盟的发言人在 2017 年的会议上宣布，该组织计划投入 3 亿至 4 亿美元以影响 2018 年的中期选举。在该会议举行的前一天，查尔斯·科赫私下会见了时任美国副总统迈克·彭斯（Mike Pence），后者是科赫网络与特朗普政府的主要联络人。[8]

虽然无法对特朗普白宫办公室及其政府各级机构的所有工作人员追本溯源，但他们并不是右翼政治分子的随机组合。其中很大一部分政府工作人员是由科赫网络所资助的自由意志主义智库培养的干部。此外，右翼智库传统基金会的很多成员也牵涉其中，甚至包括长期担任该智库领导人的埃德温·费尔纳，他负责选择合适的人员参与特朗普政府的行政工作。一名调查记者描述了特朗普的“过渡团队”是如
135 何运作的：“几个月来，传统基金会的成员一直在筛选、审核、推荐人选，以便在特朗普政府中安插保守派官员。”[9]

“小政府”理念的骗局

资金雄厚的自由意志主义研究机构专心致力于“解构行政国家”。右翼反税收人士格罗弗·诺奎斯特（Grover Norquist）所说的名言表达了自由意志主义的“小政府”理念，“我不想废除政府。我只是想把它削减到一定的程度，以便我能够把它拖到浴室里让它淹死在浴缸里”。[10]

自由意志主义者谴责“国家主义”和政府对经济所施加的诸多影响，唯有一种情况例外：他们需要依靠国家的力量来捍卫财产权，而财产权正是他们自由观念的基础。这种理念的矛盾产生了深远的影响：自由意志主义者一方面要求彻底摧毁政府权力，另一方面他们又造就了有史以来最强大的军事国家或“国家安全国家”。

沽名钓誉的詹姆斯·麦吉尔·布坎南

詹姆斯·麦吉尔·布坎南作为经济学教授所做出的学术贡献[*]充分说明了自由意志主义思想对经济学发展的毁灭性影响。布坎南在 1986 年凭借公共选择理论获得了诺贝尔经济学奖，但他对经济学的实践运用，即建构基于相互交换获益的政治决策理论事实上嘲弄了经济学作为一门科学的概念。

作为将自由放任主义经济学推向极端自由主义的芝加哥学者之一，布坎南可以说是该意识形态最身体力行的倡导者。诺贝尔经济学奖得主的身份并没有为他带来广泛的知名度和影响力。这一反常现象背后的原因是什么？

布坎南不是一个喜欢抛头露面的人。他之所以没有把自己的理论观点广而告之，是因为他不想让公众了解该理论的运作模式。他认为，某些关于现实社会的重要真相应该隐藏在公众的视野之外。2013 年，在布坎南去世后，他的私人文件显示，他曾向合作者发出警告：“阴谋保密在任何时候都是至关重要的。”[11]

---

* 布坎南最著名的理论是公共选择理论，即以微观经济学的基本假设（尤其是理性人假设）、原理和方法作为分析工具，来研究和刻画政治市场上的主体的行为和政治市场的运行。

布坎南发现的秘密真理是，民主和“自由”互不相容，因而为追求“自由”，民主必须被压制。“专制，”他曾经写道，“可能是当今政治体制的组织机构唯一的替代方案。”这里的政治体制，他指的是美国宪法所定义的政治体制。[12]

136 **创造者与索取者**

在布坎南的世界观中，人口被划分为（借用安·兰德笔下形象生动的术语来说）**创造者**和**索取者**两个类别。这里的创造者是资本的所有者，作为生产阶级，他们的盈利行为促进了国民经济的增长；而索取者指代的是懒惰的大众。在布坎南看来，任何将创造者获取的财富重新分配给索取者的税收制度都是一种不道德的、赤裸裸的抢劫，而政府对创造者商业行为的任何监管都是对其自由的侵犯，属于犯罪行为。[13]

世界经济史的确是一部索取者掠夺创造者的血泪史，但布坎南的解释颠倒了该关系中的主客体位置。美国经济的巨大繁荣首先来自非洲奴隶的农业生产，即亚伯拉罕·林肯所称的“奴隶们250年来无偿劳动积累的财富”；其次来自产业工人的低薪劳动所带来的工业生产。占据美国人口少数的南方种植园主和北方制造业主通过侵占劳动者所创造的剩余价值，积累并传承了巨额的家族财富。那么，谁是真正的创造者，谁又是索取者难道不是显而易见的事吗？

劳动剥削者的不义之财使他们获得了政治权力，进一步限制了劳动者的选举权，并建立了一套完整的法律体系来维护不公正的经济秩序。雪上加霜的是，奴隶主们和强盗大亨们还通过意识形态宣传来赋予自己的剥削行为以正当性，从社会达尔文主义到自由意志主义，皆是如此。这些意识形态否认并贬低了劳动者在创造现代美国经济中的巨大作用。

要理解布坎南歪曲历史事实的严重程度，读者不妨参照一下美国内战后被释放的奴隶们的困境。他们被迫离乡背井，几十年来一直被暴力剥夺劳动成果。他们在内战后的南方生活极度贫困，许多人不得不依靠联邦政府的微薄援助来维持基本生存。在布坎南看来，他们就是可鄙的“索取者”。

自由意志主义的实践者？

在那些自诩经济学家的学者中，布坎南带来的社会危害性最为严重。他不仅公开宣扬反民主思想，还提出了如何将该思想成功转化为实践的真招实策。这个危险的社会改革家找到了将右翼经济理论转化为公共政策的方法。有人认为，布坎南是自由意志主义运动的关键缔造者。作为理论的实践者，他之于自由意志主义的重要意义不亚于列 137
宁之于马克思主义的重要意义。[14]

布坎南把他从芝加哥学派那里学到的激进理论带到了弗吉尼亚大学，创建了一个更为极端的经济学派——弗吉尼亚学派，其执行机构是弗吉尼亚大学的托马斯·杰斐逊政治经济学研究中心（Thomas Jefferson Center for Studies in Political Economy）。该中心由布坎南在1957年创立，旨在培养“一批新思想家”，挑战“政府在经济和社会生活中日益重要的地位”。[15] 为实现这一目标，“宪法改革”不可避免。而这场改革将暗中改写美国的经济规则，以牺牲多数人的利益来鼓足少数人的腰包。而改革的主要目标之一就是彻底废除社会保障、公共卫生和公共教育系统。

布坎南的研究中心是美国当代自由意志主义运动的开端。他设想创建一个由“庞大的政治权力网络”支持的“反知识分子”（counterintelligentsia）团体，以取代现有建制中的知识分子。[16] 显然，布坎南的学说为实力强大的自由意志主义智库及拿钱办事的学者和说客们绘制了实施蓝图。

如果没有必要的经济支持，布坎南的设想终究是蓝图一幅，无法执行。1983 年，他重组了乔治梅森大学的学术机构，将其更名为公共选择研究中心。被《华尔街日报》称为“保守派学术界的五角大楼”[17] 的乔治梅森大学，是布坎南实施设想的理想场所。

如上所述，乔治梅森大学和布坎南公共选择研究中心从科赫兄弟那里获得了数千万美元的捐款。该研究中心持续地为科赫商业帝国提供人才支撑，年轻的知识分子将充实科赫家族赞助的智库，为科赫家族资助的国会议员撰写演讲稿，并进入特朗普政府担任职务。然而颇具讽刺意味的是，理念的分歧最终导致布坎南与财大气粗的科赫兄弟分道扬镳。他于 2007 年“退休”，或者说被迫离任，而科赫兄弟直则接掌控了布坎南公共选择研究中心。

对布坎南科学实践的评判

布坎南的经济学研究中心所标榜的科学理论不是建立在客观前提之上，而是建立在这样一种道德判断之上，即绝大多数人都是资产阶级的经济寄生虫。此外，布坎南的公共选择理论（该理论为他赢得了

诺贝尔奖）所采用的还原主义方法论从根本上说并不科学。 138

公共选择理论将现实世界的经济决策简化为枯燥抽象的数学博弈论。除非人类沦为完全由利益驱动的机器，在此情况下博弈论或许可以用来解释某些经济行为。[18] 但布坎南将基于人性本恶论的数学模型应用在于复杂的社会互动中。

历史学家南希·麦克莱恩（Nancy MacLean）将研究者们根据公共选择理论推断出的社会秩序描述为“个人总是为了个人经济利益，而非基于集体的共同利益而行动”。在她看来，布坎南和他的理论家同行们只是在进行

> 思想实验，或者说是没有真正的研究内容，没有事实支撑的假设场景推理，且他们的分析本身否认了同情、公平、团结、慷慨、正义和可持续性等行为动机。[19]

简而言之，布坎南的理论出发点不是为了获取关于经济学的新知识，而是为了证明经济利益极度不平等的经济体系有其存在的合理性。这不是科学，而是谎言。

美国经济学能否绝处逢生？

在本章的开头，笔者就说过经济学研究设定的目标在于改善人们的物质条件。这显然不是当今美国经济学行业的目的，因为其推崇的“增长”和“紧缩”政策事实上造成了越来越多的财富分配不公以及经济的不可持续失衡性。

要使美国经济学恢复健康，首先需要营造科学客观性所需的自由和公开辩论的社会氛围。批判与自我反思对于经济学的发展至关重要，需要强有力的制度规范、公众监督以及权力公开运行的透明度来维护。只有当重新定位的经济学实现了以上的所有条件，它才可以被称为一门科学。

II 美国科学的军事化

第十一章

科学驾驶着毁灭的战车

科学的意义何在？有人认为是为了扩充人类知识宝库的储量，而 140
对知识的效用则不应做任何限制。但绝大多数民众期望科学研究产生的知识技术能以多种方式造福于人类。人们希望，从最基本的底线来说，科学不会危害人类的健康、幸福和整体福祉。

不幸的是，美国政府以科学之名花费的数万亿美元主要用于完善军事死亡技术，即寻求以新的、更高效的方法进行大规模屠杀。[1] 也许有读者认为这样的表述有夸大其词之嫌，那么不妨考虑以下所列证据：

- “万亿美元”：官方数据显示，从越南战争结束到 2017 年，美国政府用于科学研究的支出总计超过 28 590 亿美元，接近 3 万亿美元。[2]
- “主要投入”：与国防相关的研发支出占美国政府总研发费用的一半以上。[3]

至于这些国防研发开支的最终目的，军方给出的理由是战争所需，而战争的焦点在于杀死敌方战斗人员。“我不想拐弯抹角，”特朗普政府的国防部长詹姆斯·马蒂斯（绰号“疯狗”）（James “Mad Dog” Mattis）宣称，“我需要打造一支更具杀伤力的军队。”[4]

这数万亿美元的研发费用被用于不断扩大核武器和高科技武器的
141 储备。美国军工产业的说客和与其沆瀣一气的政客只会让人们对战争的死亡阴影习焉不察，忽视或否认由此带来的犯罪和危险。

美国战争费用的规模

一位军事开支经济学专家表示，一笔“数目惊人的税收费用”，

> 年复一年地被用来补贴美国军工复合体，其数额之高本应（但事实并非如此）令人难以置信。2019 年，五角大楼的开支实际高于朝鲜战争或越南战争期间军费支出的最高水平，而且考虑到通货膨胀的因素，美国军费开支可能很快就能达到冷战时期平均军费开支的两倍。[5]

2019 年 7 月，由共和党人控制的参议院以及众议院的民主党人一致通过了 2020 年联邦预算法案，其中包括了 7380 亿美元的军事预算。[6] 该预算将占联邦政府可自由支配开支总额的一半。然而，以上数字并不包括美国政府所有的军事开支。以往战争的后续费用，包括军费赤字所造成的大额国债利息，以及退伍军人事务部的开支，也应该算进去。国务院、国土安全部、美国国家航空航天局和其他一些相关机构的预

算也应如此。加上所有这些费用，军费占联邦政府开支的份额将从原先的一半上升到三分之二，用于战争的绝对开支翻了一番，达到每年约 1.25 万亿美元。[7]

将这高达 1.25 万亿美元的年费用除以 365 天，读者会发现美国每天用于过去的、当下的和未来的战争上的费用就超过了 34 亿美元，也就是每小时 1.4 亿美元，或者说每秒钟将近 4 万美元。读者不妨稍作停顿，对这些数字思索一番。对于美国的普通民众来说，他们自然会质疑自己缴纳了如此高额的税，享有的公共福利却如此之少的真正原因！

此外，美国国家航空航天局的预算也应该算作战争开支，因为该机构昂贵的太空探索活动和航空研究代表了变相的军事开支。美国国家航空航天局开展研究所获的拨款资金并不是为了满足太空爱好者的需求，而是为了满足五角大楼及其供应商的需求。一直以来，美国军事专家都将“外太空”视为国际战略竞争的制高点，他们试图在竞争中占据绝对优势，这样中国和其他潜在对手就只能屈居其后。如果说之前人们对美国国家航空航天局的军事战略目的还存有疑虑，那么随着特朗普总统签署指令，宣布成立太空部队（space force）作为美国 142
武装力量的一个独立分支[8]，这一观点已经确认无疑了。需要注意的是，虽然核武器通常被算作军事开支，但所谓的“核能为和平服务”项目却不包括在内。事实上这些民用核能项目也应算在此列。[9]美国政府对伊朗核计划的强烈反对足以说明利用核裂变发电的核电厂背后的重要军事意义。

此外，国务院的预算是否也应该包括在战争开支之列？作为美国政府的外交机构，国务院本应将其外交努力集中在避免战争上，但事实并非如此。想想看：美国国务院的外交政策包括组建像北约这样的军事联盟，打造“自愿联盟”来入侵其他国家以及实施经济制裁，造成被制裁国家的人员伤亡。联合国的一份报告显示，567 000 名 5 岁以下的伊拉克儿童因美国对伊拉克实施的制裁而死亡。当时任美国国务卿马德琳·奥尔布赖特（Madeleine Albright）被问及她如何看待由其本人主导的经济制裁时，她冷静地回答，“我们认为这样的代价是值得的”。[10]

此外，正如政策评论员查尔默斯·约翰逊（Chalmers Johnson）所评论的那样，美国在许多国家的大使馆并不是“真正的大使馆”，更像是“一个个高墙大院，类似于中世纪的堡垒，在这个空间之内，聚集着美国间谍、士兵、情报官员和外交官员。他们试图在一个处于战争状态的地区监视敌对人群”。[11] 最后提醒一下，无论通过何种方式来计算美国军队的开支情况，都会发现五角大楼的巨额经费开支竟是一笔糊涂账。

五角大楼至少有 6.5 万亿美元开支不明去向

尽管美国法律要求所有的联邦部门都必须遵守同样的问责条例，但美国国防部几十年来一直无视这项规定，并逍遥法外。以上情况并不是反军国主义的批评者们毫无根据的指控，而是来自国防部监察长办公室的官方结论。该办公室 2016 年的一份报告表示，五角大楼的财务报表“并不可靠，缺乏充分的跟踪审计”。[12] 结果导致美国陆军数年来共有 6.5 万亿美元的不明开支。[13] 而这6.5万亿美元仅仅代表了美国陆军无法追查去向的军费开支。美国海军、空军和海军陆战队还存在多少万亿美元类似的不明去向的军费开支？

五角大楼的开支缺乏问责监管的情况并不是简单表现为记账混乱 143
的问题。其不明去向的开支中隐藏着美国民众一直以来并不赞成、将来也不会赞成的秘密活动资金，该资金用于全世界135个国家的黑色基地、黑色行动、秘密战争和“幽灵兵力”[14]的开支。在军事科学支出方面，还包括为BSCT（行为科学咨询小组）等项目提供资金，该项目旨在为美军在关塔那摩湾监狱和其他军事监狱的审讯中更好地施用酷刑[15]提供指导。

战争何为？

1789年，美国政府成立了名为战争部（Department of War）的军事机构，该名字一直沿用了两个多世纪。然而，在第二次世界大战结束两年后，该机构去掉了名称中的“战争”一词，并于1949年正式更名为国防部（Department of Defense）。

美国军事机构的更名成功地达到了既定目的。在偏执的冷战思维影响下，美国民众已经下意识地将无限量的军备建设等同于防御的必要条件。与此同时，美国正处在麦卡锡主义的阴影笼罩下，极端势力使得人们无法对冷战政策提出异议。然而，美国的防御姿态极具欺骗性。自第二次世界大战以来，美国在全球范围内部署的军事力量，并不是为了防御对国家利益或公民发动的任何形式的攻击，而是为了积极扩大美国在全球的经济主导地位。在日不落帝国丧失了其世界霸主地位之后，美国在大洋彼岸成为新任世界霸主。

需要说明的是，美国式的帝国主义是另一种性质的帝国主义，其与传统帝国主义的差异产生了新的政治术语，比如新殖民主义和新帝国主义。不同于传统帝国主义采取直接侵占领土的手段来控制他国，新帝国主义通过实施间接的资本和经济手段，辅之以持续的军事威胁来更有效地进行控制。

在本书第十章，笔者已经叙述了经济学作为一门社会科学是如何被用来证明资本对社会日益增长的把控具有其存在合理性的。而战后世界秩序的奠定则需要社会科学的另一分支学科为其提供理论依据。

144 ## 政治学家和美国世纪的粉墨登场

为满足新帝国主义的勃勃野心，在美国校园里，一门被称为政治学的社会科学在设计和推广相关意识形态方面发挥了重要作用。在第二次世界大战结束后的初期，美国政府以公开追求“美国世纪”的形式来掩盖其全球扩张的野心。秉持新保守主义的政治学家和相关智库出于自身的目的开始对政治学进行种种误读。当然，这都是后话了。

第二次世界大战结束后，美国成为唯一一个工业基础完好无损的超级大国，而它的敌人和盟友都已陷入经济崩溃。美国的资本似乎踏上了一条光明大道，其规模和实力在国际资本主义市场上无可匹敌。而以核武器垄断为基础的军事实力反过来又成为美国资本的坚强后盾。这一切都预示着“美国世纪”即将到来。

然而，美国的世界霸权地位还面临着一个主要威胁。国际经济体量中有相当大的一部分并不是资本主义，这部分经济是由苏联控制的。

然而，此时的苏联因为受到德军的猛烈打击而元气大伤，被认为无法抵挡美国的强大力量。在“美国世纪”的愿望清单上，最重要目标是让苏联经济重新向资本主义开放，而这就是冷战的原动力。

苏联的意外之举

令美国政府懊恼的是，事实证明苏联的计划经济比鼓吹自由市场理论的经济学家所推断的更具发展韧性。苏联经济不但没有陷入崩溃，反而迅速重建了重工业，一跃成为与美国竞争的超级大国。

与此同时，苏联在科学领域也进入了超级大国的行列，先后打破了美国在核能和热核领域的垄断。苏联将全球第一颗人造卫星送入轨道以及苏联宇航员尤里·加加林开创了人类进入太空飞行的新纪元，进一步证明了苏联强大的科学实力。

此外，世界上那些与美国资本隔绝的区域非但没有萎缩和消失，反而开始扩大。在第二次世界大战结束后的三年之内，东德以及波兰、捷克斯洛伐克、匈牙利、罗马尼亚、南斯拉夫、保加利亚和阿尔巴尼亚的全部地区都加入了苏联的经济体。一年以后，也就是1949年，对于美帝国主义最大的打击来临：中国革命胜利。美国的政客为此哀 145
叹“失去了中国市场”。

中华人民共和国的成立为亚非拉各地反美国新殖民主义的民族解放斗争树立了榜样。1959年，一个距离美国海岸仅90英里的岛屿[*]毅然退出了世界资本主义体系。对于美国政府而言，建立一个以市场为

* 这里的岛屿指的是古巴。1959年春，古巴发生革命，推翻了亲美政府，1961年卡斯特罗宣布开始社会主义革命。

基础的、美国治下的全球和平帝国的梦想已经破灭……但并未消逝。

在 20 世纪 90 年代初，世界政治潮流发生了戏剧性的转变。苏联的解体和东欧剧变终结了相关国家政府对其经济的管控，开始重新实施私有化和自由市场。中国政府推行改革开放，允许大力发展私营经济并促进外资增长。

美国新世纪

冷战结束后，美国成为世界上唯一的超级大国，重燃了称霸全球的美国梦。新保守主义政治学家们充当了意识形态的急先锋，不遗余力地使美国梦成为现实。威廉·克里斯托尔（William Kristol），美国新保守主义教父欧文·克里斯托尔的儿子，是发起这场意识形态斗争的领袖之一。他和新保守主义者罗伯特·卡根（Robert Kagan）在《外交事务》（*Foreign Affairs*）杂志上发表了一篇开创性的文章，提出了他们的愿景，呼吁建立在美国领导下的"仁慈的全球霸权"。他们充分意识到，仁慈必须通过武力来实现。为此他们建议政府每年增加 600 亿至 800 亿美元的军费开支。[16]

1997 年年初，克里斯托尔创立了极具组织影响力的"美国新世纪计划"（Project for the New American Century，简称 PNAC）研究机构。他邀请迪克·切尼、唐纳德·拉姆斯菲尔德、保罗·沃尔福威茨和杰布·布什等名人[17]签署了 PNAC 的《原则声明》。该声明称"如果美国现在需要履行全球责任，并在未来实现美国军队的现代化，美国就需要大幅增加国防开支"。[18]最让人感到不安的是该申明公开呼吁"在危机出现之前就先加强塑造战略环境，在对方的威胁升级之前就先应对威胁”，明确表明美国先发制人的军事战略。[19]美国新世纪需要的领导者不会因单方面行使军事力量而感到不安。

民主、共和两党都渴望建立一个军事化的美国新世纪。这一点不 146
仅体现在言语上，也落实在具体行动上。从冷战结束后到1999年克林顿总统执政时期，“美国已经进行了近40次军事干预……与之相对应的是，在整个冷战时期这样的军事干预只有16次”。[20]时任克林顿政府国务卿马德琳·奥尔布赖特深谙美国新世纪的理念，用一句话就点出了精髓：“如果我们不能动用这支优秀的军队，拥有它又有什么意义？”[21]

美国各政治派别的其他智库也纷纷加入这一行列。两党外交关系委员会率先在其杂志《外交事务》上刊登了克里斯托尔的新帝国主义计划，民主党的进步政策研究所也赞同“美国新世纪计划”提出的美国全球统治的主张。[22]

1998年1月，“美国新世纪计划”向时任总统克林顿发表了一封公开信，要求他“采取军事行动”推翻萨达姆·侯赛因政权，以维护“整个中东”的稳定。[23]而“九一一”事件给了PNAC充足的理由来获取公众对其“强硬的美国外交政策”运动的支持。一小群伊斯兰狂热分子摧毁世界贸易中心大楼的行为激起了美国国内广泛的复仇呼声和对穆斯林世界的现代讨伐。

包括布鲁金斯学会和美国企业研究所在内的多家美国智库都不遗余力地劝说美国政府继续发动战争，并说服美国民众支持战争。进步政策研究所与“美国新世纪计划”联手，促成美国政治精英对采取军事行动达成了共识。他们坚持认为，要打败“现代性的敌人”，美国就必须在世界舞台上发挥领导作用，必要时需要使用军事力量。

特朗普政府提高军费开支并削减科研经费

唐纳德·特朗普竞选总统时曾承诺会大幅增加军费开支。他的确遵守了承诺。首先，他在奥巴马政府 2017 年提交的军费预算中增加了 300 亿美元用于反恐战争，然后在他执政的 2018 年又增加了 1270 亿美元的军费预算。[24]

147 正如《纽约时报》的一篇社论所哀叹的那样，虽然特朗普提议大幅削减医疗保健、医疗保险、社会保障和其他社会福利开支，但“五角大楼仍然被奉为神明，必然会得到更多的经费”。[25] 2016 年美国政府的军事预算为 5840 亿美元，2017 年增加到 6430 亿美元。而特朗普政府 2018 年提出的高达 6770 亿美元的初始军费预算在军事狂热分子的议员看来，无论他们是民主党人还是共和党人，还是远远不够。“民主、共和两党罕见地在国会山达成了共识，参议院以 89 票赞成，9 票反对的结果通过了一项价值 7000 亿美元的军事授权法案，“远远超过了特朗普总统先前提出的金额”。[26] 特朗普于 2017 年 12 月 12 日签署了该法案。

此外，特朗普毫不掩饰其对科学的蔑视，因此人们并不意外地发现联邦政府下拨的研究经费中，随着军用经费占比的提高，非军用项目经费的大幅减少了。“根据特朗普政府的开支计划，五角大楼 2018 财年的研发预算为 849 亿美元，包括战争支出，而 2017 财年的军用研发费用则为 764 亿美元。”与此同时，非国防部门和机构的研发费用则被迫削减，“在某些情况下甚至会急剧减少。例如，美国环保署

2018 财年的研发预算相比于 2016 财年整整减少了 46%，而农业部在同期项目上的支出减少了 25%”。[27] 美国国立卫生研究院的预算也同样被削减了 22%。

军事化的凯恩斯主义

美国战争开支不断增长的真正原因是什么？其中一个值得人们深思的观点是“军事化的凯恩斯主义”，该术语是由美国进步派国会议员巴尼·弗兰克（Barney Frank）创造的。

> 华盛顿政治圈有一套怪异的、自成体系的经济哲学，被称为“军事化的凯恩斯主义”。他们认为，政府为桥梁建设、重要研究或就业培训等提供资金扶持的行为并没有创造就业机会。但如果政府投资建造永远不会用于战斗的战机，就能拯救低迷的经济。[28]

巴尼·弗兰克对美国政府高额战争开支背后的所蕴含的凯恩斯主义立场的把握是准确的。但他将这种经济哲学定义为“怪异的”，暗示了这仅仅是一种错误的、主观的想法，而不是客观的经济现实。弗 148
兰克认为，失控的军费开支只是一个政策决策失误。巨额的军费开支是一个可解决的政治问题，并不能成为当前美国经济体系的永久特征。他提出的解决方案是遏制五角大楼和军火承包商的政治影响力。换句话说，弗兰克并不认为美国节节攀升的军费开支与凯恩斯主义有关，他只是出于讽刺才使用了这个词。

尽管弗兰克所谴责的美军高层、贩卖死亡的军火商和政客的相互勾结是美国政府不断增长的战争开支的驱动因素，但这真的就是其背后真正的动机吗？还是像凯恩斯理论所表明的那样，只是对潜在现实的表象？对军事化的凯恩斯主义有一种直接的（而非讽刺的）解释认为，经济体系本身依赖于近乎天文数字的战争支出来维持生存。

这种观点值得人们关注。在当今的美国社会，科研的形式、内容和方向深受与武器相关的研究费用的影响，因此了解这些资金的用途对于理解科学在当代美国所处的位置至关重要。

对凯恩斯主义的重新思考

凯恩斯主义是一种理论，旨在解释为什么会发生像 20 世纪 30 年代的大萧条那样的经济崩溃。[29] 该理论成立的前提是基于一个假设，也就是说，如果整个理论得以成立，那么这个未经证明的假设必须被视为正确的。在凯恩斯主义的理论体系中，假设的基础是，经济危机是由“总需求不足”引发的。作为这一理论的必然结果，军事化的凯恩斯主义也是基于同样的假设基础。

美国经济的发展是否与战争开支密不可分并不能通过凯恩斯主义的公式演绎来证明。但军事化的凯恩斯主义为宏观经济现象提供了一个非常合理的解释，这一点不能忽视。大萧条的经历表明，政府不能指望供需这只看不见的手使停滞不前的经济恢复平衡。凯恩斯的观点促进了美国政府的经济改革，包括采取社会保障和失业保险等反周期
149 措施，以缓和工人失业时购买力下降对经济的影响。但凯恩斯主义理论的核心在于，需要大规模的政府赤字支出来维持总需求。

然而，罗斯福新政时期进行的公共工程所需的赤字开支太少，不

足以重振美国经济。真正发挥作用的是前所未有的、巨额的军事开支。正如经济学家保罗·克鲁格曼所言，正是“规模庞大的公共工程项目，也就是众所周知的第二次世界大战，才结束了经济大萧条”。[30]战后，为了防止世界经济再次陷入生产过剩的终极危机，政府不仅需要持续性地维持赤字支出，而且必须不断扩张财政赤字。尽管美国政府曾经试图为疯狂上涨的军备开支按下“暂缓键”，但该努力最终以失败告终。美国历史上昙花一现的“和平红利”说明了军事化的凯恩斯主义的根深蒂固。

第二次世界大战后的和平红利

1945 年德国和日本的战败让大多数美国人欢欣鼓舞，但并非所有美国人都是如此。那些靠军事合同发大财的军火商发现自己面临着突如其来的需求不足。厌倦战争的美国公众不愿意继续为美军的荣誉提供资金支持，然而这种情况很快便有所改变。国际共产主义运动的风起云涌把“美国人民吓得魂飞魄散”。据说，参议员阿瑟·范登堡（Arthur Vandenberg）的这句经常被人引用的名言加快了杜鲁门主义（Truman Doctrine）的出台，该主义承诺向所有“正在抵抗武装分子或外部势力征服意图的自由人民”[31]提供军事支持。

事实证明，美国政府口中的自由人民的敌人仅限于一种特定类型，即那些与苏联有关的国家或组织。杜鲁门主义催生了冷战时期美国反共主义的兴起，并在后续的 40 多年内为政府军事化的凯恩斯主义的正当性提供了强有力的支撑。

越南战争后的和平红利

美国的反共运动在麦卡锡时代达到顶峰，然后随着美国青年的反越南战争情绪高涨而逐渐陷入低潮。战争结束后，美国一些进步的政
150 治家宣称不再需要不断增加战争预算，从而酝酿了美国历史上另一个和平红利时期。

事实的确如此。美国政府的军事开支在 1973 年后开始减少，到 1980 年减少了 25% 之多。但美国经济无法长期拒绝巨大的军事红利诱惑。1980 年里根当选后，美国军费迅速反弹。在他的第一个任期结束时，军费开支已经超过了越南战争期间的水平，而且还在继续上涨。出于畏惧而产生的反共主义开始卷土重来。

冷战后的和平红利

但在 20 世纪 80 年代末，冷战开始走向终结。1991 年 11 月柏林墙的轰然倒塌标志着冷战的彻底结束。美国不再需要投入大量科技资金与业已解体的苏联开展军备竞赛。人们广泛预计会出现另一波和平红利，而且五角大楼的军费预算确实短暂地下降了几个百分点。政府官员不愿让这种情况持续下去，他们需要为维持高支出的军事研发寻找新的理由。但直到“九一一”事件发生之前，美国政府都很难说服民众接受无限制的军事预算。而永无休止的反恐战争，终于为美国政府的“永久性战争经济”提供了完美的理由。

该现象背后的底层逻辑是，只有一种方式能够对抗自由市场以及受利润驱动的经济体系的周期波动，即每年数千亿美元的军费开支为高科技研究和工业生产创造了巨大的人造市场。不出所料，主流评论

者强烈否认不断上涨的军费开支背后存在着更加黑暗的动机。他们坚持认为五角大楼的军费预算对就业市场的影响可以忽略不计，但这只是一种混淆视听和滥用统计数据的做法。事实上，军工企业直接或间接地为美国的制造业提供了大约 13% 的就业机会。[32]

如果考虑到经济学中的“乘数效应”*，美国的军工企业实际上创造了数以百万计的服务岗位，其影响范围甚至惠及导弹工厂或军事基地旁的餐馆收银员。需提醒读者注意的是，当前美国还有 200 多万现役和预备役军人（顺便说一句，他们并不包括在官方的就业统计对象 151
中）。综合考虑所有以上因素，美国的就业、收入和经济需求很难摆脱对持久战争经济的严重依赖。

在世界范围内创造就业岗位

美国政府致力于通过军事支出来创造就业岗位，其相关证据随处可见——无论是在美国本土还是在世界范围内。在美国，五角大楼故意将资金分散到尽可能多的国会选区，以赢得更多的选民支持其数十亿美元的预算。调查记者詹姆斯·菲罗斯（James Fallows）列举了一个典型案例：

> 在 20 世纪 80 年代末，美国国会中所谓的廉价鹰派议员们试图削减 B-2 轰炸机的资金。该提案在 46 个州和不少于 383 个国会选区（总共就 435 个选区）都铩羽而归。[33]

---

* 乘数效应（multiplier effect）是一种宏观的经济效应，也是一种宏观经济控制手段，是指经济活动中某一变量的增减所引起的经济总量变化的连锁反应程度。

至于美国军事在世界范围内的经济影响，据传言，2015 年五角大楼在全球拥有“大约 56.2 万个设施，总占地面积约 2470 万英亩，几乎相当于弗吉尼亚州的面积”。[34] 这就是查尔默斯·约翰逊在书中详尽描述的美国“基地帝国”。[35]

美国军事化的凯恩斯主义也体现在国际武器的销售版图上。长期以来，美国一直是世界上最大的军火商，占据着战机、炸弹和导弹市场的主导地位。洛克希德·马丁、波音、雷神和通用动力等美国主要的武器生产商背靠着五角大楼开展业务。而当这些贩卖死亡的军火商向以色列、沙特阿拉伯、埃及、土耳其及任何其他国家和地区兜售价值数百亿美元的武器时，美国的就业率得到了额外的提升。

为什么有用生产的赤字开支无法阻止经济萧条

正如巴尼·弗兰克指出的，为有效避免经济陷入僵局，政府的赤字支出必须用于完全无用的生产——不能用于住房、食物、衣服或以任何方式使任何人受益的工业产出。简而言之，政府必须故意浪费赤字支出。尽管实证证据表明，政府在“医疗保健、教育、清洁能源和基础设施方面的支出，相比于军费支出，能够实打实地创造更多的就
152 业机会”，[36] 但这并没有导致就业的**净增长**。这是因为投入政府资金来建设学校、支付教师工资、建造住房、高速公路和桥梁会造成与私人资本的竞争，这对民营企业提供的就业岗位数量与其所代表的购买力造成了下行压力。

故意浪费的原则最早体现在罗斯福的公共工程中。这些工程项目根本没有产生任何功效——最臭名昭著的例子是雇用大批工人在荒郊

野外拿着铲子挖长长的沟渠，然后又把它们填满。尽管这样的工程看起来毫无意义，但它支付了工人工资，使他们在不创造更多的剩余产品的前提下能够购买一些剩余产品。但这种明显的浪费是对理性的侮辱，在美国的政治背景下，政府无法向公众解释这样的悖论是资本主义经济制度的固有特征。

如此大规模地浪费社会资源怎么可能是合理行为呢？在现行体制下，最劳民伤财的无用生产是军事武器的生产，尽管在主流媒体的宣传中，后者对于维护美国国家安全必不可少。由此产生了不断增加的战争预算，而战争预算一直以来都是科研经费的主要来源。

这就是"军事化的凯恩斯主义"这个尴尬短语背后所蕴含的真正含义。以目前的形式，美国经济只能通过将永无休止、不断增长的资金浪费在军事生产上来生存。必然造成的可悲结果是，美国科学领域中的很大一部分一直以来都在致力于大规模的故意浪费，现在也依然如此。

一叶障目的善意？

善意的公共利益倡导者们经常指出，浪费在军事战争中的钱本可以有更好的用途。例如，经济学家约瑟夫·斯蒂格利茨和公共政策权威专家琳达·比尔梅斯（Linda Bilmes）以美国在伊拉克战争的头几年花费了 3 万亿美元为例，进行了如下比较：

1 万亿美元本可以用来建造 800 万套额外的住房；本可以额外支付 1500 万名公立学校教师一年的工资；本可以资助 1.2 亿名

> 儿童参加一年的“启智计划”；或者为5.3亿名儿童提供一年的
> 153 医疗保险费用；或者为4300万名公立大学学生提供四年的奖学金。
> 现在把这些数字乘以3就是美军在伊拉克战场上的费用。[37]

这些数据有力地证明了美国公共政策的关注重点已经变得多么扭曲。但是，如果专家们认为简单地将战争资金转向满足社会需求就可以解决问题，那么他们就大错特错了。

如上所述，战争支出的主要目的不是战争，而是防止经济陷入僵局，而有益于社会发展的公共支出无法做到这一点。认为可以通过用进步人士取代鹰派政客来遏制巨额的军事预算，在军事支出和社会支出之间达到“更合理的平衡”，这样的想法只是舍本逐末的一厢情愿。

如果说军事化的凯恩斯主义精准地揭露了美国经济的真实本质，那么对于深陷巨额军费开支的泥潭而无法自拔的美国来说，唯一的补救办法就是彻底根除。这就需要用新的、使大多数人的福祉最大化的经济制度来取代原有的、以少数富人的财富最大化为决策基础的经济制度。

机会成本：未选择的道路

在经济学和会计学中，机会成本的概念与对于资源的替代使用价值的认知有关。如果将浪费在军事研发上的数万亿美元和规模宏大的科技人力资源用于有价值的目标，美国会取得什么样的成就？这样的设想无法预估。容笔者在此引用科学史学家斯图尔特·W. 莱斯利（Stuart W. Leslie）对这一命题的阐述：

> 举全国之力向五角大楼提供高科技的倾斜式支持政策，其巨额的完全成本只能用失去的其他可能来衡量。人们无法回到冷战开始的时候，重新走上那些未选择的道路。人们也无法自信地断言，由其他假设和优先等级驱动的科学技术将把我们带向何方。[38]

尽管如此，人们还是不得不相信，如果我们将致力于积累科学知识的长期努力，集中在如政治经济学家西摩·梅尔曼（Seymour Melman）所言的“减轻人类长期的痛苦”上，人们的生活将得到极大的改善。至于美国科学的军事化，“真正付出的代价只能用已经放弃 154
的机会来衡量”。[39]

总而言之，无论是纯粹的经济浪费，还是研发未使用武器所花费的数万亿美元背后放弃的种种机会，并不是美国科学的军事化最糟糕的结果。以人类遭受的苦难为衡量标准，已经使用的杀伤性武器比从未使用的武器造成的损失要大得多：“投下的数百万吨炸弹造成了数以百万计的死亡，当然，大多数都是平民。”[40] 所有这些卑劣的科技所酿成的苦果将是本书接下来七章重点探讨的问题。

第十二章

原子弹和氢弹

155 美国数万亿美元的军事开支中的大部分资金没有投入实用，实属幸事。如果花在军事研发、武器制造和战争准备上的巨额资金**全部**都没有投入实用，如果人们能确保核弹永远不被投放，世界将会变得多么美好！

遗憾的是，军方研发预算产生的成果并没有全部被束之高阁。事实证明，军队高层无法抵抗这些昂贵的高科技武器的诱惑。这些武器给全世界许多国家和地区都带来了死亡和毁灭，深受其害的当属 20 世纪六七十年代的东南亚，以及 20 世纪 90 年代至今的伊斯兰世界。

巨额的经费开支都用到了哪里，花在了哪些地方？本章和接下来的六章将列举第二次世界大战结束后几十年以来美国耗资数万亿美元所研发的部分武器目录。

该目录之所以是部分的，是因为完整的清单将是一连串冗长的、令人难以忍受的字母加数字的武器编码，包括 B-52、F-117、

W76-2s，等等。因此，笔者仅列举了那些最危险、对人类危害最大、破坏力最强的高科技武器类别，其中包括核弹、无人机和各种类型的“反人类”武器。

核 弹 156

世界上最危险和最昂贵的高科技武器以前是、现在是并且将来也继续会是核武库。[1] 从 1940 年到 1996 年，美国在核武器上的花费超过了 9 万亿美元[2]，核武器的数量也从 1945 年的 2 枚核弹增加到 1965 年的 3 万多枚。冷战结束后，美国储存或部署的核弹头数量开始下降。到 2019 年，这一数字降至 3800。[3] 然而，核武库对人类的生存威胁并没有随之减少，因为现在除了美国以外，至少还有其他 8 个国家拥有核能力。

虽然原子弹或氢弹自 1945 年 8 月以后没有再被用于战争，但这并不意味着它们就此被束之高阁。相反，有几个国家已经使用了数百次原子弹或氢弹，其主要目的在于恐吓其他国家。毕竟，威慑战略的本质就是恐吓。2017 年 8 月，特朗普总统曾威胁要对朝鲜宣泄美国的“炮火与怒火”，这仅仅是世界上最强大的核武库的一系列用途之一。

在持续数十年的冷战期间，美国和苏联的核武库也被用来为两个超级大国之间的一些代理人战争提供掩护。核武器的“恐怖平衡”允许双方在不导致主要战斗力量被歼灭的情况下，大量屠杀对立国家弱小盟友的人口。美国在东南亚的长期战争夺去了三四百万男人、女人和儿童的生命[4]，尽管其中无一人死于核武器。

尽管这些储备的核武器没有实际运用，但它们仍然是美国军事化研发的关注焦点，理应在这些用纳税人的钱研发的高科技武器清单上占据榜首。2004 年，反核卫士海伦·卡尔迪科特（Helen Caldicot）准确地描述了美国和俄罗斯的核武库的现状：

> 美国目前拥有 2000 枚洲际陆基氢弹，3456 枚核武器装载在距离目标 15 分钟航程的潜艇上，1750 枚核武器装载在洲际飞机上，随时准备投放。在这 7206 件核武器中，大约有 2500 件处于一触即发的状态，只要按下按钮就可以发射。俄罗斯也有近似数量的战略武器，大约有 2000 枚处于一触即发的状态。总的来说，
> 157 现在世界上的核武库的爆炸力足以让地球上的每个人“重复死亡”32 次。[5]

尽管核武库的储备惊人，美国政府还是认为库存数量不足。仅仅五年后，奥巴马总统就签署了一项国防授权法案，以使“核武器整体现代化”。[6]

升级版的“核能为和平服务”计划——“更好的核武器能促进和平”？

奥巴马政府承诺在接下来的 10 年里将花费约 3000 亿美元用来升级和扩大美国的核武库。在这一过程中，强化国家战略科技力量是重中之重。[7]除了补充核弹头储备外，该计划还提出建造 12 艘新型核潜艇、100 架新型轰炸机和 400 枚新型洲际弹道导弹来运载核弹头。事实上，美国政府提出的 3000 亿美元只是最初的预算。预计为期 30 年的升级

成本将远远超过 1 万亿美元。[8]

具有讽刺意味的是，这一军备竞赛的重大升级是由一位在竞选时宣扬“无核世界”理念的总统实施的。2009 年 4 月，在奥巴马就任几个月后，他在布拉格发表了一次重要的外交政策演说，呼吁冷战时代已经结束，并宣布：

> 世界正处在一个怪异的历史性转折之际，虽然世界核战争的威胁有所下降，但核攻击的风险却上升了。越来越多的国家获得了核武器。核试验仍在继续进行。核机密和核材料的黑市交易比比皆是。制造核弹的技术已经传播开来。[9]

“作为唯一使用过核武器的核国家，”奥巴马表示，“美国在道义上有责任采取相关行动。”为此，他发誓说，“我在此明确地、坚定地声明，美国将致力于寻求建立一个没有核武器的、和平与安全的世界”。

这些冠冕堂皇的漂亮话为奥巴马在 2009 年 10 月赢得了诺贝尔和平奖。但就在获奖 20 天后，这位新晋诺贝尔和平奖得主就签署了一项军事法案，启动了一项价值**1 万亿美元**的美国核武库**扩张计划**。对此，奥巴马辩称他将继续推动核裁军，但有义务确保国家从实力地位出发与他国进行谈判，这就需要可靠的、现代化的核威慑力量。

奥巴马政府的裁军遗产留下了史无前例的核武器巨额支出授权。158
特朗普执政时期，其鹰派官员干脆放弃了裁军之名的伪装。时任国防部部长詹姆斯·马蒂斯将军宣称，“对核武器实验室和工厂进行资本重组”是“早就应该完成的”。[10]

不出所料，奥巴马政府对核武库的大规模升级并没有导致世界核武器储存量的减少。事实恰恰相反：继奥巴马之后，特朗普全力更新升级美国核武库的行为被俄罗斯视为加大了核战争的赌注。俄罗斯总统普京对此的回应是，俄罗斯看到特朗普一次又一次提高了赌注。[11]

“小型”核武器——威力可不小

截至 2018 年 2 月，美国核武库包括约 500 枚相对较小型的“战术”或“非战略”核武器*，其中有 200 枚部署在欧洲，其余部署在美国。在特朗普政府的核武库升级计划中，首要任务是为潜射导弹制造一种新的战术弹头。该目标于 2019 年 1 月成为现实，W76-2 弹头正式上线生产。一年后，也就是 2020 年年初，“W76-2 弹头被安装在美国海军潜艇上的三叉戟弹道导弹上，导弹的具体数量不详”，这些潜艇目前正在世界各地的海洋中漫游。[12]

相比于之前的旧弹头，W76-2 弹头的威力要小得多——其威力相当于 5 千吨 TNT，而旧弹头的威力则是 100 千吨。表面看来似乎像是减少了核战争威胁，但事实并非如此。相反，它们极大地提升了战争风险。三叉戟弹道导弹目前携带的 100 千吨的弹头威力十足，唯一可能的用途在于震慑，阻止拥有核武器的敌人首先发动打击。历史学家詹姆斯·卡罗尔（James Carroll）指出，威力较小的 W76-2“并非用来威慑”“设计的目的就是实战”。[13] 美国主战派声称，这些“小型”

---

* 核武器根据用途分为战术级（tactical）和战略级（strategic），战术级核武器主要用于直接支援陆、海、空战场作战，而战略级核武器是用于大规模破坏敌方城市。

核武器可以常规用于区域战争，而不会引发大规模的、毁灭地球的核浩劫。对此观点，卡罗尔认为这是“傻瓜式的一厢情愿”，因为“对拥有类似武器的对手使用这种武器，很可能引发不可避免的核升级，其惨烈的后果几乎无法想象”。[14]

值得注意的是，W76-22 弹头只是相对意义上的威力较小，其释 159
放的威力仍然相当于毁灭广岛的原子弹的三分之一。虽然军方高层一直以来都在试图淡化战术级核武器的危险，目的在于让公众相信投放战术级核武器不是什么大不了的事情。但实际上，在城市投放的一枚小型核武器可能会导致数万人死亡。[15] 仅限于一枚核弹打击的核战争几乎不可能发生。

从核火箭筒到威力可调型核武器

在军备控制理论专家迈克尔·克雷彭（Michael Krepon）看来，“美国政府对开发战术级核武器的执着在 20 世纪 60 年代达到了顶峰”。[16] 赫尔曼·卡恩（Herman Kahn）在其开创性著作《论升级》（*On Escalation*）中对战术级核武器的效能称赞不已，他认为，为了应对来自敌人的威胁，有必要对核武器进行“分级”，研制出小型核武器。卡恩认为，这些小型的核武装备使得将领们在保持核战争“升级控制”的同时升级战争。[17]

战术级核武器最早出现在 1961 年，以家喻户晓的美国边疆英雄戴维·克罗克特（Davy Crocket）的名字命名。戴维·克罗克特是一种便携式火箭筒，安装着五角大楼有史以来制造的最小当量的核弹头。只需要一小队士兵就可以在战场上携带戴维·克罗克特，把它放置在三脚架上，发射它的核“炮弹”。科学历史学家亚历克斯·韦勒斯坦（Alex Wellerstein）总结了该装备的研发历程：

> 从1961年到1971年，五角大楼就一直在积极部署戴维·克罗克特系统。根据《原子审计》一书的说法，该武器精准性很差，没有有效地用于实战。尽管如此，《原子审计》披露，美国政府还是为戴维·克罗克特系统生产了大约2100枚弹头，花费了纳税人约5亿（1998年的币值）美元。[18]

因为一些可以兼容两者的装置——最明显的就是B61炸弹，大型战略级核武器和小型战术级核武器之间的差异变得并不那么明显。B61是美国核武库中最主要的热核重力炸弹。它是一种威力可调型（Dial-a-Yield）炸弹，其威力可以设定在0.3千吨至340千吨之间，换种说法就是从戴维·克罗克特核弹威力的2倍到广岛原子弹威力的22倍之间。

160 事实上，核爆炸威力的比较并不足以说明核武器可怕的杀伤力。它们的杀伤力不仅在于爆炸产生的威力，还在于以致命辐射的形式残留在环境中的长期毒素。在广岛和长崎，成千上万人在原子弹投放后的数月和数年间死于核辐射。

小型核武器的研发已经使人们跨过了那条极其危险的战争红线。自冷战结束以来，它使人们比在其他任何时候都更接近核战争爆发的边缘。

第十三章

非核的死亡科技

在越南战争期间，反战人士多次声称，美国在经济欠发达的东南 161
亚国家投下的炸弹数量，超过了第二次世界大战期间在高度工业化的欧洲国家投下的炸弹总和。反战人士对美国越南战争政策的强烈谴责真的是事实吗？

虽然这样的谴责似乎有夸大其词之嫌，但事实上这只是对事实轻描淡写的说法。据可靠的记录，美国在东南亚投下了 766.2 万吨炸弹。相比之下，1939 年至 1945 年，美国在欧洲投下的炸弹还不到这个数字的三分之一——共计 215 万吨。[1]

越南战争的结束并不意味着轰炸的结束，只不过是将空袭的重点从东南亚转移到了其他地区。“九一一”事件发生后，小布什政府对中东地区发动了猛烈的空袭。截至 2002 年 3 月底，美国在阿富汗共投掷了约 2 万枚炸弹。2003 年 3 月，美国开始入侵伊拉克，对巴格达发动了臭名昭著的“震慑”空袭。在接下来的几周内，863 架美军飞机进行了 2.4 万次轰炸，导致约 2700 名平民死亡。[2] 据人权观察组织（Human Rights Watch）报告，该次行动使用了“近 1.3 万枚集束弹，其中包含 200 万枚子母弹，造成了 1000 多名平民伤亡”。[3]

在接下来的几年间，美国对中东的轰炸程度丝毫没有减弱。从 2009 年至 2012 年，美国通过无人机或导弹在阿富汗投下或运送了约 18 000 枚炸弹。[4] 五角大楼的数据显示，从 2014 年 8 月到 2017 年 8 月，美国及其盟友在伊拉克和叙利亚共进行了 24 566 次空袭。[5]

162 2016 年，也就是奥巴马总统任期的最后一年，据保守估计，美军在中东地区投下的炸弹数量为 26 171 枚。[6] 随着特朗普和他的将领们入主白宫，美军加快了空袭的步伐。自特朗普上任以来，除了在伊拉克和叙利亚进行了“史无前例的轰炸”之外，“在阿富汗也大幅增加了武器部署”。此外，

> 特朗普还升级了美国在非作战环境下，即也门、索马里和巴基斯坦的军事介入计划。在奥巴马总统任期的最后 193 天里，美国军方在这三个国家共进行了 21 次致命的反恐行动。特朗普上任后，这一数字翻了 5 倍。该类行动至少在也门进行了 92 次，索马里 7 次，巴基斯坦 4 次。
>
> 美军加大了对伊拉克和叙利亚的空中打击力度，导致平民死亡人数创下了历史新高。自特朗普上任以来，即使根据军方自己的统计口径，因战争导致的平民伤亡人数也在大幅飙升，尽管该数据只有独立监督机构统计的死亡人数的十分之一。联合国的数据显示，特朗普纵容美军士兵在阿富汗杀害平民的战场暴行，导致在

他上任头 6 个月内，平民伤亡人数比 2016 年上半年增加了 67%。[7]

杀伤性炸弹

“杀伤性炸弹”（antipersonnel bomb）到底是什么？要了解这一专业名词，人们需要对该术语的两个组成部分做更详细的分析。

在日常用语中，“人员”（personnel）一词指的是数量不定的泛指意义上的员工。依此类推，军事术语用“杀伤人员”（antipersonnel）来形容那些大范围杀伤性武器的受害者。

“炸弹”一词会让人联想到一种简单的装置。飞机从上空投下炸弹，炸弹在撞击地面时爆炸，造成破坏。但这种对传统炸弹的定势思维低估了美国科学对现代战术的巨大影响力。炸弹虽然是空投的，但其中有许多炸弹通过复杂的制导方式针对目标进行精准打击。军方研发的新型炸弹不再仅仅依靠爆炸，而是采用了更迂回的方式来进行有效杀伤。有些炸弹并不会将受害者直接炸死，但会使伤者全身着火，有些炸弹则采用巧妙的方法扩大其杀伤范围。

凝固汽油弹

如果需要列举反人道主义和非道德的战争武器的代表，那么凝固 163
汽油弹一定榜上有名。它是一种胶状混合物，可以附着在人的皮肤上，通过燃烧熔化人体的肌肉组织。凝固汽油弹造成的烧伤比火灾严重得多，且伤口太深无法愈合。美国民众通过大量出现在报纸和电视上的照片和视频了解到凝固汽油弹造成的骇人听闻的伤亡，由此引发了美国国内大规模的抗议活动。美国民众不仅反对军方使用这种化学武器，还对该武器的制造商陶氏化学公司提出了抗议。

凝固汽油弹起源于第二次世界大战期间，由有机化学家路易斯·F. 费塞尔（Louis F. Fieser）领导的科研团队在哈佛大学的实验室里创造。他们的研究任务是提高现有燃烧武器的杀伤力。[8] 第一次世界大战战场上使用的火焰喷射器可以喷出燃烧的汽油，但因为汽油燃烧得过快，杀伤力不够大。在后期的应用中，为了弥补这一缺陷，研究人员将橡胶和汽油混合在一起。此外，这种新型混合物还会附着在受害者的皮肤上，从而增强其“杀伤”效果。

当美国加入第二次世界大战的战场时，因为天然橡胶非常短缺，五角大楼求助于科学家研发出了替代品。凝固汽油弹诞生于 1942 年 1 月，半年后就被作为武器首次投入战斗。到第二次世界大战结束时，美军所使用的凝固汽油弹达到每年 7500 万磅之多。

在 1945 年 8 月的原子弹爆炸之前，美军向日本的 60 多个大城市投掷了燃烧弹，造成的死亡人数甚至超过了广岛和长崎的死亡人数总和。据美国战略轰炸调查估计，从 1944 年 1 月至 1945 年 8 月，美军向日本的人口密集城市投掷了 15.7 万吨炸弹，造成 21.3 万人死亡和 1500 万人无家可归。1945 年 3 月美军对东京进行了恐怖的地毯式燃烧弹轰炸。以冷酷著称的柯蒂斯·李梅（Curtis LeMay）将军，后来夸口说，他指挥的这次空袭“在 3 月 9 日至 10 日的那个晚上，造成东京被烤焦、烫死、烤死的人数，超过了在广岛和长崎两地因原子弹爆炸而化为灰烬的人数”。[9]

东京大轰炸是美军在越南使用凝固汽油弹的前奏。李梅将军在越南战争中扬言，他要“把越南炸回石器时代”。[10] 虽然结果并没能如他所料，但美军为此没少付出努力。据估计，1963 年至 1973 年，美军向越南投掷了 38.8 万吨凝固汽油弹。[11] 此外，由于美军在越南战争 164
中使用了化学武器，喷洒了包含橙剂在内的超过 2000 万加仑的除草剂，给越南造成了严重的环境破坏，导致民众罹患癌症和出生缺陷等疾病，其后遗症持续至今。[12]

美军在越南使用凝固汽油弹的反人道行为引发了世界范围内的抗议，促使联合国大会在 1980 年通过了一项禁止对平民使用凝固汽油弹的公约。但是直到 2009 年，该公约生效的 29 年后，美国才批准了该条约，并对此持“保留意见”。也就是说，美国保留随时无视该禁令的权利。事实上，美军近年来在伊拉克和阿富汗战场上以“马克 77”等别名继续使用凝固汽油弹，并且至今将其保存在美军的武器库中。

2003 年，五角大楼断然否认在伊拉克使用凝固汽油弹，这一说法被媒体曝光为谎言。面对确凿证据，美国国防部发言人辩称凝固汽油弹和马克 77 燃烧弹之间存在差异，但他承认美军使用了后者，并承认它们与凝固汽油弹“非常相似”。社会责任医生组织的罗伯特·穆希尔认为美国试图区分凝固汽油弹和马克 77 的行为是“无耻的”和“奥威尔式的”。[13]

集束弹

凝固汽油弹堪称人类史上最残忍的武器之一，但它造成的人员伤亡还比不上另一种死亡武器——集束弹。第一批集束弹是在第二次世界大战期间由德国、意大利、苏联和美国分别独立开发的，采用的技术并不复杂；例如，美国版的集束弹是由十几枚 20 磅重的破片炸弹简单地连接在一起。

从这个初始模型演变而来的现代版的集束弹可以包含数百枚，有时甚至数千枚“子弹药”的小炸弹，每枚小炸弹的大小和汽水罐或网球差不多。集束弹被设计成在半空中爆炸，将小炸弹散布在 20 英亩的范围内。小炸弹一接触物体就爆炸，并迸射出大量弹片。一枚爆炸的小炸弹可以杀死或伤害到半径 100 码内的任何人。

值得一提的是，美军在越南战争期间的轰炸并不局限于越南本土；其中很大一部分还波及了越南的邻国老挝和柬埔寨。从 1965 年 10 月到
165 1975 年 5 月，美军向东南亚三国至少投掷了 456 365 枚集束弹。[14] 尽管五角大楼可以声称对越南的轰炸是合法的，因为该行为得到了南越政府的支持。然而，老挝和柬埔寨政府在当时都宣布了其中立国的立场，因而根据国际法的条例，美国对这些国家进行轰炸的行为是非法的。美国官员一方面暗中商议如何向世界展示发动越南战争的合法性，另一方面又决定无论其合法性如何，都要展开全面轰炸行动。

在老挝的 10 年暴行

在人类历史上不公正的侵略和“非对称战争”中，墨索里尼在第二次世界大战开始前对埃塞俄比亚的入侵可谓臭名昭著。面对阿比西尼亚人的弓箭和长矛，意军动用了机关枪、战机和毒气等现代武器装备。而美国在20世纪六七十年代对老挝发动的空战也有过之而无不及，且手段更为凶残。双方实力相差过于悬殊，战势出现一边倒的局面。世界上最强大的军事力量向一个弱小、贫穷、毫无防御能力的国家投下了 250 万吨炸药——相当于一架飞机每 8 分钟就投下一枚炸弹，一

天 24 小时不间断，持续了 9 年之久。[15]

对老挝的空袭是由中央情报局，而不是五角大楼负责指挥的。这个所谓的“秘密战争”和“美国历史上最大的秘密行动”，已经是一个世人皆知的公开的秘密。中情局在老挝的行动标志着该间谍机构向军事化的道路迈出了重要的一步。现如今，中情局已经在全球许多地方常规性地执行准军事行动和指挥无人机袭击。[16]

美国国会研究处的一份报告描述了美军轰炸的程度：

> 按人均计算，老挝是历史上遭轰炸最严重的国家。从 1964 年到 1973 年，美国对老挝共进行了 58 万次轰炸，并在农村地区投掷了 200 多万吨弹药，是第二次世界大战期间对德国投掷的弹药总量的两倍之多。[17]

投掷的弹药中包括了 2.7 亿枚集束弹[18]，而当时老挝人口约为 300 万，这就意味着美军在老挝无差别地平均向每个男人、女人和孩子投掷了 90 枚致命的炸弹。

尽管投掷的炸弹大多数都按预期爆炸了，但也有相当一部分——高达 30%——并没有爆炸，成为可怕的未爆弹。时至今日，估计仍
有 8000 万枚炸弹散落在老挝的农村地区，造成人员死亡、失明和肢 166
体残障。[19]

未爆弹——持续的伤亡阴霾

自 1973 年空袭结束以来，未爆弹已经在老挝造成了 2 万多人伤亡[20]，

其中儿童的伤亡风险最高，因为他们经常把炸弹误认为玩具。[21] 老挝农民每次犁地或铲土都会有生命危险，但他们别无选择。如果他们不耕种土地，就会挨饿。

为什么美军要在老挝投掷如此之多的炸弹？美国政府出于怎样的动机考量做出了这种极端野蛮的行动？对此，美国军方和政府发言人只给出了一个解释：他们担心老挝会“走向共产主义”。

战争结束后，老挝确实走向了共产主义，但所谓的老挝对美国“国家安全”构成威胁从未成为现实。事实上，美国政府不仅学会了与共产主义的老挝和平共处，还努力使老挝融入西方的经济和外交世界秩序。在 20 世纪 70 年代末，美国通过外交手段重新获得在老挝的影响力（以此来对抗中国在该地区日益增长的影响力）。

在寻求与老挝建立“战略伙伴关系”的过程中，美国在 20 年里向老挝捐助了 1 亿美元用于未爆弹的清理工程。[22] 2016 年 9 月，奥巴马成为第一位访问老挝的美国总统，并承诺在未来三年内继续向该项目再提供 9000 万美元的援助。[23]

奥巴马明确表示美国不会为当初投下集束弹向老挝正式道歉，他辩称美国在冷战期间站在了“历史正确的一边”。尽管如此，他承认美国有“帮助老挝人民治愈战争创伤的道德义务”，并且——这位深谙低调之道的总统——承认轰炸也许不是赢得老挝人民支持并转变思想的最佳方式。[24]

继老挝之后，美军继续在战场使用集束弹，尤其是在对阿富汗和伊拉克的战争中。[25] 2008 年，一项国际公约正式宣布禁止各国使用和储存集束弹。截至 2018 年 3 月，已有 103 个国家签署了该条约，但

美国不在其中。作为对禁令的回应，小布什总统在2008年卸任前承诺，167
美国将“严格限制”集束弹的使用。同时，一位美国国防部官员试图从科学的角度证明美国继续研发该武器是合乎情理的。

> 不管人们支持与否，物理和化学原理都表明集束弹是摧毁某区域内的多种军事目标的最有效的常规手段……集束弹可用于美国武器库中的任何一架作战飞机，它们是陆军或海军陆战队作战的机动要素，在某些情况下能达到间接火力支援的50%。如果不考虑使用集束弹的可能性，美军无法简单地依靠战术设计或理论进行战斗。[26]

尽管小布什总统已经做出了相关承诺，但在奥巴马总统执政的8年里，五角大楼在美国的军事基地保留了200多万枚集束弹，在韩国的基地也保留了150万枚。2009年，美国海军军舰向也门发射了携带集束弹的战斧巡航导弹，2015年，美国向盟友沙特阿拉伯提供了集束弹，投放在也门的村庄和城镇。

2017年12月，美国终于卸下了关于“严格限制”使用集束弹的伪装，特朗普政府正式宣布撤回小布什总统2008年的承诺。人权观察组织声称，“在花费了数以亿计的美元来研发集束弹的替代品之后，美国宣布鉴于无法生产‘安全’的集束弹，将继续使用‘不安全’的集束弹”。[27]美国陆军已经开始在以色列对“M999先进集束弹”进行“杀伤力竞技场测试”。[28]

第十四章

轰炸机、导弹与反导弹

炸弹作为一种战争武器，只有当它们能够被投送到既定目标时才能发挥作用。从 1940 年到 1996 年，在美国用于核战争的研究资金中，关于武器本身的研究资金只占了总金额的 7%，而高达 57% 的资金用于研究投送方法。[1]

美军最初采用远程轰炸机携带炸药的方案来投送炸弹，且该方案还在持续改进中。在“二战”结束的一年内，康维尔公司生产了第一架专门用于携带核弹的轰炸机——B-36。在 20 世纪 50 年代中后期，波音公司研制的 B-52 轰炸机功能更加全备，取代了原有的 B-36。时至今日，B-52 仍在服役，且预计继续服役至 2050 年。在越南战争期间，经过改装的 B-52 重型炸弹携带能力得到大幅提升，能够携带重达 6 万磅的炸弹。

能飞多高或多低？

1960 年 5 月 1 日，苏联用地对空导弹击落了一架美国 U-2 侦察机，并俘虏了飞行员加里·鲍尔斯（Gary Powers），该事件震惊了全世界。U-2 侦察机可以在离地 13 英里以上的高空飞行，一直以来被视为极具安全性。但从那一刻起，人们开始意识到飞机在高海拔飞行的安全薄弱性。

美国空军已经开始研究如何让飞机飞得越低越好，而不是飞得越高越好。U-2 击落事件给低空研究带来了新思路。通过紧贴地面，低空飞行的飞机能够更好地逃避雷达探测，偷偷接近目标，从而产生了 169
一个常用的短语“保持低调”（flying under the radar）。[*]

隐形技术

20 世纪 70 年代，新一代军事研究人员致力于研发偏转或吸收雷达信号的新技术，从而使飞机“隐形”，不易被雷达探测。但这样的设计会使飞机的空气动力学性能变差，隐形技术与空气动力学稳定性的结合必须依赖计算机化的管理系统。到 20 世纪 80 年代初，洛克希德公司的隐形战斗机 F-117“夜鹰”首次亮相。

1991 年，一架 F-117“夜鹰”在巴格达的“沙漠风暴”空袭行动中投下了第一枚炸弹，随后数架 F-117 在巴格达人口稠密的中心地区展开了一轮又一轮的空袭。伊拉克政府报告说，空袭造成了 2300 名平民死亡。在此次空袭行动中，没有一架 F-117 被击落的事实足以证明依靠科学原理可以实现飞机的“隐形”。在第一次海湾战争的“沙

* flying under the radar 原本是军事用语，指避开雷达偷偷飞入敌军领地的行为，扩展到日常生活中，它表示“为了达到某一目的而采取低调处事、逃避别人关注的行为”。

漠风暴”行动中，F-117 战斗机共出动了 1280 架次。

另一种具有先进隐形能力的飞机是 B-2 轰炸机，其最初设计目的在于运载核武器，后被改装为携带常规炸弹。1999 年，B-2 轰炸机在科索沃战争中首次参加实战，在之后的伊拉克、阿富汗和利比亚战争中频频亮相。2003 年，在美国空袭伊拉克期间，B-2 轰炸机在“伊拉克自由行动”中投下了重达 150 多万磅的炸弹。

然而，隐形轰炸机造价极为昂贵。根据 1997 年美国政府会计办公室的一份报告估计，B-2 轰炸机的**单机**总成本就超过了 20 亿美元。[2] 除此之外，B-2 轰炸机的飞行成本预计为每小时 13 万美元。[3] 2018 年 2 月，美国空军开始对 B-2 轰炸机进行现代化的升级改造，同时准备启用下一代隐形轰炸机 B-21。奥巴马政府和特朗普政府的核升级计划中还包括增加另一种超高科技飞机：F-35 联合攻击战斗机。

“大而不倒”的 F-35 战斗机

作为人类历史上最昂贵的武器系统，F-35 战斗机的预计总成本将近 1.5 万亿美元（确切的数字是 1.45 万亿美元）。2019 年的一项军费评估清楚地认识到了这一点：

> 170 到 2037 年，预计将耗资 4000 多亿美元用于 2400 架 F-35 战斗机的开发和采购，该费用大约是**俄罗斯年度国防开支的 8 倍**。预计到 2070 年，还将增加 1.1 万亿美元的运营费用。[4]

F-35 的设计理念源于 1992 年，即老布什政府执政的最后一年，美国空军和海军的联合攻击战斗机项目。但这种高科技飞机直到2001年才初具雏形。洛克希德·马丁公司从五角大楼那里赢得了该战斗机的制造合同。

F-35战斗机配备了多项先进技术，实力强大。该战机的支持者称赞它们是“飞行的电脑”，“发现敌机的速度比敌人发现自己的速度快5到10倍”。[5]

> 安装在机身外部的6台红外摄像机可以实时传输图像，使飞行员能够“穿透”飞机的表层来了解外部情况，哪怕是在飞机垂直降落的情况下。凭借“传感器融合”程序，机载主计算机可以深度融合来自外部摄像头、飞机强大的雷达和“光电”瞄准系统的多方数据。[6]

这种360度的全景影像被投射到飞行员定制头盔的弯曲遮阳板上。这些虚拟现实视图器的价格是50万美元……每个。然而，尽管美军可以通过未来技术抢占先机，但如果不能及时掌握和使用该技术，就会丧失现有技术的“领先地位”。F-35战斗机于2006年首飞，洛克希德公司于2007年才开始向空军交付飞机，且交付的成品与承诺的产品并不一致。此外，交付的飞机还存在着各种大大小小的设计缺陷，催生了新成本，需要延迟交付来解决这些问题。

2011年，美国参议院军事委员会（Senate Armed Services Committee）的参议员约翰·麦凯恩（John McCain）抨击F-35战斗机项目是一桩“丑闻和悲剧”。[7]佛蒙特州参议员伯尼·桑德斯谴责这款战机的建造“大规模超支，浪费了数千亿纳税人的钱”。[8]2018 年，F-35 的建造进入了成本超支和进度延后的第 17 个年头，距离完工仍然遥遥无期。然而，尽管国会对此怨气满腹，但这个规模巨大的项目之前从未、现在也不
171 会陷入爆雷的险境中。到 2018 年年底，洛克希德·马丁公司吹嘘“已经交付了超过 355 架 F-35，目前在全球 16 个美军基地服役”。[9]具有讽刺意义的是，此前不久，当后者的战斗中队开始驻扎在他的家乡亚利桑那州的海军陆战队基地时，麦凯恩参议员改变了对 F-35 战斗机的态度。他开始盛赞 F-35“可能是世界历史上最伟大的战斗机”。[10]

与此同时，参议员桑德斯也一反常态，转而支持为佛蒙特州空军国民警卫队配备 18 架 F-35 的提议。当他在市政厅会议上受到抗议者的质疑时，桑德斯愤怒地回应道：

> 我的观点是，考虑到这该死的飞机的实际情况，我宁愿佛蒙特州，而不是南卡罗来纳州配备飞机。这就是佛蒙特州国民警卫队想要的，这意味着给我们的城市提供数百个工作岗位。就是这么回事。[11]

然而，这只是 F-35 战斗机项目“大而不倒”的原因之冰山一角。一位分析人士解释说：

> 该项目总共需要大约 30 万个零件，洛克希德公司已经将分包合同分配给了除阿拉斯加、夏威夷、路易斯安那、北达科他州和怀俄明州等五个州以外的其他所有州。洛克希德公司声明，F-35

> 战斗机项目直接或间接地在美国各地提供了14.6万个工作岗位，从薪资最低的扫地工人到年薪高达六位数的工程师。[12]

五角大楼及其支持者们无意撤回对F-35的1.5万亿美元投入的承诺。尽管大多数分析人士，甚至包括许多认同美国军事战略的人都认为，斥巨资用于功效存疑的武器系统的行为并不理性，但战争支出有其自身的运作逻辑。[13]

与此同时，防空技术的不断提升导致研发转向了可装载核弹头和常规弹头的弹道导弹和制导导弹。导弹的飞行速度比最快的飞机要快10到20倍，飞行距离以及攻击能力非远程轰炸机甚至隐形战斗机可比。然而，导弹并没有取代轰炸机的地位，两者互为补充，团队协作。美军重新改装B-52轰炸机，使其可以携带和发射巡航导弹。

火箭科学：洲际弹道导弹、分导式多弹头导弹和巡航导弹 172

“这不足什么难事”（It ain’t rocket science）这句常用语表达了人们对火箭科学的一种普遍认知，即导弹技术属于最高层级的科学实践。将一枚重型弹头推向天空并非难事，但让它精准地降落在遥远的指定地点却是一项相当复杂的壮举。

弹道导弹以巨大的助推力发射升空，在燃料烧完后只能保持预定的轨道航向。从发射地点到指定目标的距离通常从几百到几千英里不等，弹道导弹可以以每小时15 000英里的速度飞行。射程最远的洲际弹道导弹于20世纪50年代末首次亮相。1957年8月21日，苏联第一枚洲际弹道导弹——塞莫卡火箭试射成功，并于1958年部署了首枚实战型洲际导弹。此后不久，美国于1959年成功发射第一枚洲际导弹。[14]

洲际弹道导弹的飞行轨迹使它们远离地球大气层，进入亚轨道太空飞行，中途高度大约为1200英里，随后坠落击中目标。它们可以经由任何地点的发射场到达地球上的任何位置。例如，据可靠消息称，朝鲜拥有的洲际弹道导弹能够在40分30秒内从发射点穿越6830英里到达华盛顿特区。远距离攻击只是一方面，火箭科学最引人注目的成就是其导弹打击的精准度。

洲际弹道导弹会在没有外部制导系统控制路径的情况下飞行数千英里后，根据弹道学法则降落在距离预定目标几百英尺的位置。美国武器库的民兵III型和三叉戟II型导弹偏离目标的平均距离分别不超过700英尺和400英尺。这就意味着，如果一支携带核弹头的洲际弹道导弹舰队以主要城市为目标，其大部分的导弹降落点将是在离城市中心区域足够近的地方，从而确保彻底摧毁该城市。

特朗普政府从历届美国政府手中继承了由399枚民兵III型导弹组成的洲际弹道导弹，分散部署在美国西部戒备森严的地下发射井中。[15]这些导弹长60英尺，直径5.5英尺，单枚或重达78 000磅。人们经常说这些导弹处于“一触即发的警戒状态”，这样的说法并不是空穴来风。这些导弹一经发射，就无法拦截。

173 然而，作为奥巴马－特朗普核升级计划的一部分，美国现有的洲际弹道导弹舰队将被废弃。399枚民兵III型导弹将被400枚新型导弹取代，其项目官方名称为“陆基战略威慑”（Ground Based Strategic Deterrent），首字母缩写简称为GBSD。

美国官方并没有向纳税人告知洲际弹道导弹在过去、现在和未来所花费的成本，但人们可以从美国战略司令部司令约翰·海滕（John Hyten）将军提供的只言片语中推断出一个可靠的数字。[16] 据海滕将军称，最初的洲际弹道导弹计划始于 20 世纪 50 年代末，以相当于 2017 年 170 亿美元的总价建造了 800 枚民兵 I 型导弹。相比之下，“陆基战略威慑”计划的 400 枚新导弹预计将耗资 850 亿美元。换句话说，民兵 I 型导弹的单价约为 2000 万美元，而新型导弹的单价约为 2 亿美元，价格是前者的 10 倍。[17]

分导式多弹头导弹——带来更多爆炸的导弹

洲际弹道导弹在 20 世纪 60 年代后期引入多弹头独立目标返回飞行器后，极大地增加了其致命的风险。服务于兰德公司的科学家布鲁诺·奥根斯坦（Bruno Augenstein）不仅在洲际弹道导弹的研发中发挥了关键作用，还主导发明了分导式多弹头导弹。利用核弹头小型化的技术，他设计了一种将几个核弹头装在一枚导弹上的方法。[18] 分导式多弹头导弹的弹头可以分别瞄准多个目标。

然而，对美国政府来说，分导式多弹头导弹高效攻击也带来了一些新的问题。问题不在于科学或技术本身，而在于国际政治形势。分导式多弹头导弹危险地打破了“共同毁灭机制”（Mutually Assured Destruction）带来的恐怖平衡。[19] 当一次攻击就能消灭敌对国家的多个核弹时，它就提升了采用先发制人的“不用则废”（use’em or lose’em）策略的概率。

尽管已经意识到该风险的存在，但在整个冷战期间，美国和苏联还是坚持在各自的武器库中保留了大量分导式多弹头导弹。在 2010 年至 2014 年，美国拆除了陆基分导多弹头导弹，以减少遭受突然袭击的可能性。然而，美国政府还是保留了基于潜艇的分导多弹头导弹，因为军方认为潜艇的机动性和水下隐身性使其不容易遭受攻击。截至
174 2017 年，美国海军有 14 艘配备分导式三叉戟 II 弹道导弹的“俄亥俄级”潜艇。每艘潜艇都携带了 24 枚三叉戟导弹，每枚三叉戟都包含了 4 枚核弹头，每枚弹头的威力都达到了广岛原子弹的数倍之多。这就意味着美国已经部署了 1152 枚热核武器，随时准备从世界各大洋中的任一地点发射[20]，这还不包括美国已有的巡航导弹核武器。

巡航导弹

巡航导弹是一种无人驾驶、依靠喷气动力、准确制导的射弹，海陆空皆可发射。与弹道导弹不同，巡航导弹并不受限于抛物线轨迹，而是遵循复杂的、预先编程的飞行路径，辅以飞行中的外部数据和远程控制进行飞行。因此，它们可以积极主动地避免反导攻击，它们的外部操控程序可以通过安装在导弹前端的摄像头来锁定目标。

弹道导弹采用惯性制导技术，利用加速度计和旋转探测器（陀螺仪）提供的数据，通过航位推算的经典推算技术来估算出其所处位置。巡航导弹也使用惯性制导技术，但同时也接收来自激光地形等高线测绘和基于卫星的全球定位系统的数据输入。现如今，全球定位系统已经超出了军事范畴，运用到人们日常生活中的方方面面。

此外，一些巡航导弹通过利用雷达制导和红外制导（又名“热寻”）技术，可以具备更先进的跟踪和攻击移动目标的能力。

战斧导弹

要命名和描述美国之前使用过的和现在正在使用的所有巡航导弹是项庞大的工程，但“美国军方所青睐的”[21]多功能战斧导弹可以作为一个典型。战斧巡航导弹由美国海军统筹管理，它可以携带核弹头或常规弹头。美国海军所有的巡洋舰、驱逐舰和攻击型潜艇都配备了战斧武器系统。

战斧导弹的官方售价约为每枚190万美元。它利用预设的制导技术，遵循设定的路线到达指定的陆地目标。值得一提的是，它们可以 175
在飞行途中通过重新编程来改变攻击目标，也可以在战场上“徘徊”，等待重新设定攻击更关键的目标。

精准外科手术式打击的奥秘

所有这些令人眼花缭乱的、造价昂贵的创新技术使得人们形成了一种普遍的看法，即今天的“智能”导弹和炸弹能够几近完美地精确实施打击。这种观点获得了战斧的制造商雷神公司的积极宣传：

> 今天的“战斧”Block IV型巡航导弹可以在空中盘旋数小时，根据指令立即改变航向，并能在对目标实施精确打击之前，将目标的照片发送给离此地半个地球以外的控制者。[22]

但是，尽管巡航导弹令人印象深刻的制导技术为其提供了巨大的战场优势，但出于不可言说的政治考量，它的准确性被军方过分夸大了。五角大楼之所以不断向民众强调他们实施的空袭是智能的，有着外科手术般的精确，是为了淡化因武器而造成的平民伤亡，这是军方公关活动的核心。

此外，实施精确定位打击还存在许多问题。

首先是“大锤打苍蝇”的问题：用一枚足以摧毁整个城市的炸弹击中一个精确目标的意义何在？

其次是“友军误伤”问题：如果攻击方都无法分辨瞄准打击的目标，那么精确瞄准又有什么意义？美国的爱国者导弹防御系统在伊拉克就击落了许多美国和英国的战斗机，正如美国科学家联合会的一份分析报告所述：“爱国者的敌我识别（能清楚地区分盟友和敌人）的表现不佳。”[23] 自第二次世界大战以来，友军误伤事件，即意外袭击自己或盟友的部队的事件数量急剧上升。

> 根据全面的伤亡调查（包括致命和非致命的伤亡），第二次世界大战期间有21%的伤亡可归因于友军误伤，越南战争中39%的伤亡以及第一次海湾战争中52%的伤亡都可归因于友军误伤。[24]

176 再次，是有效性问题，也是精确定位打击最基本的问题：军工复合体所宣扬的精确无误不能简单地等同于真实情况。事实上，大量证据表明，导弹的制导系统经常出现故障，甚至在正常运行时也存在严重的缺陷。

GPS 制导武器的准确性容易受到电子干扰和黑客攻击的影响。一个更严重的制约在于全球定位系统关键依赖于掌握目标的位置情况。因为不准确的信息导致错误的 GPS 坐标被编入到导弹的程序中，必然会发生意外。错误的情报使得奥巴马政府在阿富汗的定点清除行动造成了 1000 多名平民死亡，而这些伤亡被美军定义为“附带伤害”。[25]

而激光制导武器通过跟踪激光束来锁定目标。然而，这些光束在烟雾、尘土、多云或下雨的情况下并不可靠，因为空气中的颗粒会反射和折射激光。常见的天气状况，或者之前爆炸产生的烟尘，都可能导致导弹偏离目标。

最后一个问题或许可以称为“全局脱节”。如果精确定位武器是为了解决平民死亡的问题，为什么在智能轰炸的时代依然有大量平民死亡，死亡人数比以往任何时候都多？难道轰炸的智能性实际上是为了提高它们杀死平民的效率吗？美国军方误导美国公众，让他们认为精确轰炸可以避免非战斗人员的伤亡，结果导致军方开始轰炸之前被禁止轰炸的平民区。最终造成了更多而不是更少的平民伤亡。尽管五角大楼的声明与事实相反，但人们有合理的理由怀疑美国官员并不真正关心有多少平民因炸弹和导弹丧生，这些平民横跨各个年龄层。向来心直口快的柯蒂斯·李梅将军的经典表述说明了军方是如何看待这个问题的：

> 没有无辜的平民。你与他们的政府作战，就是与人民作战，你不应试图局限于与武装部队作战。所以杀死那些所谓的无辜的旁观者并不会让我感到困扰。[26]

智能导弹言过其实的“智能” 177

五角大楼不愿意让人们知道它的智能武器到底有多糟糕。为了保守这个秘密，政府还修订了相关法律。为了维持这种极致的神秘感，美国官方一直对相关数据守口如瓶。无论是在武器测试还是实际战斗中，对武器精准度的实事求是的评估都极为罕见。直到1997年，美国政府问责局发布了一份报告，才对“沙漠风暴”行动中导弹和其他高科技武器装备的表现进行了较为详尽的披露。

美国政府问责局在为期四年的研究中发现，对高科技武器的评价中存在着“夸大其词”的问题。这种评价方式由武器生产商提出，并得到五角大楼官员的附和。该报告尤其驳斥了爱国者导弹可以一对一拦截来袭武器的说法。[27]事实上，必须成群地发射爱国者导弹才能击中一枚来袭的火箭，这种技术被称为“涟漪射击”。正如一位评论家所说，爱国者导弹虽然被宣传为一种精确武器，“实际上只是一种昂贵的高科技铅弹”。[28]事实上，“昂贵”也只是轻描淡写的说法，每枚爱国者导弹的造价高达300万美元。

智能武器所犯的一些失误着实愚蠢，无法再向公众隐瞒，进一步印证了美国政府问责局披露的信息。1999年，在科索沃战争期间，美国的GPS制导炸弹错误地击中了中国驻贝尔格莱德大使馆。2003年，在对巴格达的袭击中，美国军方至少有三枚导弹不仅没有击中巴格达，甚至都没有击中伊拉克境内！2003年3月21日，美国的一枚导弹击中伊朗一座建筑物；3月24日，导弹击中了叙利亚一辆公交车，造成车上的5名平民死亡；4月8日，又一枚导弹袭击了伊朗，造成1名13岁男孩死亡。

愈演愈烈：加速的军备竞赛

高超音速武器是一项全新的技术，已成为现阶段美国与其他国家军备竞赛的核心焦点。导弹的飞行速度如果达到或超过 5 马赫（即每小时 3834.6 英里，是音速的 5 倍），这种导弹就可以被归类为高超音速武器。创新的“超燃冲压发动机”技术使得高超音速巡航导弹不再需要携带液氧罐，可以轻装上阵。作为液氧罐的替代，无风扇发动机“利用其速度产生的冲击波将进入的空气压缩在一个短漏斗中，并将其点燃”。[29]

这些导弹飞行速度非常快，甚至不需要携带弹头就能造成大规模 178
破坏。一枚 500 磅重的导弹以每小时数千英里的速度撞击目标所产生的动能相当于许多吨烈性炸药爆炸产生的能量。尽管有如此威力，这些导弹的设计并非无的放矢，它们通常会携带常规弹头和核弹头。“高超音速导弹改变了游戏规则，”军事分析家史蒂文·西蒙（Steven Simon）宣称，“无论是在美国还是在世界其他地方，现有的防御系统都无法拦截一枚速度如此之快、行动如此不可预测的导弹。”[30]

威慑战略专家警告称，高超音速导弹将严重破坏敌对国家之间对抗的稳定性。这些导弹“在音爆或其他有意义的警告之前，伴随着一道刺目的可怕闪光，以迅雷不及掩耳之势击中目标”。这“将极大地压缩军方官员及国家领导人决定如何应对攻击的时间，置双方于危险境地”。[31] 由于时间太过短暂，无法确定飞向己方的导弹是否装有核弹头，受攻击方自然会做出向攻击者发射核弹的决定。

在 2019 年的最后一周，俄罗斯宣布其“先锋”导弹，“一种新型洲际武器，飞行速度可达 27 倍音速”，“可携带重达 2 吨的核武器”，已经投入使用，并“承担战斗任务”。[32]

与此同时，美国军方计划在2022年之前研发出一种高超音速武器。该合同背后的丰厚利润让美国军工企业垂涎不已。洛克希德·马丁公司在2018年从美国军方那里获得了14亿美元的资金，用于建造高超音速导弹原型，并在2019年进行导弹原型测试，据称时速可达20马赫。虽然该速度还“赶不上子弹”，但已经相当接近了。

关于无人机

近年来，导弹运载技术的另一项重大创新——无处不在的无人驾驶飞行器，通常被称为无人机，开始引发公众的关注。它们对战争的影响极具革命性，笔者将在本书的第十五章和第十六章对其做专门讨论。

179 导弹防御系统：多方位的防御和虚假安全

热核洲际弹道导弹的成功研发，使得科学给人类留下了一把可以击破任何盾牌的终极利剑——一种无法防御的武器。政府提供的防御系统并不是真正的保护，而是虚假的威慑战略幻想——这种自相矛盾的观念认为一个可以毁灭地球多次的核武库可以保证国民的安全。此外还有“空中盾牌”——用于探测和摧毁来袭的洲际弹道导弹的电子导弹防御系统。这些战略防御计划，在里根政府的“星球大战”计划中达到顶峰，但它充其量是漏洞百出的屏障。它们并不能提供真正的保护，而是助长了一种虚假的安全感。

从远程预警线到弹道导弹预警系统

在洲际弹道导弹之前，可以携带核武器的远程轰炸机的威胁一直困扰着美国政府的冷战斗士。这些官员决定修建一连串雷达站，以便及时发现飞过北极的苏联飞机，并将其击落。如果没能成功，就得在敌方炸弹袭击之前发动反击。因此，美国在 1957 年建成了远程预警线（Distant Early Warning Line）——更通俗地称为 DEW 线。它由横跨北美大陆的 57 个雷达站组成，位于北极圈以北 100 英里左右。

美国防空司令部的 DEW 线历史记录表明，在测试中，DEW 线的警报系统“触发的假警报比实际警报的次数还多”。假警报被归因于“云层形成、冰流和电子干扰以及其他因素”。[33] 这些“其他因素”还包括流星雨和成群出现的加拿大雁。

事实上，DEW 线非但没有防范危险，反而在制造危险。该系统的误报缺陷增加了空军错误发动攻击，进而引发一场真正的核交火的可能性。

当苏联将洲际弹道导弹纳入其武器库时，DEW 线的性能显得落伍了，但五角大楼没有直接废弃它，而是采用了更先进的弹道导弹预警系统（Ballistic Missile Early Warning System，简称 BMEWS）来对它进行更新换代。连接雷达站链的设想看似简单，但实际建造需要科 180
技创新作为后盾。第二次世界大战时期的传统旋转雷达天线旋转速度不够快，无法同时追踪多枚洲际弹道导弹。1959 年，美国国防部高级研究计划局 [34] 提出了一个解决方案：将相控阵天线系统保持在固定位置，无需物理指向即可探测物体。

1959 年，贝尔实验室发明了金属氧化物硅（MOS）晶体管。该里程碑式的发明彻底改变了固态电子学的发展，反过来又将计算机从真空管技术的限制中解放出来，在缩小物理尺寸的同时极大地扩展了计算机的计算能力。没有金属氧化物硅晶体管的技术支持，几乎不可能在自动化探测导弹功能的方面取得重大的进步。

美国于 1958 年开始建造弹道导弹预警系统，并于 1961 年开始运行该系统。然而，在正式运行之前，在格陵兰岛图勒基地对该系统进行的初步测试就暴露了其存在的一个基本缺陷。1960 年 10 月 5 日，图勒基地的弹道导弹预警系统设备站探测到一个巨大的物体在地平线上升起，并将该物体识别为苏联的导弹。美国立即向北美防空司令部（NORAD）发出紧急警告，称敌方导弹正以超音速向美国飞来。美国总统或代理总统只有大约 10 分钟的时间来决定是否立即发动全面的核反击。

幸运的是，这只是虚惊一场，美国政府及时发现了这是个错误预警。苏联总理尼基塔·赫鲁晓夫（Nikita Khrushchev）当时正好在纽约，这使得苏联对美国发动核打击的可能性微乎其微。研究人员仔细地观察了雷达所检测到的在地平线上升起的物体后发现，那只是月亮。

虽然弹道导弹预警系统及其后来的系统不太可能再犯同样的错误，但这个危险的乌龙事件戏剧性地反映了墨菲定律："所有可能出错的事情，都会出错。"这句格言由一名美国空军的航空航天工程师——爱德华·R. 墨菲（Edward R. Murphy）提出。简而言之，出错的后果越严重，就越应该关注墨菲定律，而没有什么后果会比因意外而引发核战争更严重了。

181 但是人们并没有吸取这起乌龙事件背后的经验教训，事态继续恶化。下文所列举的三个案例仅是系统出错的众多案例中的部分代表：

1980 年 6 月 3 日凌晨，76 架 B–52 核轰炸机在接到内布拉斯加州奥马哈市战略空军司令部防御系统发出的警告后准备起飞。警告显示，俄罗斯潜艇从北大西洋发射的两枚导弹正朝着美国方向飞去。在这千钧一发的时刻，某个思维敏捷的指挥官经判断确定威胁不是真的，反击被取消了。后来的调查发现，这个潜在的灾难性假警报是由一个价值 46 美分的电脑芯片故障引起的。

1995 年 1 月 25 日，俄罗斯早期预警系统将一枚研究北极的火箭误认为一枚来袭的美国导弹。俄军指挥官主张立即对美国进行核反击。幸运的是，俄罗斯时任总统鲍里斯·叶利钦（Boris Yeltsin）力挽狂澜，推翻了军方的决定，所以时至今日我们还可以安稳地在这里讲述这个故事。

2018 年 1 月 13 日，夏威夷当地居民被电视和智能手机屏幕上用大写字母显示的警报吓得惊魂未定：

弹道导弹威胁已到夏威夷。
立即寻找避难场所。
这不是演习。

事实证明这只是一场假警报，后来被归咎于预警系统电脑上设计不合理的下拉菜单。然而，尽管警报只是虚惊一场，但夏威夷居民对于有可能遭遇朝鲜核攻击一事并不意外。以下这个新闻

> 标题很好地概括这一事故的严峻性：“夏威夷的假警报暗示了事故与核战争之间只有一线之隔。”[35]

星球大战：里根的战略防御计划

随着技术的发展，导弹防御系统开始扩展到太空的范围。早在
182 1960 年，美军就开始尝试使用地球轨道卫星来探测苏联的攻击。陆基预警系统的观测范围只到地平线，但卫星的天眼却可以窥探到苏联的内陆，甚至可以精确到苏联位于哈萨克斯坦的洲际弹道导弹发射台。

美国在太空开发中投入的努力在 20 世纪 60 年代基本上没取得什么成效。直到 70 年代初，这项技术才开始取得重大突破。从那时起，导弹防御越来越依赖于地球同步轨道上的红外探测侦察卫星。

1983 年，时任美国总统里根提出使用最新的现代化技术来建造一个“太空盾牌”。该战略防御计划不仅可以对来袭的导弹发出警告，还可以将其拦截摧毁。该计划的官方名称是“战略防御计划”（Strategic Defense Initiative，简称 SDI），但很快人们就开始称其为“星球大战”（Star Wars）计划。“星球大战”计划声称可以提供全面的防御核攻击。但要实现这一目标，需要创造出可以运用于太空的、装备有核死亡射线的“杀伤飞行器”。不可否认，这是一个大胆的，甚至是异想天开的想法。面对批评者对其可行性的质疑，该项目的拥护者辩解称美国国防部高级研究计划局的许多项目在一开始也被嘲笑为不可能，但最终都取得了成功。正如格什温的歌里所唱的，“他们都嘲笑克里斯托弗·哥伦布……”。

尽管如此，当里根总统宣布战略防御计划时，相关技术几乎还处

于概念阶段。数千名持怀疑态度的物理学家严厉批评了该技术在实践中的可能性，在 1992 年，距离该计划的实施还不到 10 年，研究人员就摒弃了该项目的原始核心技术。到那个时候，苏联已经解体，许多学者认为“星球大战”计划是拖垮苏联的主要因素。他们认为，苏联政府对美国战略防御计划*可能*成功的担忧，使得苏联不得不投入巨额资金与美国开展军备竞赛，最终导致其经济的崩盘。以上推论不仅分析肤浅，且证据不足。[36] 但即便是按照“星球大战”计划自己的标准，该计划宣称取得的胜利也更多表现为政治意义上的，而非科学或军事意义上的。

爱德华·泰勒与死亡射线

尽管“星球大战”计划并没有多少科学价值，但其所投入的巨额资金和象征意义吸引了科学家们的关注。爱德华·泰勒便是其中的佼佼者，他是冷战时期的科学家，也是军工复合体在学界最激进的盟友。泰勒将其设想的武器称为“王者之剑”（Excalibur）—— 一种多光束的死亡射线，可以将任何来袭的导弹炸飞。这个牵强的提案得到了右 183
翼智库传统基金会的大力支持，后者为里根政府制定了详细的方案。[37] 而里根本人则成了泰勒最热心的推崇者。

在泰勒提案的前几十年，科幻小说中就已经出现死亡射线的设想，激发了人们对定向能武器的研究热情。科学人员希冀能够用微波、激光、粒子束或无论什么射线来消灭远距离的目标。泰勒设想的武器“王者之剑”使用的是 X 射线。激光在人们的日常生活中并不少见，例如教师使用的激光笔和狙击手使用的激光瞄准器，它们以相干电磁辐射的形式发射能量。相干波的“波峰和波谷”能保持一致，而普通的光波在大多数自然状态下没有固定关系。相干波不发散的特质可以将能量集中在距离很远的某个小点上。

电磁波谱包括无线电波、可见光和 X 射线。教师使用的激光笔就是利用了波谱的可见光。可见光产生的光束能量虽然不足以杀死人类或摧毁大的物体，但不能将其对准眼睛照射。激光眼科手术使用的是紫外线波，它比可见光强，但比 X 射线弱。

因为 X 射线比可见光具有更多的能量，所以研究人员自然想利用 X 射线来制造可怕的死亡射线武器。泰勒的“王者之剑”设想是将几十个 X 射线激光器紧紧包裹在一个热核炸弹上。炸弹爆炸会激发产生 X 射线，激光器再将 X 射线聚焦，自动瞄准来袭导弹。泰勒感叹道，仅仅一枚这样的武器“就能产生多达 10 万的可瞄准的光束”，可以击落“苏联的整个陆基导弹部队”。[38]

该计划的顺利实施需要瞄准热核爆炸产生的 10 万次 X 射线，准确性仅为百万分之一。难怪绝大部分物理学家都判定其“在技术上不可行”。[39] 泰勒驳斥了这些批评，坚称这只是一个简单的工程问题。泰勒传记的副标题也许为人们更好地了解泰勒可怕的科学幻象提供了新的视角。泰勒传记的副标题是《真正的奇爱博士》（*The Real Dr. Stangelove*）[*]，把他定义为典型的狂人科学家，为了反人类的意识形
184 态而不惜炸毁世界。[40] 传统基金会里支持泰勒观点的学者们组织了一

---

* 《奇爱博士》是美国 1964 年由斯坦利·库布里克执导的黑色幽默喜剧片。影评人士认为作为总统的科学顾问，奇爱博士一角是兰德公司战略家赫尔曼·卡恩、曼哈顿工程负责人约翰·冯·诺伊曼、德国火箭专家沃纳·冯·布劳恩和“氢弹之父”爱德华·泰勒的集合体。

个战略防御计划联盟，该联盟声称设立了 200 个成员组织，且他们的观点代表了学界大多数科学家的观点。

不出意外，许多依靠军工复合体维持生计的物理学家可能会支持，或者说至少不会公开反对那些支持战略防御计划的观点。更令人印象深刻的是，反对战略防御计划的科学家们展现出了前所未有的强硬立场。大约有 7000 名科学家联名签署了保证书，承诺不接受来自战略防御计划的研究资金，他们谴责相关研究是“严重误导性和极具危险的”。据《华盛顿邮报》报道，那些做出承诺的科学家来自 110 个研究机构，包括了“全美排名前 20 的大学物理专业 57% 的教员”，其中还有 15 位诺贝尔物理学和化学奖得主。[41]

尽管如此，独立科学家的抗议还是无法与政府提供的巨额资金相抗衡。这些研究资金吸引了数千名愿意参与该计划的大学研究人员。美国科学史上之所以出现这怪诞扭曲的一幕，是因为以传统基金会为代表的美国智库反对独立科学家们深思熟虑的建议。导弹防御计划成功地为军火制造商们带来了数十亿美元的利润，确保它们以这样或那样的形式继续生存下去。

后冷战时代：万变不离其宗的“星球大战”计划

20 世纪 90 年代初苏联的解体，使美国不再有正当的理由花费数千亿美元来维护升级导弹防御系统。但是，推动巨额战争开支的经济需求并没有随着苏联的解体而消失。为了继续推动耗资巨大的武器研发项目，军工复合体必须为新订单创造出新的合理理由。

在这一点上共和、民主两党彻底达成了一致。在共和党总统里根和老布什之后，民主党克林顿政府将战略防御计划更名为弹道导弹防御组织，并继续为其提供资金。继老布什的“星球大战”计划之后，
185 小布什总统继续在太空军事化的道路上前进，其政府主导的国家导弹防御计划也被戏称为“星球大战计划之子”。

2018 年，经常对美国寡头企业的短视贪婪做出理性评判的《纽约时报》警告民众对“导弹防御计划抱有幻想是极其危险的”。《纽约时报》的编辑委员会称，“经过 30 多年的研究和 2000 多亿美元的投入”，美国的导弹防御计划仍然“漏洞百出”。[42]

继前几任总统之后，特朗普也开始了“星球大战计划 3.0 版”。2019 年 1 月 17 日，五角大楼的发言人愚蠢地声称“继续支持里根的星球大战计划，设置太空武器以击落敌人的导弹”，并呼吁国会为此继续投入数十亿美元。[43]

然而，反导计划成功的基本前提，即能够“用一颗子弹去击中另一颗飞行的子弹”，从一开始就是骗局，直到今天仍然如此。虽然国家已经投入数千亿美元，但现有的技术无法支撑设定的目标。尽管如此，在 2020 年之前，美国科学的宝贵资源仍然被浪费在对“星球大战”计划的研究上，以实现美国政府称霸太空的幻想，过去如此，今日亦然。

第十五章

电子游戏战争

无人机，或者无人驾驶飞行器（UAV）的出现给战争方式带来了前所未有的巨大变革。现代化的战场不再需要士兵冒着生命危险战斗，高科技的军事人才通过远程控制的武器来消灭数千英里之外的敌人。军方更喜欢用“抵消战略”* 这个委婉语来描述这种大屠杀行为。 186

高科技的电子战争也被称为电子游戏战争：内布拉斯加州的一名控制员瞄准电脑屏幕上的人形标识，随后按下操纵杆上的按钮，就能即刻在巴基斯坦境内造成数十名有血有肉的人死亡。地理位置和情感上的远距离净化了战争的杀戮行为，使其变得非人化。老兵们所推崇的传统意义上的军事价值观，如勇气和荣誉，在无人机战争的时代背景下失去了意义，甚至连战争胜利所带来的虚幻荣耀也将不复存在。

---

* “抵消战略”（offset technology）是军事术语，指用技术优势抵消对手的数量优势，或用突破性技术提供的新能力抵消对手现有的优势军事能力。

“捕食者”“死神”和其他致命无人机

美国民众普遍认为无人机是相对较小的装置，类似于人们有时在体育赛事或其他地方看到的那种小巧的四轴飞行器。但军用无人机的翼展通常与中型喷气式飞机相当，它们可以发射巡航导弹，投掷重达500磅的炸弹。例如，美国空军的“死神”无人机长36英尺，翼展66英尺。它可以携带3750磅的攻击弹药，包括激光制导空对地“地狱火”导弹，后者是美国无人机最常使用的武器。

五角大楼对无人机及其装备的命名方式并不含蓄，“捕食者”、
187 “死神”以及“地狱火”足以说明其强大的杀伤力。美国军方并不打算粉饰它们纯粹的杀伤功能。一名无人机飞行员在接受采访时炫耀称，为“捕食者”无人机重新设计的“地狱火”导弹已经升级，比之前使用的导弹“杀伤力更强”。

> 当包裹在有刻痕的钢套筒里的两枚炸药被引爆时，套筒沿着有刻痕的线粉碎，向四面八方炸出锋利的弹片，可以将半径20英尺（取决于炸药爆炸的位置）范围内的任何人切成碎片。即使是在50英尺以外的人也难逃厄运。[1]

然而对于五角大楼来说，“捕食者”无人机的杀伤力还不够强，自2007年起美军开始使用“死神”无人机。相较于“捕食者”，“死神”的飞行速度和飞行高度是前者的2倍，飞行距离是前者的9倍，发射的导弹数量也是前者的2倍。这使得它们成为更有效的追踪型杀伤武器。2018年3月，美国空军正式宣布“捕食者”无人机退役，全

面更新为“死神”无人机。

在什么情况下武器不仅仅是武器？

美国空军向民众展示了“死神”无人机不仅仅是单纯的武器，它更像是一种武器系统。需要精密的协调和通信技术才能让数十架无人机一天 24 小时不间断地同时在空中飞行，其复杂程度远不是“远程控制”（remote control）这个词能简单描述的。

在中东一个普通的无人机基地，“死神”无人机四机为一队进行侦察。地面控制人员依靠卫星连接来获取四架无人机发来的实时视频和其他数据，实现数据的无缝连接。无人机的红外摄像头使得战场上的操作员和指挥官可以不间断地了解到所侦察的广阔范围内发生的一切。每一个四机编队都需要配备两名地面操作员——一名控制无人机，另一名管理数据的收集和传播。这个两人小队可能在附近的空军基地，也可能在数千英里之外的美军控制室中。而总指挥官很可能从另一遥远的地方监督任务的执行情况。此外，两名地面操作员通常会在无人机飞行中途与其他团队轮换。一组具体操控无人机组的起飞和降落， 188
而另一组执行追踪和攻击任务。

尽管与总军费开支相比，五角大楼在无人机技术上所投入的数十亿美元微不足道，但从绝对数值上来看，开支数额巨大且还在快速增长中。美国国防部计划在 2018 年花费 69.7 亿美元用于无人机研究，相比 2017 年增长了 21%。[2]

军用无人机简史

无人机看似是近年来才崭露头角，但实际上，无人机作为监视工具和攻击性武器已经秘密发展了数十年。尽管民众直到 21 世纪初才开始关注无人机，但无人机技术在 20 世纪 60 年代早中期已经是军事研究的关注焦点。

该项严格保密的研究是由美国国防部高级研究计划局在战况激烈的越南战场上进行的。1964 年东京湾事件后，美军在战场上部署了大量无人机，开始为外界所了解。在越南战争期间，超过 3000 架无人机执行了飞行任务，其中许多架遭到击落。尽管如此，五角大楼直到 1973 年才姗姗来迟地承认无人机的存在。

越南战争中的无人机并不是进攻性的武器，不能携带枪支、炸弹或火箭。它们更多被用来进行空中侦察，投放宣传传单，并作为迷惑北越地对空导弹的诱饵。最早的无人机是相对原始的，后期研究人员开始完善它们的三维控制能力，使它们具备实时传输监控视频的能力。但是直到 20 世纪 80 年代，随着计算机的体积越来越小，而性能越来越强，无人机的研发才取得较大的进展，才有可能研发出像“捕食者”和“死神”那样极具杀伤力的新型无人机。

研究人员花费了数十年的时间才研制出为无人机配备导弹所需的先进技术。美国空军在 20 世纪 90 年代末才开始研制可配备导弹的无人机。2001 年年底，美军首次在阿富汗战场上使用武装无人机，然后
189 该装备迅速普及，成为战场的新利器。小布什政府将武装无人机的使用范围扩展到战区之外，标志着美国向永无止境的全球化战争迈出了里程碑式的一步。

奥巴马的“无人机为和平服务”政策

在小布什执政期间，政府共授权了 57 次无人机袭击，但这仅仅是个开端。在奥巴马执政的第一年内，美军实施的无人机袭击次数超过了小布什在整个 8 年任期内的总和。奥巴马政府发动的空袭次数几乎是小布什政府的 10 倍，高达 563 次，为他赢得了一个具有讽刺意味的绰号——“无人机总统”。

奥巴马的支持者们援引了一项统计数据来维护他的和平形象。他们声称，当奥巴马上任时，在伊拉克和阿富汗驻扎的美军有 20 万之多，而当他离任时，在这两个国家驻守的美军只有大约 1.4 万。然而，美军数量的减少并不是由于战争的减少，而是由于美国发动战争的方式发生了转变。2013 年 5 月，在奥巴马第二任期的首次演讲中，他引用了詹姆斯·麦迪逊的名言——“没有一个国家能够在持续的战争中保持自由”——并承诺结束反恐战争。为了实现这一目标，奥巴马加大了无人机的使用率。此外，美国科学的军事化也促使了作战部队（“地面部队”）被不断更新的高科技的武器（包括无人机）取代。

奥巴马在任期间还极大扩张了总统在没有国会监督的情况下发动战争的权力，他所开创的先例深受继任的特朗普政府欢迎。截至 2017 年 10 月，至少 172 个国家和地区的 24 万多名士兵参加了《纽约时报》所称的“美国永远的战争”。美国军队不仅在阿富汗、伊拉克、也门和叙利亚等中东地区“积极参与”了多项军事活动，活动范围还扩展到尼日尔、索马里、约旦、泰国和其他地方。此外，还有 37 813 名士兵在一些被简称为“未知”的地区执行秘密任务，对此五角大楼没有做出进一步的解释。[3]

修建新的无人机基地一直是美国加快全球军事部署的一个主要特征。尽管大部分基地不为美国民众所知，但人们还是可以从一些新闻报道中窥见此类基地的情况。2018 年 4 月，位于尼日尔偏远地区的 201 美国空军基地，“从贫瘠的非洲灌木丛中拔地而起”。[4] 该基地占
190 地 2200 英亩，包括一条 6800 英尺长的跑道和 39 英亩的铺面机场，其存在的目的是为从塞内加尔到苏丹的无人机行动提供便利。

遥控刺杀

2002 年 2 月，中央情报局首次尝试采用“定点清除”（美国官方对无人机刺杀行动的委婉说法）的战术，结果却不如人意。刺杀行动发生在阿富汗农村一个叫扎瓦尔·基利的地方，刺杀的目标是乌萨马·本·拉登。一架“捕食者”无人机向一群人发射了一枚“地狱火”导弹，目标是这群人中的一名“高个子”男子。中情局认为该男子是本·拉登，但事实并非如此。

记者后来确认这名死亡的高个子男子是当地村民达拉兹·汗（Daraz Khan）。他和另外两名在空袭中丧生的无辜受害者贾汗吉尔·汗（Jehangir Khan）和米尔·艾哈迈德（Mir Ahmed）都是拾荒者，靠贩卖美军之前空袭留下的炸弹和导弹碎片来维持艰苦的生活。尽管美国军方被迫承认他们无意杀害的三名男子已经死亡，但他们坚持将受害者描述为“适当的”和“合法的”暗杀目标。[5] 扎瓦尔·基利事件可以算得上是当代遥控刺杀行动的完美典范。无人机被用来大规模屠杀外国平民，而且不用承担责任。该事件不同于大多数遥控刺杀的地方在于，这些无辜死去的平民的身份可以得到确认。

奥巴马在任期间还开创了另一个糟糕的先例，他将无人机刺杀的范围从外国平民扩大到美国公民。第一个受害者是一位名叫安瓦尔·阿尔－奥拉基（Anwar al-Awlaki）的穆斯林神职人员。奥拉基在美国出生、成长并接受教育。在“九一一”恐怖袭击之后，他是穆斯林温和派的著名发言人，与激进的伊斯兰主义者保持距离。然而，奥拉基在后期开始变得激进，因其谴责美国是伊斯兰教不共戴天敌人的激烈言论而在网络上吸引了大批追随者。他于2002年离开美国，2004年在也门负责管理一个网络部门。

奥巴马于2010年4月下令刺杀奥拉基，中央情报局于2010年9月30日利用无人机执行了刺杀任务（该次袭击还杀死了另一名美国人萨米尔·汗［Samir Khan］）。两周后，中情局杀死了奥拉基16岁的儿子，同样是美国公民的阿卜杜勒·拉赫曼·奥拉基（Abdulrahman al-Awlaki）。特朗普政府也于2017年1月29日在也门首次犯下了战 191
争罪。空袭事件造成了30人死亡，其中包括奥拉基8岁的女儿纳瓦尔·奥拉基（Nawar al-Awlaki），她也是美国公民。

汝不可杀人？*

自从法律的概念首次在人类社会出现以来，暗杀在文明社会中就是被法律明令禁止的。而当小布什政府宣布正式将“定点清除”作为反恐战争中的合法战略时，这种约定俗成的惯例在21世纪的今天发生了改变。

在20世纪70年代，水门事件发生之后，美国公众震惊地得知，

* Thou Shalt Not Kill，出自《旧约圣经》十诫中的第六诫：不可杀人。

自1945年以来，中央情报局对外国领导人策划了一系列暗杀行动。中央情报局在暗杀方面取得的最大战果（可以这么说）是在1961年暗杀了帕特里斯·卢蒙巴（Patrice Lumumba）。他是领导刚果独立的英雄，也是刚果的第一任民选总理。这些披露的信息迫使美国国会举行了听证会，并导致福特总统在1976年发布了一项行政令，要求“美国政府的任何雇员不得参与或协助参与政治暗杀”。该行政令不是宣布一项新的法规，而是将一项一直被视为理所当然的法规编纂成法律条款。

然而，在“九一一”恐怖袭击发生之后，小布什政府利用公众对恐怖主义的恐惧，明确表示政治暗杀禁令并不影响美国在自卫中采取这样的方式，开创了无人机定点清除的新时代。直到奥巴马上任后，美国政府才正式承认恢复暗杀行动。

2020年1月3日，特朗普政府下令在主权国家伊拉克发动无人机袭击，杀死另一主权国家伊朗的高级军方将领，在定点清除常态化的道路上又迈出了一大步。“死神”无人机执行了此次暗杀任务，其目标是伊朗少将卡西姆·苏莱曼尼（Qassim Soleimani），伊拉克一名军方领导人穆汉迪斯（Abu Mahdi al-Muhandis）和至少另外三人也在此次空袭中丧生。特朗普不仅公开承认美国犯下了这种冷血战争罪行，甚至还对此大肆吹嘘。[6]

192

如何选择暗杀目标：处置矩阵

无人机攻击基本分为两类：“特征攻击”（signature strikes）和“特定攻击”（personality strikes）。特定攻击是识别并追捕被认定为危险恐怖分子的特定个人。相比于特定攻击，特征攻击更为普遍和非个人化。在国外战场的打击区内，所有符合兵役年龄的男性都被认定为敌方战斗人员，都是无人机暗杀的目标。无论是恐怖分子还是敌方战斗人员，无人机在处决这些目标之前都没有经过任何正当程序。

而特定攻击，是指名道姓地针对某些个人展开的攻击。《纽约时报》在 2012 年 5 月的报道声称，奥巴马总统“亲自参与制定应被击毙或抓捕的恐怖分子‘绝密名单’，而所谓的抓捕在很大程度上也只是理论意义上的”。[7]奥巴马的可怕名单，官方名为“处置矩阵”（disposition matrix），人们更习惯将其称为“杀戮名单”（kill list）。在所谓的“恐怖星期二”的每周例会上，大约有 20 多名国家安全官员会向奥巴马提出暗杀候选人。外界对这些机密会议知之甚少，包括特定时期的暗杀对象和暗杀人数。

尽管美国军方声称会审慎挑选袭击目标，且目标仅限于“武装分子”，但实际却采用了臭名昭著的双重打击策略，揭示了美国的双重标准和言行不一。在炸毁据称是武装分子的聚集点后，无人机操作员会等待周边的邻居前来救援，然后再发射第二枚“地狱火”导弹来杀死救援人员。谋杀身份不明的个人或无辜的旁观者的行为尤其令人发指，但值得注意的是，无论理由如何，对象何人，暗杀——无论暗杀的对象是否是“武装分子”——都是非法的。正如调查记者丽贝卡·戈登（Rebecca Gordon）提醒人们的，“根据美国法律以及遭到空袭国家的法律，在别国进行审判之前就处决外国人本身就是错误的，是非法行为，国际法亦是如此规定”。[8]

进入 21 世纪以来，美国政府一直无视国际法，转而采用 2001 年国会通过的《授权使用军事力量》（Authorization for the Use of

Military Force）法案。尽管该法案明确表示适用范围仅限于那些“策划、
193 授权、实施或协助‘九一一’恐怖袭击”的“国家、组织或个人”，但美国政府以此为借口，扩大了其适用范围，试图为无人机暗杀提供法律依据。哪怕是与恐怖活动有关的最微弱的证据，也可以成为无人机暗杀的理由。

奥巴马在离任前签署了行政命令，试图限制其继任者发动无人机暗杀的权限，但特朗普的律师团队很快就以新任总统的行政命令推翻了该项命令。特朗普上任后，无人机袭击的次数急剧增加。尽管无法计算出确切的数字，但读者可以通过相关数据的比较来管中窥豹。在奥巴马和特朗普执政的头两年里，对也门、索马里和巴基斯坦的无人机袭击的次数分别是：奥巴马政府 186 次，特朗普政府 238 次。[9]《纽约时报》一篇关于美国无人机的社论也指出，“在特朗普总统的授意下，美军对阿富汗、伊拉克和叙利亚的空袭激增”。[10]然后在 2019 年 3 月，特朗普从法律层面上取消了政府关于无人机袭击数据向公众开放的要求，使得无人机暗杀行为更加隐秘。[11]

仿生微型无人机和其他高科技发明

尽管“死神”无人机已经足够令人胆战心惊了，但新纳米技术的发展使得制造更为可怕的远程控制的微型武器成为可能。微型无人机模仿昆虫成群行动，潜入目标者的私人住所，再用微型炸弹将受害者“斩首”。在科幻小说中描述的场景正在迅速变成科学事实。

2013 年，美国空军发布了一段视频，展示了受生物学启发而研发的致命性微型飞行器（Micro Air Vehicles）的巨大潜力。[12]由于该项

目的高度保密性，人们无法得知这些武器是否已经投入使用以及该武器的部署时间。

“飞行机器人”并不是唯一正在研发的微型仿生无人机。飞速发展的纳米生物技术可以创造出各种动力类型的微型机器间谍和机器刺客。正如对美国国防部高级研究计划局的最新研究计划展开调查的记者所评论的那样，“五角大楼的无人机具有多种生物特性，可以通过飞行、游泳、爬行、行走、奔跑以及成群包围的方式在全球范围内执行任务”。[13]

潜在的反击 194

美国无人机在战场上首次亮相后不久就落入了对方之手。当时，通过逆向工程“重新创造”无人机并不是什么难事。现如今已经有大大小小几十个国家，从俄罗斯到缅甸，将无人机纳入了自己的武器库中。

无人机科技在全球的迅速扩散增加了美国反遭攻击的威胁。美国政府之所以畏惧“伊斯兰极端分子”——或者与任何其他对手在未来可能发生的战争——是因为该潜在的威胁很大程度上是他们自己造成的。美国政府免费向敌人提供了一种致命的武器技术。美国人花费在无人机科技上的数十亿美元并没有让他们的处境更安全，而是适得其反。

在很大程度上，恐怖主义的威胁从一开始就是一种想象的威胁。美国政府和对政府言听计从的媒体严重夸大了这种威胁，向公众灌输恐惧。对偶尔发生的恐怖事件的高度公开报道，助长了社会中的集体错觉，即五角大楼和中情局正在保护民众免受危险敌人的侵害，因而巨额的战争预算中的每一分钱都花得物有所值。打击恐怖主义是一回事，但应对来自更强大对手的军事挑战则完全是另一回事。2003 年，志得意满的小布什总统在一艘航空母舰的甲板上宣布反恐的主要作战行动已经结束，他身后悬挂着一面写着“任务完成”的横幅。数十年过去后，现在的美国距离“永世之战”的结束依然遥遥无期。

对人类而言，尽管无人机技术和遥控作战的扩散已经成为噩梦般的存在，但更危险的局面还将接踵而至。如果说有一类武器比遥控无人机更可怕的话，那就是**不受**远程控制的无人机。

第十六章

致命性自主武器

在人们还没有从无人机颠覆性的杀伤力冲击中恢复过来之前，另一项极具威胁性的军事技术也已经出现。远程打击与人工智能的结合为人类打开了另一个潘多拉魔盒。利用无人机来遥控刺杀已经让生活危机四伏，而今天人们面临的更是完全自动化的谋杀。[1]

当人们面对未来战场上可能出现的机器战士时，这就意味着《终结者》系列的电影场景似乎正在越来越接近于成为现实。在现实生活中，军事决策者用“致命自主权”来形容这些智能武器想要达成的目标。早在 2011 年，敏锐的军事观察家们就预见了这一可能性。《华盛顿邮报》的一篇报道构想了“美国未来的战争方式”，其中之一是“无人机根据程序的运算，而不是人类的决定，来搜寻、识别并杀死敌人”。[2] 2012 年，美国国防部内一个极具影响力的咨询机构——国防科学委员会（Defense Science Board）发布了一份报告，描述了“无人系统”如何“为国防部在全球范围内的行动做出了重大贡献”，并敦促五角大楼“在军事任务中更积极地运用致命性自主武器”。[3]

美军在使用致命性自主武器的道路上越走越远，到2016年年底已经越过了危险的红线。据《纽约时报》报道，

> 五角大楼将人工智能置于其军事战略的中心，以维护美国作为世界军事大国的地位。美国正花费数十亿美元来研发其所谓的自主和半自主武器，并预备建立一个武器库来储备迄今为止只出现在好莱坞电影和科幻小说中的那种武器装备。[4]

196 尽管几乎所有与自主武器研发有关的信息都是高度机密的，但美国军方对该领域志在必得，他们公开表示在未来数年内会重点关注自主武器的研究，并打算加大研发投入。[5]

人工智能与军事领域

致命性自主武器技术与人工智能领域密切相关。当今的人工智能研究是基于计算机科学和神经科学之间的合作，这是一种经常磕磕绊绊且不兼容的合作关系，一边是机器技术的专业知识，另一边则是人脑的工作原理。

人工智能在军事领域应用的一个关注焦点是人脸识别技术。该技术的关键在于使无人机从人的面部照片中识别目标人物，再从人群中精准找到目标人物，跟踪他们回家并进行自主暗杀，且无需人类操作员的指导。大多数民众可能没有意识到，他们的电脑或手机所具有的在照片中识别人名和人脸的功能其实是军事研究的产物，不明就里的

人们在无意间向军事研究敞开了隐私的大门。[6]

此外，美国民众还可能被迫充当了人脸识别研究的小白鼠，正如《华尔街日报》的一篇社论标题所示，“人工智能很快会助力警方，加大实时监控力度”。[7]在不久的将来，警察可能会让人们靠边停车，用随身相机对着他们的脸进行识别，就可以知晓他们的名字和其他相关信息。

当地警察部门原打算在 2018 年秋季之前配备人脸识别随身摄像头，但由于公众的抵制，该计划被迫中止，至少目前来说是这样。2019 年 6 月，加州法院宣布他们可能会在全州范围内禁止使用这些设备。与此同时，警用随身摄录机的主要制造商宣布不会在其产品中提供面部识别功能。[8]

人脸识别随身摄录机的雏形来源于美国国防部高级研究计划局资助的一个名为 SyNAPSE[9] 的项目。这项对“电子神经形态机器技术”的大胆尝试，旨在超越今天的人工智能，实现通用人工智能（artificial general intelligence），通过创建一个模拟哺乳动物大脑的计算机，模拟 100 亿个神经元以及 100 万亿个突触来交换信息。而国防部高级研究计划局及其承包商在该研究上取得了哪些进展仍属于高度机密。正 197
如一位具有敏锐洞察力的调查记者所评论的，这类技术“只有在军事领域掀起一场革命之后才会向公众公开”。[10]

与此同时，在硅谷

然而，并非所有关于人工智能的研究进展都直接来自军方的需求牵引：

> 在当代，国防产业对科学研究的创新驱动作用无法与冷战时期相比，五角大楼也不再垄断机器制造的高精尖技术。这些技术由位于硅谷、欧洲和亚洲的初创型科技企业所掌控。[11]

以上评论表面看上去没有问题，但极具误导性。民用企业的确具有进军人工智能领域的强烈动机，他们希望通过用机器人来代替人力以降低生产成本。但硅谷在人工智能领域所做的贡献还是基于之前的军事研究。例如，如果某人以为是史蒂夫·乔布斯（Steve Jobs）或他手下的计算机科学家们赋予了苹果产品的语音助手 Siri 与人类进行机智回答的能力，那么他就理解错了。Siri 其实是国防部高级研究计划局的一个名为“个性化学习助手”（Personalized Assistant that Learns）项目的研究产物。该项目是美国历史上规模最大的人工智能研究项目。用国防部高级研究计划局自己的话来说，“个性化学习助手”项目的目的是“让军事决策更有效率、更有效”。然而，项目本身也“促成了 2007 年 Siri 公司的创建。该公司后来被苹果公司收购，后者进一步发展整合了 Siri/PAL 技术，并将该技术运用到苹果移动操作系统中”。[12]

事实上，五角大楼在多大程度上“推动”了人工智能的研究并不是至关重要的，因为这项技术不仅服务于军队国防，也应用于民用市场。美国国防部高级研究计划局不必为了推动智能武器的发展而掌控所有人工智能的研究方向。硅谷在引领自动驾驶汽车研发中所获得的突出成就已经充分说明了这一点。那些耳熟能详的科技巨头——谷歌、苹果、亚马逊、特斯拉和优步——已经在自动驾驶研发上投入了巨资，努力使专车司机成为历史过去式。

没有司机的汽车和卡车 198

人们是从什么时候意识到无人驾驶车辆有可能真正进入日常生活的？除非对机器人技术有特殊的兴趣，否则普通人在2015年之前可能不会有这样的想法。然而，正如《连线》（*Wired*）杂志的一篇报道所说，现如今，

> 无人驾驶汽车不只是在硅谷，可以肯定地说，它们几乎无处不在——在旧金山、纽约、凤凰城、波士顿、新加坡、巴黎、伦敦、慕尼黑和北京的街道上随处可见。[13]

2009年，谷歌开始研发自动驾驶汽车技术。2015年，谷歌公司高调宣传研究成果，声称其研发的自动驾驶汽车已经行驶了100多万英里，其行驶路线主要是在大城市的街道。[很快，行驶更多路程（"way more"）的理念演变为现实，谷歌成立了研发自动驾驶的子公司Waymo。]2015年，第一辆自动驾驶卡车也正式上路了。一年多以后，优步的一家子公司宣布，该公司的一辆全自动驾驶卡车在科罗拉多州的25号州际公路上行驶了240英里，运送了满满一卡车啤酒。2018年年初，无人驾驶达到了新的里程碑：无人驾驶的卡车第一次完成了从美国东海岸到西海岸的行程，长达2400英里，即从洛杉矶到佛罗里达州杰克逊维尔。无人驾驶无疑会给350万美国卡车司机带来可怕的竞争压力，将会剥夺他们维持生计的工作岗位。

实际上，在人工智能研究方面，军方比硅谷还早了几十年。国防部高级研究计划局从 1983 年到 1993 年资助了一个战略计算项目。虽然该项目没能实现它所期望的高水平的机器智能，但绝不是彻头彻尾的失败品。这些技术后来被硅谷的企业家们借鉴，为自动驾驶技术的成功研发奠定了科学基础。

后来，美国国防部高级研究计划局一反常态地公开鼓励民企参与机器人研发。该机构举办了广为人知的科技创新竞赛——“DARPA 挑战赛”，并给予获奖团队丰厚的现金奖励。参赛选手是团队自主研发的机器设备。在 2004 年的第一届挑战赛中，没有一个参赛选手到达预定的终点，因而没有团队获奖。但是后几届的 DARPA 挑战赛的成效有明显的提升。2005 年举办的第二届挑战赛与 2009 年谷歌公司具有开创性的自动驾驶汽车项目之间存在着直接联系。来自斯坦福大
199 学塞巴斯蒂安·特伦（Sebastian Thrun）领导的团队赢得了 2005 年 DARPA 挑战赛的冠军，他后来成为谷歌自动驾驶项目的负责人。

到 2007 年，DARPA 挑战赛已经成功吸引了许多来自知名大学和企业的参与者。奖金分配是冠军 200 万美元，亚军 100 万美元，季军 50 万美元。但更值得注意的是，赛事举办方还为参赛的 11 个团队提供了每队 100 万美元的**启动**资金。2007 年挑战赛的冠军是由来自卡内基梅隆大学和通用汽车公司的研究人员和工程师联合组成的团队。DARPA 挑战赛每年举办延续至今，其主题也越来越倾向于复杂的自动化技术。2019 年 DARPA 挑战赛公开征集关于“开发微米至毫米（昆虫尺度）机器人的技术”的解决方案。[14]

DARPA 挑战赛成功吸引了顶尖的工程高校和企业研发人员参与

先进自主武器的研发。此外，从2004年至今，挑战赛的公开性也为美国国防部高级研究计划局的形象提升起到了重要的公关作用：通过公开赞助自动驾驶汽车和卡车的研发，特别是自动化应急反应汽车，国防部高级研究计划局希望能够改善其作为仅致力于追求死亡技术的秘密机构的形象。

义肢炒作与残酷现实

美国国防部高级研究计划局还通过为截肢者发明高科技义肢这样的案例来为自己赢得人道主义声誉。民众可能会在新闻节目《60分钟》中看到过用电脑控制的肌电义肢帮助美国士兵实现断臂重生的令人动容的故事。这些义肢让截肢者像正常人一样运用手掌和手指，而这一切都要归功于高级研究计划局的研发成果。该研究的负责人认为高科技义肢研发涉及的研究领域可与曼哈顿计划相媲美，并表示研究团队成员数量“远远超过了300名，也就是说，这是一支由工程师、神经科学家和心理学家组成的重磅科研团队”。[15]

然而，《60分钟》所讲述的故事更像是一场触动人心的表演。当调查记者安妮·雅各布森（Annie Jacobsen）追踪故事背后的故事时，她发现

> 一名在伊拉克战争中失去一只手臂的项目参与者在镜头前说“我们大多数人都戴上了浩克船长的手臂”。而当拍摄完成后， 200
> 这些电子手臂通常会被带回实验室，安置在储物架上。[16]

邀请这些受伤的退伍军人出镜是为了转移公众对先进的致命性自主武器研究的注意力。国防部高级研究计划局开展此项研究的隐秘目的在于为作战机器人研发类人的四肢。

尽管如此，不可否认的是，对许多截肢患者来说，该项研究创造了一个具有巨大潜在价值的技术奇迹。2014 年，美国食品药品监督管理局批准了该项目的商业化生产。商业化的结果使得肌电义肢的价格居高不下，超出了普通人可以负担的范围。根据美国退伍军人事务部的估算，“单臂的义肢购买以及医护的终身平均成本”将高达 823 299 美元。[17]

肌电义肢的案例映射出美国科学悲剧的本质：科学拥有改善人类生活的巨大潜力，却受制于军事考量和市场力量。

从仿生学到生化人

国防部高级研究计划局还计划发明可以模拟蜘蛛、飞虫、鸟、鱼、狗、猎豹、骡子和人的机器，为未来开发生物－机械混合系统提供了可能性。尽管早在 1958 年，可植入人体的心脏起搏器就已经问世，但直到 21 世纪初，纳米技术的发展才开创了科技的新时代。将微型机器植入生物体的能力使得机械化有机体的出现成为可能，即科幻小说中常出现的生化人。

在飞蛾的翅膀上植入电极来控制它们的飞行路线，这样的设想似乎只是一种对科技的怪诞追求。然而研究计划局的科学家们在 2014 年以令人惊叹的方式让设想变成了现实。他们在昆虫的蛹期植入电极。当飞蛾发育成熟破蛹而出时，电极已经完全融入了它们小小的身体。

这些飞蛾成了电子飞蛾。

当然，五角大楼给高级研究计划局提供资金来研发远程遥控的昆虫并不是出于无聊或者对科学的好奇。早在几年前兰德公司分析师本杰明·兰贝斯（Benjamin Lambeth）就揭露了这项研究背后的动机。兰贝斯在1996年的一篇文章中指出，仿生微型无人机将成为出色的刺客。只需要给它们配备“微型炸弹”，就可以“用几克炸药杀死移 201
动目标”。[18] 在对杀人机器人的研制道路上，杀人飞蛾仅仅只是一个开始。

超级战士的外骨骼装甲

如何打造一个超级战士呢？2001年，国防部高级研究计划局开始研发所谓的“外骨骼装甲”，来增强普通士兵的体能。与中世纪战士佩戴的军用盔甲不同，现代的外骨骼装甲不会让佩戴者感到沉重不堪，反而会让其脚步轻快。

2014年，《福布斯》杂志的一位记者受邀试穿了一款“低功耗（100瓦以下）、重量轻（40磅）、可穿戴式的外骨骼装甲。它能让士兵在无需额外费力的情况下走得更远、跑得更快”。这台设备由连接在背包上的电脑控制，包括可以塞在军靴里的电动双腿支架。该记者在文章中描述道：

> 电脑自动读取腿的动作，并启动适当的液压助力（伴随着令人安心的、类似于机械战警的 zzzt-zzzt-zzzt 的声音），让我的腿在无需额外费力的情况下以恰到好处的角度前踢。穿着装甲快速

> 行走的感觉就像是微风在背后轻推。当我开始慢跑时，马达会让我的膝盖抬得比平时高一点儿。[19]

这种外骨骼装甲还能使佩戴者的卧举和俯卧撑数量提升一倍。尽管外骨骼装甲似乎预示着一个由机器警察和终结者所统治的反乌托邦未来，但与高级研究计划局研发的其他项目相比，该装备可以算作一个相当温和的创新。它完全在人体之外，没有越界踏入超人类主义[*]的伦理困境。

超人类主义

（一）性能增强药物下的铁血战士

要创造出“超人”[**]，显然免不了要尝试使用药物。药物的巨大功效可以将身体强健的人转变为如漫画人物般力大无穷的超自然状态。高级研究计划局没有错过前景巨大、可优化战场表现的药物研发机会。2004 年，该机构主导的“士兵表现巅峰项目”是“通过化学物
202 质提高士兵身体素质”研究的一项尝试。该项目的目的是研发有兴奋作用的药物，使士兵在战场上能够在没有摄取食物的情况下坚持五天。据英国一家国防工业的新闻机构报道，为了实现这一目标，研究者已

---

* 超人类主义（transhumanism）提倡应用理性（科技）来根本改进人类自身条件，特别是开发和制造各种广泛可用的技术来消除残疾、疾病、痛苦、衰老和死亡等不利于人类生存与发展的消极问题，同时极大地增进人的智力、生理和心理能力。

** “超人”（Übermensch）是哲学家尼采最著名的概念之一，他认为超人是一种自由、创造性的和独立的存在，他能够超越传统的道德和价值观念，创造出全新的生命形式。

经“用尽了一切基因技术手段”。[20]

该研究旨在发明通过降低体温和提高线粒体效率来增强服用者耐受力的营养补充剂。线粒体将糖转化为化学能，为身体细胞提供动力。生化学家们努力通过基因工程改造线粒体，使它们

> 以脂肪分解过程产生的酮为食，产生体积更小的酮作为能量来源，不仅能让士兵恢复体力，还能让他们在几天内达到体能的巅峰状态。最初的实验室测试显示，接受这种药物治疗的老鼠能跑更长的时间。[21]

小布什总统办公室 2003 年发布的一份报告披露了另一项正在进行中的人体生化增强研究。报告的标题是《生物技术与对幸福的追求》[22]，与乔治·奥威尔的反乌托邦小说颇具异曲同工之处。英国杂志《陆军技术》在分析了该报告后认为该研究

> 指向了秘密的药物研发，可以抑制士兵的恐惧情绪，在杀戮合法化的情况下有效地把他们转变成杀人机器。考虑到包括美国陆军、美国空军和国防部高级研究计划局在内的机构都在强烈要求进行性能增强药物的研究，并在士兵中正式使用能够提高表现的药物，那么给士兵发放此类药物已经是板上钉钉的事实，只是时间早晚的问题而已。[23]

（二）从特种部队到转基因战士？

国防部高级研究计划局已经承认对“快速测序、合成和操纵遗传物质的技术和手段”[24]的研究感兴趣，引发了民众对军方主导的新优生学或转基因时代的“定向进化”的担忧。

在 2016 年的一次采访中，国防部副部长罗伯特·沃克（Robert
203 Work）暗示，基因改造技术可以用来培养更优秀的士兵。据报道，当被直接问及军方目前是否打算进行此类研究时，沃克“有点儿闪烁其词，不愿正面回答美国军方是否会对人类进行基因改造，只说‘这真的非常非常令人不安’”。[25]

国防部高级研究计划局和五角大楼是否真的准备开始新优生学研究？如果是，他们离目标实现还有多远？这属于政府机密，不可能让民众知晓。然而，种种证据表明美国军方打算培养转基因战士。考虑到他们有充足的研究资金和政策支持，军方可以在没有公众监督的情况下进行此类研究。

（三）大脑中的微芯片

国防部高级研究计划局长期以来一直在资助将电子微芯片植入人脑的研究。该机构已经公开承认了这个无可争议的事实，且对此相当自豪。[26]《福布斯》杂志的一则头条新闻声称：“国防部高级研究计划局向研发大脑植入的初创公司投资了 1830 万美元，该公司正在研发‘大脑调制解调器’。”[27]引发争议的是研发这种带有“脑机接口”的装置背后的真正动机。尽管高级研究计划局声称其目的完全是无私的：为了治愈受伤士兵的创伤性脑损伤。

然而，批评人士警告说，高级研究计划局的目标实际上是创造具有超乎常人的力量、耐力、智慧和一系列能力的生化士兵，以最大限度地提高他们作为杀人机器的效率。这种超能力有可能使得“增强版”的士兵在黑暗中视物，减少或消除他们对睡眠的需求，并无线接收和传输电子数据。

对“高质量大脑控制”的追求

高级研究计划局的某个项目要求大脑植入体能够“记录来自100万个神经元的高保真信号”。[28] 先前的研究人员已经记录了几百个神经元的信号，并将他们记录在植入截肢者大脑的设备中，以帮助使用者控制义肢和手。

高级研究计划局打算在先前研究的基础上更进一步，实现双向通信。嵌入人脑的微芯片不仅可以记录来自神经元的信号，还可以将计算机生成的信号传回神经元。他们声称该研究的目的是创造“神经义肢”，为视障人士提供视觉信息，为听障人士提供听觉信号。谁又能反对如此崇高的人道主义追求呢？

但人们也可以轻易地重新设定同样的神经义肢，将其用于非人道 204
主义目的。2017年，一家国防工业的新闻机构报道称，美国顶尖的军事科学家正在研究绕过原先的“触发器、加速器和键盘”流程，采用了“将计算机直接植入人脑”的方法。植入的芯片将“对人的脑细胞做出反应，**意图**形成对大脑的控制”，取代了之前的“人类操作员手动操作”。[29] 另一个潜在的应用是改变士兵的“情绪”，继而影响他们的“士气”。（换句话说：让他们更有干劲、更具攻击性。）这些植入的芯片还可以帮助士兵在“挑战人的认知底线的环境”中“管理压力”。[30]（言下之意是：安抚士兵在战斗中对死亡的恐惧，以及他们对杀戮的克制和悔恨。）

道德、伦理和“终结者难题”

在奥巴马政府和特朗普政府两度担任参谋长联席会议副主席的保罗·塞尔瓦（Paul Selva）将军，把对生化人引发的道德担忧称为“终结者难题”，并问道：“身为人类，我们在什么时候开始想跨越那条红线？谁愿意成为第一个实验者呢？这些都是困扰人类的伦理问题。”[31]然而，由此引发的对自身道德和伦理的恐惧能否阻止五角大楼继续使用药物、大脑植入物和新优生学来把年轻的新兵培养成超级士兵？

生化人伦理问题从属于更普遍的致命自主权问题。机器人应该被赋予决定人类生死的权力吗？如果他们犯了战争罪（譬如袭击学校或医院），谁要对此负责任呢？他们是否有权采取可能引发核战的行动？两个主要的国际人权组织研究了这个问题，并发表了相关报告，要求“各国政府应首先禁止全自动武器，因为它们在武装冲突中对平民构成了威胁”。报告称机器人

> 不受人类情感的束缚，也不具共情能力，这为杀害平民埋下了严重的隐患。没有情感的机器人可以被专制独裁者利用来镇压人民，而不必担心自己的军队会转而攻击他们。[32]

205 2015年7月，数千名人工智能和机器人领域的研究人员联合签署

了一封公开信，在信中他们称：

自主武器是暗杀、破坏国家稳定、侵略他国人民和选择性地杀死特定种族群体等任务的理想选择。正如大多数化学家和生物学家无意制造化学或生物武器，大多数人工智能领域的研究人员也无意制造人工智能武器——他们也不希望其他人这样做来玷污科研领域。

简而言之，这封公开信认为，国际社会非常有必要颁布关于超出人类控制的进攻性自主武器的研究禁令来组织人工智能军备竞赛。[33]

然而，这一呼吁犹如石沉大海，没有任何结果。五角大楼秉持的“特定条件下的伦理观”将军事行动的重要性置于传统的道德关切之上，并以“国家安全”的名义为任何军事犯罪行为开脱。至于高级研究计划局，尽管该机构经常邀请生物伦理学家来对自己的生物科学项目提出批评和建议，却无须对这些担忧或建议做出回应。撇开以上不谈，伦理学家又有多道德？生物伦理学家会为不道德的研究打掩护吗？他们在多大程度上会因经济回报而妥协？

任何有关美国军队行为合法性和道德性的争论的核心在于其使命的根本道德性。美国参与的战争正义与否？这个问题笔者将在本书的另一章中讨论，并着重阐释美国例外论的内涵。[34]需提醒读者注意的是，如果不考虑新时代军事的新领域——网络战的影响因素，那么有关科技创新变革美国战争样式的任何研究都将是片面的。

第十七章

网络战真的如此重要吗？

 致力于“行业新闻、分析和评论”的杂志《突破防御》（*Breaking Defense*）曾经刊登了一篇社论，其标题颇具挑衅意味：

> “网络战”被过度炒作：没有死亡就不算战争[1]

如果网络攻击不会造成人员伤亡，那么网络武器是否不应该被列入死亡技术之列？网络空间不会造成人的现实死亡，这是不言自明的事实。然而，因此而认为网络战的影响仅仅局限于网络空间是一种危险的错觉。一架被黑客劫持的携带导弹的无人机显然会在现实世界造成大量人员伤亡，而这仅仅是网络战可能导致的后果之一。在信息高度发展的时代，所有的军事力量、国民经济、电力水力供应都完全依赖于计算机和网络。这就意味着扰乱网络秩序可能会产生暴力的，甚至致命的后果。

网络战的特征之一：破坏

除了其他种种危害，网络战旨在破坏敌方的“指挥与控制”（command and control）。常被缩写为“C2”的“指挥与控制”是一个关键性的军事术语，是军事活动的基本核心。军事指挥官如果失去了指挥和控制军队以及调配战争物资的能力，将毫无作用。

网络攻击的可怕之处十分隐蔽，因为网络意外地失去指挥和控制本身就会引发恐惧、沮丧和迷茫，而这一点任何曾经依赖电脑进行工作的人都会感同身受。军事指挥官在战斗最激烈的时候突然失去对战场的指挥与控制，将会导致异常的应对行为。因此，网络战是一种极 207
其破坏稳定的行为。这也引发一个关键问题：在战争中，一方真的应该让拥有核武器的敌方行为失控吗？答案显然不是，这就是为什么一个理性的社会应该严令禁止任何入侵核系统的行为。

不幸的是，早在特朗普执政期间所做出的一系列鲁莽举动之前，美国就已经不明智地越过了这条最危险的红线。在 2009 年前后，美国负责网络战的机构——美国国家安全局与以色列的相关机构联手研制了名为“震网”（Stuxnet）的电脑蠕虫病毒，攻击了伊朗的电脑，破坏了铀浓缩离心机等核设施。在 2014 年，军队的最高统帅奥巴马总统亲自下令对朝鲜进行秘密网络攻击，试图使其导弹发射失败。在这两起事件中，尽管对网络发起的袭击干扰都是暂时的，但这样的行为加剧了国际紧张局势。幸运的是，这两起事件情况都没有失控。

美国国家安全局当然清楚单凭网络破坏无法永久遏制伊朗或朝鲜的核野心。与此同时，网络攻击也容易招致始料未及的后果。比如说，如果攻击朝鲜导弹系统的电脑病毒导致了削弱防止意外发射的保障措施的副作用，会产生怎样的严重后果？由此可能引发的严重反弹效应也不容小觑。美国军队在实体武器方面比其他国家更具优势，但在成本相对较低的网络战方面却不占优势。即使是小国也能在黑客技术上与美国一战高低，而美国脆弱的网络防护并不比它的敌对国家强多少。正如一位美国网络安全专家所警告的："如果我们无法应对后果，就不要主动挑衅。"[2]

更多的挑衅

人们并不意外特朗普政府采用了更具挑衅性质的进攻性网络安全政策。2018 年 9 月，特朗普的国家安全顾问、超级鹰派人物约翰·博尔顿（John Bolton）宣布将采取一项新政策，放松此前对军事指挥官发动网络攻击权力的限制。[3] 早前，新政府已经取消了要求商务部、财政部、国土安全部和其他部门在发动进攻之前需要签字确认的限制。
208 值得一提的是，该政策进一步赋予国家安全局局长保罗·中曾根（Paul Nakasone）将军更多的权力发起网络攻击。

特朗普政府倡导的"网络威慑倡议"与早前的核威慑战略颇有异曲同工之处。然而，正如著名网络战记者大卫·桑格（David Sanger）所评论的那样，

> 博尔顿深受冷战时期威慑理念的影响。在当今的网络时代，和前几任国家安全顾问一样，他可能很快会意识到：几乎所有先前行之有效的核威慑战略都不适用于数字时代，甚至弄清楚是由何方发起了网络攻击都困难重重。[4]

举例来说，美国遭受来自任何地方的匿名黑客攻击后，可能会转而对特定国家进行报复性打击，增加了网络战爆发的风险。最终会导致无法预测的结果。

美国网络的脆弱性

特朗普和博尔顿发表声明的时机并不妥当。不到一个月后，一家政府机构就发布了一份措辞严厉的报告，揭露了五角大楼在应对网络战方面准备不足。[5] 报告显示，美国的网络安全防御极其脆弱。

这份报告是基于美国政府问责局所做的相关调查。政府问责局授权黑客来测试五角大楼的 86 个武器研发项目的网络防御系统，以判定其安全程度。测试结果令人大为震惊：黑客们毫不费力地入侵并控制了关键武器的网络系统。被入侵的系统中包括国防部的新型导弹、潜艇、战斗机和卫星项目系统，还包括三种主要核武器运载系统中的两种：哥伦比亚级潜艇[6] 和陆基核威慑系统[7]。下文援引政府问责局报告中一些更加令人震惊的调查结果。[8]

- 黑客测试团队能够破坏武器系统的网络安全设置，而这些设置本意是为了防止对手未经授权就进入系统。其中一个案例显示，一个两人的测试团队只用了 1 小时就获得了对武器系统的初始访问权限，在 1 天的时间内就完全控制了该系统。
- 一旦测试团队获得了初始访问权限，通常就能够访问整个系统，并不断升级访问者的权限，直到他们完全或部分控制了系统。在一个案例中，测试团队甚至控制了操作员的终端系统。测试 209

团队可以实时监测操作员的电脑屏幕内容，并操纵系统。他们能够通过破坏系统来观察操作人员的反应。

- 多个测试团队的报告显示，黑客们能够复制、更改或删除系统数据。其中一个团队下载了100GB的数据，即大约142张光盘的存储量。
- 多份测试报告均显示信息安全的一个常见问题是糟糕的密码设置。一份测试报告表明，测试团队能够在9秒内猜出管理员密码。
- 多个武器项目的安全防御系统使用了商业或开源的软件，但在安装软件时没有更改初始密码，使测试团队得以在互联网上查找密码并获得该软件的管理员权限。
- 多个测试团队报告称他们用免费的、公开的数据资料或直接从互联网下载的软件来躲避或入侵武器项目的安全防御系统。
- 在某些测试过程中，系统管理员完全没有检测到测试团队的黑客行为。甚至其中一个案例显示测试团队入侵了系统数周之久都没有被发现。一份测试报告指出，即使测试团队故意“高调”行动且并不试图隐藏其黑客行为，系统管理方还是没能发现。
- 另一份测试报告指出，尽管安全防御系统准确地检测到了测试团队的入侵行为，但并没有提高用户对黑客行为的认知。因为系统总是弹出“红色的”入侵警告，操作员对此现象已经见怪不怪了。

除了对发现的问题按照类型进行分类外，政府问责局的分析师们还点明了这些问题不易解决的一个原因。他们指出，五角大楼“难以聘用和留住行业知识丰富的网络安全管理人员”。国防部官员抱怨道，“一旦工作人员在国防部积累了经验，他们往往会跳槽到薪酬待遇更 210
好的民企”。[9]

美国政府问责局的调查中没有包括核武器的网络系统安全测试，这是因为核武器是由能源部而不是五角大楼管理的。然而，在一个月前，另一份由一个非官方组织所做的报告显示，核武器的安全防护系统同样容易遭到黑客攻击。[10] 不管是否存在特定的数据漏洞，匿名黑客在任何时候都可能秘密地霸占最致命的武器的事实增加了对于全人类生存的最终威胁的随机性和不可预测性。

网络战的另一面：间谍行为

间谍行为是网络战的主导要素，其重要性甚至超过了网络破坏行为。虽然两者互补，但它们的目标并不总是一致的。网络破坏行为往往攻势迅猛，易被识别且速战速决；而自动化的“数字间谍”则相当低调，长时间安静地潜伏在密密麻麻的代码中。

网络间谍行为旨在秘密收集对手的活动和计划信息。在过去 10 年左右的时间里，越来越多的不速之客渗透到美国的金融机构和军事部门的内网中。入侵者是什么身份？从哪里来？他们数量众多，而且来源往往无法确定。可以确定黑客身份的大型网络攻击事件包括朝鲜黑客 2014 年对索尼影业好莱坞部门的毁灭性攻击，以及俄罗斯黑客大规模地干扰了 2016 年美国大选。

美国的战略与国际研究中心还保存着一份关于“重大网络安全事件”的记录。2018 年前 9 个月记录名单中包含 62 起网络攻击事件，主要由来自不同“国家支持”的黑客所为。[11] 这本事件汇编显然是美国中心论的观点投射。由此及彼，其他国家政府认定的黑客列表也少不了美国、英国和以色列的身影。

211 美国国内的网络战

2001 年 10 月通过的《美国爱国者法案》（USA Patriot Act）打开了政府滥用权力的大门，正如美国国家安全局的举报人爱德华·斯诺登（Edward Snowden）在 2013 年所披露的，美国政府肆无忌惮地对民众实施持续的、大规模监控。国家安全局与主要通信运营商以及互联网服务提供商合谋窃听美国民众的电话通话，记录元数据（如电话号码、通话的时间和地点），并查看数千万美国民众的私人电子邮件。

美国国家安全局成立于 1952 年，是五角大楼的一个分支机构，在冷战期间负责收集外国情报。然而，正如历史学家和网络伦理学家埃本·莫格伦（Eben Moglen）所评论的，在苏联解体后，“美国所有的安全机构重新调整了自己的定位”，以打击恐怖分子，而不是共产主义者为目标。

> 我们（美国人）不再需要监视一个虎视眈眈的，拥有 2.5 万枚核武器的帝国。现在我们之所以监控全球，是为了找到几千个意图实施各种大屠杀的恐怖分子。因此，我们被告知，监视整个社会是一种新常态。[12]

莫格伦进一步解释，为了达成这一目标，情报机构们首先必须采用种种“科学技术”，以“使他们窃取信息更加容易”。

要监控全世界的人口就意味着美国人民也在被监控之列，但这严重违反了美国宪法，并不符合美国一贯的传统。然而，自“九一一”事件发生以来，这一法则形同虚设。调查记者格伦·格林沃尔德（Glenn Greenwald）曾协助斯诺登将泄露的机密文件公之于众。他表示，这些文件揭示了“国安局的目标是搜集、监控和存储发生在美国境内和其他国家区域的每一次电话和互联网通信。它每一天收集的电话和电子邮件数量就多达数十亿”。[13]

国安局无所不在的电子窃听已经侵犯了美国人的隐私权。没有隐私权和匿名权，民主自治也不复存在。美国前总统卡特在斯诺登泄密事件发生之后也表达了这一观点，“美国目前的民主名存实亡”。[14]

国安局之所以能够在违背宪法的情况下继续对美国人进行监视活 212
动，要归功于由秘密监视法庭所制定的秘密法律体系。1978 年的《外国情报监视法案》（Foreign Intelligence Surveillance Act，简称 FISA）授权建立了一个秘密的内部法庭，但其作用仅限于签发监视外国间谍的搜查令。然而，在“九一一”事件之后，该法庭的行使权力及其适用范围呈指数级增长。一名调查记者描述了秘密监视法庭如何“悄然成为与最高法院几乎平起平坐的存在”。但“与最高法院不同，秘密监视法庭在案件审理中只听取一方，即政府的意见，而且它的调查结果几乎从不公开”。[15]

美国宪法第四修正案禁止政府不加区分地监控美国民众，美国情报机构也表示，他们始终在法律允许的范围内行事。然而斯诺登的爆料揭开了美国政府的弥天大谎。事实证明，国安局秘密地对美国民众进行了大规模的监控，并与其他国家的情报机构签订了秘密协议，共享监控数据。尽管国安局的罪行已是板上钉钉，奥巴马政府却将其称作“对隐私的适度侵犯”[16]，且辩称该行为已得到国会和联邦法院的批准。那完全是公然的谎言。[17]尽管国安局承诺今后并不再犯，但其保证并不可信。

尽管 2015 年颁布的《美国自由法案》（USA Freedom Act）旨在限制此类电信监控行为，但国安局仍然继续搜集和存储大量美国人的电话短信数据。美国国家情报总监 2018 年的一份报告称，2015 年，国安局从 AT&T、威瑞森等电信公司收集了 151 230 968 条“详细的通话记录”。2017 年，这一数字飙升了三倍多，达到了 534 396 285 条。[18]

数据挖掘

数据挖掘是实现国安局数据监控的最为关键的技术，是消费者定位科学的延伸产物。

数据挖掘并不是国防部高级研究计划局的研究成果，它脱胎于谷歌、脸书、亚马逊和油管视频网站等大数据公司对利润的追求。公司从互联网用户与网站互动中获取他们的购物习惯数据，并将其出售给营销人员。该数据的价值在于它可以帮助识别个人消费者的身份。换
213 句话说，以营利为目的的数据挖掘需要消除网络匿名化功能。

同样的数据挖掘技术也可以用来搜集个人的政治观点。当然，国安局也可以使用同样的技术来密切关注政治异见人士。在今天的美国，所有使用手机或互联网的人都不应该对个人隐私抱有期望。国安局完全可以通过技术知悉个体的身份、所处的位置、曾经去过的地方以及

和谁有过联系。[19]

量子计算——网络战的终极武器?

与此同时，另一项革命性的技术正在浮出水面。如果未来该技术超越了目前的概念阶段并获验证是切实可行的，它将会对网络空间造成重大破坏。

量子计算用具有幽灵般灵活性的亚原子粒子（“量子比特”）来取代人们今天使用的计算机二进制开关（“比特”），从而创造出一种新型的超级计算机。[20] 通过排列量子比特，量子计算机有望以多种不同的方式同时处理相同的数据，使数据处理的速度和功能提高数百万倍。[21] 试想一下：一台试图破解密码的数字计算机会每次尝试一种可能的数字组合，直到获得正确的数字组合。而量子计算机理论上可以同时尝试每一种可能的组合。

人们有理由相信，实用量子计算机的研发竞赛不仅会改变网络战争的游戏规则，还会导致游戏的终结：这场竞赛的胜利者将统治世界。[22]

掌握量子计算的一方可以通过破解普通计算机的加密能力（即“密码锁”）来暴露敌方的所有机密信息，从而使他们的防御系统瘫痪。因为所有的军事资源都是完全计算机化的，拥有量子计算机的一方将能指挥和控制缺乏该技术的敌方的核武器、卫星以及通信设备——所有的一切。

考虑到量子计算的实现需要投入巨额研发经费，这场军备竞赛唯一可能的赢家将在拥有大型科学机构的大国中产生，当前主要的竞争

214 对手是美中两国。中国已经在量子信息科学上投入了数十亿美元，而美国军方也不甘示弱，正在积极追加经费。[23]

不出所料，美国政府已经开始积极宣传造势，用中国可能在这场量子科技竞争中占据先机的设想来恐吓民众。军事化的凯恩斯主义是这场造势运动的主要推手。美国国安局的发言人宣称，来自中国的技术威胁“需要美国及其盟友投入大量资金来升级现有的国家安全和监控系统”。[24]

量子计算是否会为国家安全带来真正的危险，而这样的危险是否真的迫在眉睫？尽管 IBM、谷歌和一些科技初创公司已经生产出了量子比特处理器的小型原型[25]，但完全可操作的量子计算机能否成为现实仍然存在争议。美国国家科学院的一份报告认为：

> 量子计算领域最近在研发小型设备方面取得了实质性进展，引起了公众的极大关注。然而，在大规模、实用的量子计算机正式投入使用之前，还需要取得重大的技术进步作为支持。[26]

目前这种威胁还处在理论假设阶段。量子计算机领域的专家估计，至少需要 10 年或 20 年的发展时间才有可能真正实现量子计算从理论到实践的发展。但随着美中两国的军事机构不断在该领域投入大量的科学资源，量子计算很有可能不会一直处在假设阶段。

总 结

如果没有行之有效的监督机制，只要美国国家安全局还在继续运作，那么它仍会继续监听民众的电话交谈并翻查他们的电子邮件——只不过现在会对像斯诺登那样的告密者更为警惕。

美国人有理由对权力部门的持续监控行为感到恐慌。网络战算法监控技术被政府用来对付普通民众。政府侵犯了人们的私人空间，持续监控他们的行踪并记录他们的私人通信信息。西方媒体经常报道中国政府的监管行为，将其描述为“专制的”、“压抑的”和“令人不寒而栗的”。[27] 难道这些形容词不是更适用于美国政府吗?

第十八章

美国例外论与行为科学的终极曲解

215 美国军事指挥官在接受媒体采访时，轻描淡写地用“好人”来指代美国军队，而把他们的对手统称为“坏人”。而美国所有层级的民选官员、所有主要政党的政治家、所有主流媒体的编辑和专栏作家，对此说法均无异议。该现象背后折射的逻辑是美国例外论，其核心原则就是——美国不会错。作为“自由世界的领导者”，美国发动的所有战争都是为了捍卫自由、民主和人权而进行的**正义**之战。

意识形态的遮羞布

美国例外论是为了掩盖美国科学致力于发展军事科技的意识形态遮羞布。因此，要挑战美国科学发展失控的军事化，就必须对所谓的国家道德优越感进行认真审视。

对于笔者和其他在20世纪60年代成长起来的美国人来说，目睹美国在越南发动的非正义的战争引发了人们对美国本性善良的质疑，进而开始反对根植于美国文化中的美德假设。从越南战争时代到今天，美国例外论越来越多地被用来为美国扩展称霸、重塑世界秩序提供“合理的”理论依据，以维持美国企业在全球经济中的主导地位。

越南战争结束时，五角大楼意识到不能再依靠本国的军事力量去战斗。尽管美国大兵可能并不明白为什么要被派往东南亚丛林，但许多人意识到这是一场非正义的战争，不值得为之流血牺牲。马丁·路德·金（Martin Luther King）谴责美国政府是“当今世界上最大的暴力提供商”[1]，拳王阿里（Muhammad Ali）公开拒绝为美军服役，都给非裔美国士兵带来了反抗的勇气。援引官方的说法，则是造成了“士气问题”。事实上，反战的美国大兵并没有士气低落——他们勇敢地拒绝在帝国主义的征战中成为炮灰。 216

美国：“山巅闪耀之城”*

几个世纪以来，在无数个关于美国例外论的表述中，《纽约时报》的评论员大卫·布鲁克斯（David Brooks）新近发表的一篇关于美国“特殊角色”的评论具有广泛的代表性。布鲁克斯写道：

> 上天委派美国来传播民主和繁荣；美国人欢迎陌生人，相信全人类皆是兄弟姐妹且彼此照应，因为所有人都致力于这一共同目标，是共同体中至关重要的一分子。[2]

---

* “山巅闪耀之城”（a shining city on a hill）源自《圣经》，1630 年被美国马萨诸塞湾殖民地最初的统治者约翰·温斯罗普（John Winthrop）在布道中引用，以此来提醒清教徒殖民者，他们的社区将成为“令人向往、万人瞩目的希望之地”，后常被用来代表对美国独特的民主、自由和道德价值观的坚定信念。

就像许多沾沾自喜的民族起源神话一样，这个美国神话包含了几分事实的核心。早先，饱受压迫的欧洲人认为美国是山巅闪耀之城，是免受政治和宗教迫害的避难所。随后发生的美国革命，正如亚伯拉罕·林肯在其著名的宣言中所示，的确给北美大陆带来了一种新的、高度进步的政治组织形式。美国并不是世界上第一个共和国，但它无疑是规模最大的，表明代议制的政府体制在大国和小城邦同样适用。

但是林肯声称美国是“孕育于自由之中，奉行一切人生而平等的原则”的言论，充其量只说对了一半。美国对大英帝国的胜利在世界范围内争取民主权利和摆脱专制的斗争中是决定性的一步。然而与此同时，北美大陆上这一伟大的社会实验在诞生之初就伴随着无法掩盖的暴力与剥削行为，但美国例外论却对以下两个事实避而不谈：

217 • 为了给欧洲殖民者让路，对土著居民进行了种族灭绝；

• 利用数百万被奴役的非洲人作为劳动力，完成这个国家最初的资本积累。

除了故意对此视而不见的人以外，所有人都很清楚，这个新成立的共和国中，并不是所有人都能享有民主、繁荣、自由和人权。从一开始，作为山巅闪耀之城的美国就从未名副其实，根本不如表面看上去那么崇高。而现如今，特朗普政府对待难民和移民的不人道政策加剧了美国梦的幻灭。政治评论员莫林·多德（Maureen Dowd）哀叹道：“山巅闪耀之城只是一堆断壁残垣。”[3]

美国例外论踏上了不归路

2004年4月，伊拉克一个名叫阿布格莱布的无名小镇上的一座美国监狱爆出了丑闻，成为全世界关注的焦点。有消息披露，美国陆军和中央情报局的人员经常在那里折磨囚犯。之后人们才了解到，医学家和行为科学家也介入了虐囚的残忍行为。

酷刑是所有反人类罪行中最不可原谅的。自18世纪启蒙运动以来，所有文明社会都一致谴责这种行为，认为它是野蛮荒谬的。这种不择手段的行为是国际法严令禁止的。在今天，任何实施酷刑的国家都失去了道德领导力。

尽管小布什政府再三保证阿布格莱布监狱的虐囚事件是“少数害群之马”犯下的“个别事件”，但公众很快就了解到此类反人性的罪行是普遍存在的，且并非局限于某一所监狱。在伊拉克和阿富汗的其他地方，以及古巴关塔那摩湾的美国海军基地，被拘留者也遭受了酷刑。美国公民自由联盟在一份报告中将关塔那摩湾描述为：

> 一个与小布什政府所谓的反恐战争密切相关的酷刑实验室，也是一个违反正当程序和正义基本原则的“临时法庭”。[4]

此外，美国军方和情报机构被爆实施了所谓的“非常规引渡”， 218
即绑架恐怖主义嫌疑人并将其运送到海外秘密的“黑监狱”。在那里，审讯人员甚至不需要假借法律的名义来掩饰罪行，他们可以肆意地对关押人员实施酷刑，国际人权机构无法获得相关的证据。

人们需要铭记的是，大多数被军方“特别宣判”为恐怖分子的人仅仅是被怀疑参与了反叛运动。巴基斯坦和阿富汗官员、民兵和军阀在军事突袭中随机抓获年轻人，或者“将他们卖给美军以换取赏金”。[5]国际媒体报道过许多类似的相关案例。人权倡导者对此深表同情，他们提出抗议说这些不幸的酷刑受害者是清白无辜的。但对于那些在自己国家被占领军逮捕的人来说，清白与否并不是关键因素，占领军从一开始就不受道德或法律的约束。

酷刑报告

国际社会和美国国内日益增长的愤怒最终迫使美国政府不得不直接回应酷刑指控。2009 年，美国参议院情报特别委员会（SSCI）就酷刑逼供发起了相关调查，并于 2012 年 12 月发布了一份报告，使政府无法继续否认酷刑行为。又过了两年，直到 2014 年 12 月，该报告的部分内容才被公开。但那时，美国军方滥用酷刑的行为已遭曝光，汹涌的民意促使奥巴马承认“我们对一些人使用了酷刑”。[6]

特别委员会所发布的酷刑报告，其数据来源是中情局掌握的数百万页之多的秘密文件。但其中有近 1 万份机密文件因为奥巴马政府所声称的行政特权，没有对调查人员公开。尽管美国政府采取了事先审查的做法，但这份报告所揭示的内幕显然太过骇人，只有不到 10% 的内容向民众公开。[7]长达 6770 页的报告中，只有 525 页的内容经过大量“编辑”后被公开[8]，其余内容仍属保密信息，不予公开。这份经过编辑的报告摘要证据确凿，不容否认，让人难以想象那些未公开的内容还隐藏着什么更加骇人的内幕。这些令人作呕的酷刑手段包括
219 殴打、剥夺睡眠、长时间处于极端温度和“压力姿势”、与昆虫关在

一起、反复强行进行肛门静脉输液（也被称为“直肠补液”）和反复水刑。

不当行为科学：对人类思维的系统解构

美国例外论的最后一丝合法性也在关塔那摩湾的酷刑逼供中消失殆尽，而科学家们在其中扮演了不光彩的重要角色。监督组织“医生促进人权”（Physicians for Human Rights）曾指责美国生理学家、心理学家和其他医学专家的科学道德已经降至历史最低点，与第二次世界大战期间的纳粹研究人员不分上下：

> 中情局签约的心理学家詹姆斯·米切尔（James Mitchell）和布鲁斯·杰森（Bruce Jessen）开展了一个研究项目，让医务人员设计并应用酷刑，以此收集相关酷刑效果的数据。这是自第二次世界大战期间因反对纳粹医疗暴行所制定的《纽伦堡法典》以来，美国医疗卫生人员最严重的违背医疗道德的行为之一。[9]

2007 年，国际红十字会谴责有医务人员参与了中情局审讯，称该行为“违反了医学道德标准”。中央情报局局长迈克尔·海登（Michael Hayden）在国会做证时否认了这一指控，声称中情局的医生在场只是为了“确保被拘留者的安全和健康”。参议院情报特别委员会在报告中驳斥了海登的说法，“该证词与中情局的记录不一致”。[10]

在美国公民自由联盟发起法律挑战后，2016 年解密的中情局文件进一步证实了中情局的医生并非这些酷刑的被动观察者。[11] 一位医学伦理学家在查阅了这些文件后认为：

> 医生作为监控者参与酷刑的实施行为并不是什么新鲜事。罕见的是他们作为设计者参与其中……中情局的医生在“九一一”事件之后，在设计中情局的酷刑项目方面发挥了核心作用。[12]

除此之外，“这些医生还协助中情局设计了一种水刑，其残酷程度远甚于小布什政府的律师团队所允许的程度”。在此过程中，这些医生“充当了流氓的角色，玷污了医生对病人的希波克拉底誓言”。[13]

220 但即使海登的说法是真的，也并不会改变医生不当行为的性质。监控囚犯的健康状况以确保审讯者不会失手杀死他们的医护人员本身就充当了审讯者的同谋。他们的存在违背了传统的希波克拉底誓言的第一原则，“不要伤害他人”。

无接触的酷刑

历史学家阿尔弗雷德·麦考伊（Alfred McCoy）对中情局审讯方式进行了十分详尽的研究。“从 1950 年到 1962 年，中情局主导了关于强迫和意识方面的秘密研究，”麦考伊在研究中写道，“并由此创造了一种新的酷刑方法，这种酷刑是心理层面的，而非身体层面的——确切地说应该是‘无接触’酷刑。”他进一步说明，中情局的“这种新的心理学范式”是“自 17 世纪以来这门残酷科学的第一次真正意义上的革命”。[14]

> 虽然看起来不那么残忍，但无接触的酷刑会给受刑者留下严重的心理创伤。受害者往往需要长期治疗才能从远比身体疼痛更严重的创伤中恢复过来。[15]

这种新式的酷刑分为两个阶段进行。第一阶段是通过长时间的感官和睡眠剥夺来扰乱囚犯的思维。关塔那摩湾和阿布格莱布监狱中那些蒙面犯人的形象就是感官剥夺的典型代表。一旦犯人的思想开始"软化"，第二阶段就开始了。这一阶段主要涉及让犯人忍受"因自己造成的不适"——例如，让他们伸直双臂站立数小时。这些行为的关键在于"让受害者感到自身对痛苦负有责任，从而诱导他们通过屈服于审讯者的权威来减轻痛苦"。[16]

1963 年，中情局将关于这方面的研究成果浓缩为一本简易的操作手册，并与美国在世界各地的军事盟友共同分享。[17] 该手册及其后续内容最初由美国国际开发署公共安全办公室负责分发，在 20 世纪 80 年代由在中美洲的美国陆军移动训练小组负责分发。美国国际开发署对该研究的介入表明美国的"对外援助"还包括提供有关酷刑的黑暗教科书。

冷战行为科学的两位先驱者 221

"尽管对心理折磨的研究确实是一门黑暗科学，"阿尔弗雷德·麦考伊写道，"但它毕竟是一门科学，具有重要的历史意义，值得人们密切关注。"他把该研究的起源归结为"20 世纪医学科学的两大巨头——唐纳德·O. 赫布（Donald O. Hebb）的行为方法和亨利·K. 比彻（Henry K. Beecher）的药物实验相互竞争的结果”。

> 这两位科学家做出的卓越贡献不应被低估：赫布是认知科学领域的杰出人物，一些学者认为他在1949年出版的《行为的组织》（*The Organization of Behavior*）一书对科学发展的重要意义仅次于达尔文的《物种起源》；比彻则被公认为是美国麻醉学，尤其是现代临床伦理学的先驱人物。[18]

中情局所设计的感官剥夺的酷刑技术主要来源于赫布的研究，这些技术是从对不知情的学生进行的危险的、破坏性的实验中提炼出来的。在很长一段时间内，赫布都被视为科学英雄，他的不道德研究被列为军事机密，不为公众所知。今天，尽管赫布的学术阴暗面遭到曝光，但他死后仍被誉为“神经心理学之父”。加拿大心理协会每年都会颁发以他名字命名的唐纳德·O. 赫布行为和认知科学奖。

在今天，比彻因强烈反对未经同意的人体实验而被誉为医学伦理的捍卫者。然而，他的医学伦理之路却令人生疑。在成为著名伦理学家之前，比彻是最不道德的医学实验者之一；在战后的德国，他参加了中情局的精神控制研究，该研究是纳粹时期人体实验的进一步延续。[19]但不同于传统意义上的从罪人到圣徒的故事，比彻的思想转变相当突然。他并没有公开为自己过去的行为忏悔，而是试图假装这些行为并不存在。比彻似乎认为，他为中情局做的研究将永远被保密封存，但事实并非如此。

尽管比彻早期的不当医学行为现在已为公众所知，但这并没有影响他作为伦理学家的声誉。和赫布一样，他的名字也被冠之于一项著名的医学奖。哈佛医学院每年都会颁发亨利·K. 比彻医学伦理学奖，该奖项已经持续了 20 多年。

残酷的行为科学咨询团队 222

在中情局持续使用“无接触”的酷刑并将其玩出新花样的过程中，最应受到谴责的医学家们当属受雇于一个名为 BSCT 项目的心理学家团队。这个首字母缩略词与“饼干”（Biscuit）同音的项目就是行为科学咨询团队（behavioral science consultation teams）。BSCT 项目诞生于 2002 年年初，但直到 2004 年的阿布格莱布监狱虐囚丑闻才首次引起公众关注。国际红十字会的一份报告指出，该团队由在关塔那摩湾监狱与军事审讯人员密切合作的心理学家、精神病学家和医生组成，他们试图建立“一个包含了残忍、有辱人格的非常规虐囚手段和酷刑的意向性系统”。[20]

BSCT 项目中最臭名昭著的成员当属上文提到的临床心理学家詹姆斯·米切尔和布鲁斯·杰森。在后“九一一”时代，米切尔和杰森是精神折磨方面最野心勃勃的研究者和推广者。他们于 2002 年加入 BSCT，秘密参加了中情局酷刑审讯的新模式开发长达好几年，直到调查记者简·梅尔（Jane Mayer）在报告中直接点出了两人的名字并详细叙述了他们的所作所为。[21] 这些被披露的信息在 2014 年参议院情报特别委员会酷刑报告中得到了证实，后期美国公民自由联盟在对这两名心理学家进行诉讼的相关文件中进一步证实了这一点。

米切尔先前的酷刑研究来自他在一个名为 SERE（生存、逃避、抵抗、逃脱）的军事训练项目中的工作经历。SERE 项目的设计初衷是让美国士兵在被俘后能够抵抗酷刑，但米切尔对其进行了“逆向工程”改造，将抵御酷刑的方式转变成施加酷刑的方式。联邦调查局采纳了他的酷刑方式，但批评其效果不佳，米切尔对此回应道：“科学就是科学。”[22]

米切尔和杰森为中情局设计了一整套具体的审讯策略，并开展了一项研究项目，不断完善这些策略。他们还向从伊拉克到关塔那摩湾以及其他地区的黑狱的审讯者传授酷刑的实施方法。需要指出的是，米切尔和杰森对酷刑的研究并不局限于理论和教学层面，他们还直接“动手”参与了审讯。在泰国一处黑狱拍摄的水刑录像带显示，米切尔和杰森在被特朗普任命为中央情报局局长的吉娜·哈斯佩尔（Gina Haspel）的监督下，直接承担了审讯任务。[23]

尽管酷刑审讯被普遍认为是战争罪行，但中情局却高度重视这两位心理学专家用专业知识为酷刑编织的科学合法性外衣。这个活力二
223 人组每天的专业报酬高达 1800 美元，而这仅仅是个开始。2005 年，他们成立了一家名为米切尔 - 杰森的联合公司。在接下来的几年里，这家公司从中情局获得了 8100 万美元的经费。在两人作为美国最顶尖的酷刑科学家名声在外后，杰森开始低调行事，但无畏的米切尔干脆利用自己的名气，将自己打造为一名公众演说家。他把有关对“那些试图摧毁美国的人的思想”所做的折磨的经验之谈定价在每场 1.5 万到 2.5 万美元之间。[24] 除此之外，中情局还帮两人支付了价值 500 万美元的法律赔偿金。2015 年，米切尔和杰森遭到他们曾经折磨过的三名受害者的起诉。中情局用纳税人的钱支付了米切尔和杰森的律师

费和诉讼费。[25]

"在特殊地点对特殊群体进行特殊折磨"背后的美国心理学会

在美国心理学会召开 2006 年大会时，专业心理学家能否参与中情局审讯的议题引发了参会者的激烈争论。作为大会的特约发言人，美国陆军外科医生凯文·基利（Kevin Kiley）明确表示："心理学是一个重要的武器系统。"[26]

基利发言的说服对象是美国心理学会的 15 万名会员。[27] 该学会的主要领导并不需要美国军方多费口舌，他们早已与五角大楼和中情局暗中勾结。然而，美国心理学会在 2008 年会议中明确反对以国家安全为由实施酷刑的行为。大会通过了一项决议，明确谴责"在包括心理学家在内的行为科学咨询小组的指导和监督下……实施酷刑"。[28]

2015 年，一份名为《总统的所有心理学家》（*All The President's Psychologists*）的独立批评报告向公众展示了美国心理学会的领导人与军方沆瀣一气的证据。中情局的心理学家和心理学会高级官员之间的大量内部邮件证明，双方早在 2003 年就开始意识到米切尔和杰森"在特殊地点对特殊群体进行特殊折磨"。[29]

与此同时，心理学会的董事会已经授权第三方对此事展开广泛调查，长达 543 页的调查报告证实了批评者的指控。[30] 美国心理学会公开承认了那些"令人深感不安的发现"，其中包括"令人不安的串通 224
事件"，并立即发表道歉声明，承诺将采取有效措施防止今后与施虐者串通。[31] 该组织态度的急剧转变反映了绝大多数美国心理学家对他们的职业被秘密卷入反恐战争的道德深渊感到出奇愤怒。

在这个问题上，笔者拟引用美国著名心理学家罗伯特·杰伊·利夫顿（Robert Jay Lifton）的话对本章做简要总结。从纳粹德国的达豪集中营到美国的关塔那摩湾监狱，利夫顿对于医护人员和心理学家介入酷刑审讯的行为做出了最为透辟中肯的道德评判：

> 医生和心理学家是治疗行业的成员。在该行业中，专业知识应用于对抗疾病和改善人类的生活。当这些专业人士转而致力于危害他人的健康和生命时，这是对知识的特别背叛。[32]

III 我们是如何陷入这场困境的?

第十九章

大科学的华丽诞生

曾几何时，科学的主要表现形式是受好奇心驱使的个人用有限的资源进行的小规模冒险实验。那个天真朴素的时代早已成为过去。今天的科学则是在政府和企业的大量资助下，由大量专业研究人员组成的大型团队进行的大规模研究。**小科学**是如何，又是何时转变成**大科学**的？ 226

该转变始于 20 世纪初，当时德国的企业成立了实验室，雇用科研人员，以便将科学技术应用于工业生产。德国政府资助并鼓励科技-工业研究联合体的发展。拜耳和西门子等德国企业的榜样效应引起了包括美国在内的其他国家的效仿。

第一次世界大战的爆发加速了这一进程的发展，德国科学家们将化学武器应用于战争，其他国家也纷纷效仿。战争结束后，几家德国公司合并创建了世界上最大的化学公司法本公司（IG Farben）[1]，标志着有组织的科研又经历了一次井喷式的增长。除了德国以外，欧洲、北美和日本也成立了大量工业实验室。到第二次世界大战开始时，这些实验室已是数以千计。

大科学正是在第二次世界大战中正式亮相。在战争初期，德国还是世界头号科学强国；而到战争结束时，德国的科学与它所属的国家一样，已经是一片荒芜。

227 ## 大科学的兴起

第二次世界大战期间，现代军事战争的紧急状态促使美国政府出手管理科技企业。政府对科学研究的集中动员和大幅增加的资源投入力度产生了多种重要的研究成果，其类别从雷达横跨到抗疟疾药物，但其中最具决定性的成果当属曼哈顿计划创造的原子弹。

1945 年 8 月摧毁日本广岛和长崎的核武器展示了政府资助下的大规模科学研究所蕴藏的巨大力量。在之后的 45 年中，冷战的持续进行为美国政府在科学领域迅速扩大的影响力提供了充足的理由。杜邦公司、联合碳化物公司、洛克希德飞机公司和其他大型公司对大科学的溢美之词主导了公众话语，而在意识形态高于一切的麦卡锡时代几乎不允许反对声音的存在。1961 年年初，艾森豪威尔总统在其著名的卸任演讲中警告民众警惕不断增长的“军工复合体”带来的危险，但收效甚微。他的继任者肯尼迪总统在五角大楼准备全面侵略东南亚时，根本没有试图约束“军工复合体”的发展壮大。

曼哈顿计划

曼哈顿计划是由美国陆军主导的研制原子弹的计划，以便在第二次世界大战中与轴心国的较量中取得决定性胜利。美国能源部（曼哈顿计划的直系产物）在相关文档中简要叙述了曼哈顿计划的发展始末：

> 曼哈顿计划是20世纪最负盛名的科学家与工业界、军方以及全国成千上万在岗位上辛勤工作的普通美国人共同协作，将初始的科学发现转化为一种新型武器的历程。直到广岛和长崎原子弹爆炸之后，美国人民才意识到这个横跨全国的秘密项目的存在。大多数美国人惊讶地发现，这样一个高高在上的、由政府主导的绝密科研项目，其运作的性质、支付的工资和雇用的劳动力可与汽车产业相媲美。曼哈顿计划在其鼎盛时期雇用了13万名工人，到战争结束时，已经花费了22亿美元。[2]

此外，曼哈顿计划还构建了20世纪下半叶美国"大科学"取得 228
显著成就背后的组织模式。如果没有曼哈顿计划，美国能源部就不能像现在一样拥有国家实验室，而后者是美国科学机构的皇冠上最璀璨的宝石。

美国科学的后续发展态势，从联邦政府投入的资金数额可窥一斑。第二次世界大战结束后，政府的研发支出不出意料有所减少，但仍远高于战前水平。1947年的总支出为81亿美元。[3]在冷战的推动下，这一数字到1990年攀升至1120亿美元。[4]在苏联解体和冷战结束后，政府的科研支出在经历了短暂的小幅下降后，很快又恢复了增长，2016年达到了1450亿美元。

大科学的现实守护者

人们通常认为，美国大科学的创立主要归功于科学研究与发展办公室的主任范内瓦尔·布什（Vannevar Bush），该办公室是富兰克林·罗斯福于1941年6月创建的，其目的是动员6000名美国科学家投身于战时军事研究。[5]范内瓦尔·布什（尽管他姓布什，但与两任布什总统并无亲戚关系）是一位科学幻想家。他被誉为“20世纪成就最伟大的人物之一”，在他身上体现了“工程师、数学家和科学家的知识技能与军事领袖或公司总裁所具备的良好组织能力的完美结合”。[6]在战争期间，没有人比他对美国科学造成的影响力更大。最重要的是，布什说服了罗斯福总统批准加速核武器的研制进程，从而使曼哈顿计划得以实施。[7]

1945年，在第二次世界大战即将结束时，布什隶属于一个为杜鲁门总统提供使用核武器建议的委员会。许多参与制造原子弹的科学家曾建议杜鲁门在投放核弹之前向日本先行发出警告，但布什所在的委员会不同意此项提议。最终杜鲁门采纳了该委员会的建议，即在没有警告的前提下，一有机会就向日本投下原子弹。

229 战后，布什转而致力于削减核武器，促进世界和平。换句话说，布什所倡导的理念与冷战的对抗精神格格不入，而他的个人影响力也随之减弱。他和一些顶尖的核物理学家一起向杜鲁门建议不要制造氢弹，但美国政府并没有采纳他们的明智建议。[8]

尽管范内瓦尔·布什是政府赞助的大科学最著名的倡导者，但大科学的发展并未如他所愿。布什希望联邦政府能为大型科研项目买单，但与此同时不希望政治任命的公职人员、官员或其他非科学家身份的人拥有凌驾于研究项目之上的决策权。他希望由科学家来引导科学知识的进步。

然而，战争经历却将大科学的发展指向了相反的方向。科学资源被应用于军事领域，并由军事官员掌控，而这些官员无意放弃自己的权威。尽管联邦政府的科学政策名义上是由文官负责，但政客们会习惯性地服从军方的利益。在美国，大科学在很大程度上还是由战争策划者操控，科学家们需要服从政府的需要。

“物理学帝国主义”

如果说第一次世界大战常被戏称为化学家的战争，那么第二次世界大战无疑是物理学家的战争。德国物理学家发明了重创英国的 V-2 火箭，而美国物理学家则开创了核时代。物理学家在战争中的主导作用以令人遗憾的方式塑造了战后美国科学的发展方向，造成的后果之一就是造就了“物理学帝国主义”，即主张一切学科皆可化归为物理学。[9] 战后的美国政府所秉持的科学导向是把理论物理学作为科学的范式，用来衡量其他的科学领域。结果导致了一些“高高在上的物理学家”成为美国科学的主要代言人。科学政策的权威研究学者丹尼尔·格林伯格（Daniel Greenberg）在著作中描述了这些物理学家如何傲慢地“将他们的价值观，包括对社会科学和行为科学的蔑视，植入政府的科学政策导向中长达数十年之久”。[10]

物理帝国主义的出现并不是源于大科学本身的体系庞大，而是源于大科学对五角大楼和情报机构资金的高度依赖。军方选择了参与曼哈顿计划的物理学家作为首选的合作对象，而他们中有许多人对冷战 230

持强硬态度。因此，物理学专业受到了与战争机器密切相关的保守派官僚精英的把控。

四两拨千斤的组织机构

尽管科学家们无法像范内瓦尔·布什所希望的那样掌控美国大科学，但他们的确能够影响它的发展，因为要实现大科学的腾飞离不开科学家们的贡献。某些咨询委员会和相关组织负责协调科学家和推动大科学发展的社会经济力量之间的关系。人们不妨把这些组织想象为大科学这个装置提供驱动力，保证其稳定运行的大齿轮背后的小齿轮。

冷战时期，推动美国大科学发展的最重要的基层组织之一是一个名为杰森（JASON）的秘密科学家小组，其成员构成主要是理论物理学家。杰森的创始人和顾问包括物理学家约翰·阿奇博尔德·惠勒（John Archibald Wheeler）、查尔斯·汤斯（Charles H. Townes）、默里·盖尔－曼（Murray Gell-Mann）、汉斯·贝特（Hans Bethe）、爱德华·泰勒、威廉·尼伦伯格、史蒂文·温伯格（Steven Weinberg）和弗里曼·戴森（Freeman Dyson）。杰森在完全保密的情况下协助制定了美国政府的科学政策。直到 1971 年，随着五角大楼的机密文件被曝光，公众才了解该组织的存在。

如果继续用机械术语做比喻的话，杰森这个美国大科学体系中的小齿轮，通过为两个重要机构——兰德公司和隶属于国防部的高级研究计划局提供咨询服务，以四两拨千斤的方式提升了自己在组织中的地位，成功地从小齿轮转变成大齿轮。自 1960 年成立以来，杰森一直为美国军方提供涉及物理问题的相关咨询服务，包括尖端核武器和洲际弹道导弹探测技术。在越南战争期间，杰森通过设计反渗透技术将隐藏在地面的传感器的信号传输给飞机和火炮，为“电子战场”的发展做出了重大贡献。在被媒体曝光支持美国政府的越南战争行为后，杰森成为民众反战抗议的重点目标。[11]

近年来，杰森对大科学的影响力已经逐渐被国防科学委员会取代。国防科学委员会是一个咨询小组，其大多数成员代表了军事承包商的利益。正如一位国防部高级研究计划局前官员在 2014 年所宣称的那样，“杰森的科学家们已经无关紧要了”。[12] 2019 年，特朗普 231
政府对杰森挥出了最后的致命一击。五角大楼给该组织的一封信函，宣布终止与杰森的合同，无情地“抹杀了杰森在国防和非国防机构的所有工作”。[13]

国防部高级研究计划局——军事工业复合体的中心

人们不妨问问自己，是否有过在网上搜索信息，或是开车的时候用 GPS 来查询路线，抑或是向语音助手 Siri 或 Alexa 咨询问题的经历。如果答案是肯定的，那么美国国防部高级研究计划局的影响力已经渗透到人们生活的方方面面。这些奇妙的、惊人的科技产品——除了上文列举的之外还有很多技术——追根溯源都是来自国防部高级研究计划局。但与此同时，国防部高级研究计划局也要为导致美国科学悲剧的许多技术负责，例如空中杀手无人机、机器刺客以及超人类的超级士兵等其他很多反人性的技术——也是源自那里。

国防部高级研究计划局有两副面孔，一副是通过其网站和油管频道对外展示的光鲜亮丽的面孔，另一副则是隐藏在官方层层保密措施下的真实面孔。那副对外公开的面孔向人们展示出科技能够赐予人类的最好礼物，而另一副面孔则隐藏了它在主导未来死亡技术方面的推动作用。

国防部高级研究计划局的宣传团队不厌其烦地提醒人们，互联网的前身之所以被称为阿帕网（ARPAnet），是因为它是由国防部高级研究计划局的前身——高级研究计划局（ARPA）创建的。事实上，阿帕网是一个纯粹的军事项目，而互联网则是最重要的军民“两用”技术。高级研究计划局成立于 1958 年 2 月，是美国政府对苏联在 1957 年 10 月发射人造卫星的恐慌的产物。它在诞生之初并不受五角大楼主要领导人的待见，他们起初认为阿帕网是对本部门科学研究控制权的挑战。艾森豪威尔总统强制五角大楼负责管理高级研究计划局，以消除军方内部不同军种相互竞争带来的不良影响。1972 年高级研究计划局正式更名为国防部高级研究计划局。

国防部高级研究计划局并不做具体的研究。它的工作是设想新的武器和武器系统，并雇用其他人进行研究，将该机构对未来前沿技术的想象变成现实。然后，如果他们的创新技术项目取得成功，该机构再把项目推荐给军方或情报机构的相关部门。由于兰德公司的科学家经常根据国防部高级研究计划局的合同要求进行研究，因而两者的发展历程通常是彼此交织在一起的。

232 **影响国防部高级研究计划局的关键政治斗争**

在反对成立这个新机构的人当中，有两位科学界鹰派人物的反应尤为激烈。他们是欧内斯特·劳伦斯（Ernest O. Lawrence）和爱德华·泰勒，后者对冷战的狂热程度甚至到了反社会的地步。[14]

在美国的大众文化中，泰勒被称为“氢弹之父”，而氢弹是美国科学最具悲剧性的成果。他和劳伦斯一起在有关确定氢弹研发的政治辩论中起到了关键性的作用。苏联在1949年8月成功进行了第一颗原子弹的核试验后，美国战略层的压力与日俱增。美国政府亟须通过研制出一种比摧毁广岛和长崎的原子弹威力大1000倍的武器作为对苏联军事威慑的回应。

在当时，大多数顶尖的核物理学家都对这个提议感到震惊。美国原子能委员会名下的总咨询委员会成员，包括时任主席罗伯特·奥本海默，一致认为，氢弹不分皂白的巨大破坏力使其在军事上毫无价值，只能用于“消灭平民的目的”。[15]

然而，泰勒和劳伦斯对其他物理学家的人道主义忧虑不以为然，他们大力游说政府支持氢弹研发的计划。他们的论点与其说是出于科学发展的考量，不如说是出于对当时席卷美国的反共热潮的政治考量。无论泰勒和劳伦斯的游说是否真的影响了政府最终的决定，他们都是胜利的一方。1950年1月，杜鲁门总统正式批准了一项加快制造氢弹的计划。

而奥本海默面临的远不止是这一场核战略政策辩论的失败。在泰勒和其他人所谓的“通共”指证下，奥本海默被永久禁止担任政府职务，这对他的科研生涯造成了沉重的打击。通过此事，其他核物理学家，包括那些之前和奥本海默一样反对研发氢弹的人，看清了美国战略层的立场，选择站在了冷战军国主义者一边。当奥本海默的事业一蹶不振时，泰勒和劳伦斯的事业却蒸蒸日上。1952 年，劳伦斯成为在加州利弗莫尔新成立的国家核武器实验室的负责人，泰勒则是他的首席科学顾问。1958 年劳伦斯去世后，该实验室更名为劳伦斯利弗莫尔国家实验室。

233 尽管美国国防部高级研究计划局是在劳伦斯去世的那一年才成立的，但他在奠定该机构军事特质方面的影响力不容小觑。尽管他没能成功阻止该机构的成立，但他设法让泰勒的一个同事赫伯·约克（Herb York）在国防部担任了可以管理该机构的领导职位。几年后，劳伦斯 - 泰勒团体的另一位亲密盟友哈罗德·布朗接替了约克的职位，从而强化了美国科学的超军事化特质。

预测：大科学还将继续存在

在未来，如格雷戈尔·孟德尔（Gregor Mendel）或亨利埃塔·斯旺·利维特（Henrietta Swan Leavit）[16] 这般杰出的科学家很可能会继续做出重大的科学发现，但要验证他们的创新见解，则需要大型强子对撞机、轨道空间望远镜、人类基因组计划等大型实验仪器或科研项目的支持。揭秘大自然最隐秘的所在将越来越依赖于拥有巨额预算的大型科学家团队。任何社会变革——甚至是将全球经济体系从市场经济转变为社会主义计划经济——都不可能使现在的大科学时代回到之前的小科学时代。

大科学能够而且应该成为追求人类幸福的积极因素。设想一下，如果美国国防部高级研究计划局将其精力和资源用于解决全球变暖危机，会取得怎样的成就？温馨提示：不要想当然地希望此事成真。在当前的社会政治背景下，如果国防部高级研究计划局要解决这个问题，它最多只能寻求一种符合美国军方利益的技术解决方案。之前的种种迹象表明，美国政府对地球环境的研究会涉及对自然界的干预，即所谓的“地球工程”[17]，而这样的干预极具争议性。

“我们最不需要的就是让国防部高级研究计划局开发气候干预技术”，地球工程的一位支持者说。“地球工程已经引发了社会、地缘政治、经济和伦理等方面的问题；我们为什么还要增加军事方面的问题？”[18]他的观点很有道理，期待国防部高级研究计划局进行对人类发展有益的科研完全是缘木求鱼。

然而更重要的是，如果军国主义者不再掌握美国科学的指挥棒，相比于人类发展有可能达成的无限前景来说，阻止和扭转全球变暖的趋势只是相对简单的任务。

第二十章

回形针行动：美国科学的纳粹化

234 1957 年 10 月 4 日，苏联的 R-7 塞莫卡火箭将斯普特尼克 1 号卫星送入近地轨道，由此标志着人类开始进入太空时代。苏联成功发射了世界上第一颗人造地球轨道卫星，展示了其卓越的科技水平，并由此引发了冷战时期太空竞赛中的火箭研发热潮。

尽管苏联人造地球轨道卫星的发射具有重要的象征意义，但令美国军事战略家更为担忧的是 R-7 塞莫卡火箭在此之前取得的另一项成就。1957 年 8 月 21 日，苏联导弹在一次试飞中携带有效载荷成功飞行了 3700 多英里，宣告了世界上第一枚洲际弹道导弹的诞生。苏联已经向世界展示了可以向华盛顿或纽约投掷核弹头的能力。

苏联的卫星发射引发了美国公众的强烈关注，美国政府乘势凭借民意获得了政治支持，加速了美国向太空科学的发展，该国家级的大科学工程规模可媲美曼哈顿计划。尽管苏联在火箭科学竞赛中先发制人，但美国后来居上，很快超越了苏联。苏联于 1958 年部署了第一枚可操作的洲际弹道导弹，美国紧随其后，在 1959 年也完成了导弹的部署。

美国火箭科学的纳粹背景

美国能够在导弹技术上超越苏联，很大程度上要归功于一个名为“回形针行动”的秘密计划。该计划吸纳了大约 1600 名曾为希特勒第三帝国效力的德国科学家。这些科学家中有许多人都曾是纳粹活跃 235
分子，其中一些人还担任过纳粹党的高层。

这些被美国吸纳的德国科学家之中有人曾为纳粹军队制造了令人发指的恐怖武器，也有人曾对达豪集中营和其他纳粹集中营的囚犯进行了致命的人体实验。但是“回形针行动”非但没有以战争罪起诉这些人，反而洗白了他们的战争记录，给予他们美国公民身份，让他们在美国著名的研究机构长期工作，并给予他们荣誉嘉奖。这些德国移民者并不是美国科学界微不足道的补充力量，他们是科学界的中坚力量。

根据美国法律，将纳粹战犯带到美国是非法行为。但是，战略服务办公室（中情局的前身）、联邦调查局和军方情报部门的官员们，对“国家利益”的要求妄加判断，有意秘密地违反了法律。调查记者安妮·雅各布森发现：

> 帮助纳粹德国发动战争的科学家们在美国政府的领导下继续从事武器研究。他们以偏执狂热的激情研发火箭、生化武器、航空航天医学（用于提高军事飞行员和宇航员的表现）以及其他许

多军备，这些研究最终定义了冷战的基调。[1]

美国民众在很早以前就知晓了美国科研项目中纳粹战犯的存在。尽管遭到了民众的普遍反对以及诸如阿尔伯特·爱因斯坦、埃莉诺·罗斯等名人的强烈抗议，“回形针行动”还是在官方保密的掩护下继续进行。总体来说，这些来自德国的科学家并没有遭到美国同事的排斥。即使在麦卡锡主义逐渐消沉后，“如果我们不收编他们，苏联就会抢先”的冷战理由也足以让大多数批评者噤声。（尽管苏联的导弹计划也利用了德国战犯的科学才能，但纳粹科学家中的佼佼者最终还是流向了美国。）

“回形针行动”的部分细节直到20世纪80年代末才开始为公众所知。美国有线电视频道的调查记者琳达·亨特（Linda Hunt），通

236 过坚持不懈地诉诸《信息自由法》[2]，才得以向公众揭露其中的某些细节。但最重磅的消息来源于1998通过的《纳粹战争罪行披露法》（Nazi War Crimes Disclosure Act），该法案解密了许多“回形针行动”的相关文件。安妮·雅各布森在2014年出版了一本关于“回形针行动”的书，第一次对这个充满“秘密和谎言的机密项目”[3]进行了透彻的分析。然而，正如雅各布森在书中所评论的，“回形针行动”的全貌尚未为公众所知。尽管1998年美国政府解密了800万页的相关文件，但至今仍有数百万页文件属于机密文件。

不可否认，“回形针行动”带来的纳粹研究人员和研究项目是推动美国科学在冷战时期军事化的主要因素。雅各布森在书中向读者展示了该行动的研究成果，包括弹道导弹、沙林毒气集束炸弹和武器化

的黑死病。

沃纳·冯·布劳恩和美国火箭科学

如果秘密的“回形针行动”想找代言人的话，德国火箭科学家沃纳·冯·布劳恩是当仁不让的最佳人选。在第二次世界大战期间，冯·布劳恩带领纳粹科学家团队研制出了 V-2 火箭。

V-2 代表 Vergeltungswaffe Zwei（在德语中意为“第 2 号复仇武器”）。华盛顿地区的史密森尼航空航天博物馆（Smithsonian Air and Space Museum）的一场展览向人们展示了这种导弹令人印象深刻的特质：“德国的 V-2 火箭是世界上首个大型液体推进剂火箭和首枚远程弹道导弹，也是现代大型火箭和运载火箭的前身。”[4] 这场展览还展示了该复仇武器在其建造过程中鲜为人知的故事。V-2 火箭是由集中营的囚犯组装的，至少有 1 万人在此过程中丧生。1944 年 9 月，1500 枚 V-2 火箭弹轰炸了伦敦及其周边地区，造成 7250 名英国公民死亡。具有讽刺意味的是，因建造火箭而死亡的人数超过了因火箭袭击而死亡的人数[5]，尽管对于遇难者家属来说，这样的数据对比并不会带来多少安慰。

“回形针行动”使得冯·布劳恩得以脱胎换骨，把自己打造成一个美国的爱国火箭科学家和冷战英雄的形象。冯·布劳恩被任命为美国国家航空航天局的首位局长，体现了美国科学的纳粹背景对其导弹计划的巨大影响。

政治讽刺作家汤姆·莱勒（Tom Lehrer）所作的一首关于冯·布劳恩纳粹背景的诙谐小诗在当时很受欢迎，这表明并非所有美国人都

237 轻信其打造的外在人设。其中有两行诗句一针见血地点出了"回形针行动"的本质：

> "一旦火箭发射，谁管它们落在哪里？
> 那不归我的部门负责！"沃纳·冯·布劳恩说。[6]

美国中情局曾经试图粉饰冯·布劳恩的档案，把他包装成一个只是披着纳粹制服的务实的技术官僚。正如琳达·亨特在1985年所记录的那样[7]，这是对事实的严重歪曲。冯·布劳恩实际上是臭名昭著的党卫军的一名高级军官，而党卫军负责盖世太保、集中营和种族灭绝计划等事宜。在多拉－诺德豪森（Dora-Nordhausen）集中营，成千上万的囚犯因建V-2火箭而丧生，冯·布劳恩对他们的死亡难辞其咎。

多拉集中营的幸存者让·米歇尔（Jean Michel）写下了自己在那里的悲惨经历。其回忆录的标题《多拉纳粹集中营——现代太空技术的诞生之地与3万名囚犯的死亡之地》[8]明确地表明了纳粹的火箭科学背后的战争罪行。多拉集中营的囚犯劳工们目睹了许多同伴被处决，一次就有几十人被处决，其尸体被悬挂在V-2装配线的正上方。死亡的恐怖阴影使他们不得不屈服。1945年冬天，冯·布劳恩到该集中营对其装配设施的正式视察就多达10次。尽管人们并不清楚是不是他下令处决了那些囚犯劳工，但他肯定知晓此类屠戮事件，且没有下令阻止处决的发生。[9]从任何意义上来说，冯·布劳恩都理应是一名战犯，但这并不妨碍他被任命为美国国家航空航天局局长。

纳粹物理学家对美国火箭科学的发展至关重要，1945年5月，负责“回形针行动”人才招揽工作的美国陆军情报官员罗伯特·斯塔弗（Robert B. Staver）少校，在一份电报中明确表示：

> 已经拘留了400余名佩内明德军事研究中心的顶尖研发人员。他们掌握发达的V-2火箭技术……**该研发小组的科学理念比美国领先25年**……这种火箭的改良版的射程可从欧洲直接打击美国。[10]

斯塔弗描述的这种火箭就是后来的洲际弹道导弹。事实上，不到一年后，当冯·布劳恩成为美国火箭项目的负责人时，他给洛斯阿拉莫斯核武器实验室的奥本海默发了一份备忘录，提议结合他们各自的 238
专长，携手制造出一种可以携带原子弹的火箭。该提议后来被明确定义为“在投射导弹中使用核弹头”[11]，并设想了一种能够向1000英里外的目标发射2000磅弹头的火箭。

在“回形针行动”招募的科学家中，冯·布劳恩并不是唯一的纳粹战犯。更值得人们关注的是在美国研制导弹的过程中扮演了重要角色的纳粹分子。他们是沃尔特·多恩伯格（Walter Dornberger）、阿瑟·鲁道夫（Arthur Rudolph）和库尔特·德布斯（Kurt Debus）。沃尔特·多恩伯格少将曾在多拉－诺德豪森集中营负责V-2火箭的装配。而在美国，他被打造成“亟须制造太空武器的美国代言人”[12]；阿瑟·鲁道夫是一名火箭科学家，曾任多拉－诺德豪森集中营火箭装配的副负责人。他可以通过集中营办公室的一扇窗户直接看到装配线的情况，而装配线上方悬挂着被处决的劳工尸体，以恐吓其他的劳工。1996年鲁道夫去世时，《纽约时报》在一篇讣告中将他描述为“土星5号巨型火箭的开发商。该火箭于 1969 年首次将美国宇航员送上月球”。[13] 和冯·布劳恩一样，库尔特·德布斯也是一名党卫军军官，上班时都身着纳粹制服。德布斯在美国工作了 28 年，而他在其职业生涯早期就已经成为肯尼迪航天中心的首任主任。他的讣告向人们叙述了“他在肯尼迪航天中心指挥了美国第一颗地球卫星的发射，第一颗太阳探测器的发射，以及灵长类动物的首次太空之行。在那儿，在他的监管下，艾伦·B. 谢泼德（Alan B. Shepard）完成了载人航天任务，成为第一个进入太空的美国人”。[14]

伪装成太空探索的洲际弹道导弹研究

火箭科学的产生并不是为了太空探索，而是为了战争。更为重要的是，火箭武器几乎不用在战场上，它们的目的在于屠戮平民。当火箭科学家将他们的行动基地从德国转移到美国时，这一切的本质并没有改变。然而，长期以来，美国的火箭科学研究一直笼罩在所谓的对太空探索的崇高追求的光环之下。许多美国人，包括笔者在内，都禁不住着迷于太空探索的想法。对“地球之外有什么”的好奇心激发了人们的想象力，这也解释了为什么美国的流行文化长期以来充斥着如《星际迷航》和《星球大战》之类太空幻想的原因。

239 早在冷战时期，美国军方和情报机构的官员就意识到他们可以利用公众对太空天生的好奇心来达到自己的目的。他们想要的是能够携带核弹头，射程几乎可以覆盖全球的导弹，而这样的导弹可以被改造升级为火箭，将人类送上月球甚至更远的太空。如果再利用美国人的民族自豪感，很容易争取到火箭科学的巨额研究预算。这是一场诱饵游戏：政府承诺民众建造月球火箭，然而交付的却是洲际弹道导弹。

“回形针行动”的火箭专家冯·布劳恩是该项目最不遗余力的宣传者。安妮·雅各布森说，冯·布劳恩“雄心勃勃地把自己塑造成美国太空旅行先知的形象”。他和多恩伯格一起成了美国探索太空行动的发言人。[15]

美国国家航空航天局的“太空火箭为和平服务”项目

1958 年，美国国家航空航天局的成立标志着美国政府将对外太空展开的探索研究和开发利用正式分开。美国国家航空航天局将负责所有“和平、科学及开放”的太空研究，而秘密的军事太空活动则由五角大楼负责。然而，这种分工更多体现在表面上，实际情况并非如此。华盛顿大学国家安全档案馆 2014 获得的解密文件显示，“为秘密太空行动提供冠冕堂皇的理由”一直是“美国国家航空航天局自成立以来的秘密属性之一”。虽然美国国家航空航天局表面上是“一个纯粹的民用太空机构”，但它必须听命于政府“将其研究活动与美国军方和情报部门不可告人的项目结合在一起”。[16]

美苏太空核武器条约

1967 年，由于担心太空核武器的失控扩散，美国和苏联政府签署了《外空条约》（Outer Space Treaty），禁止在地球轨道、月球或任何其他天体上放置大规模杀伤性武器。除了美苏两国外，另有 128 个国家也签订了该协议，全球太空军事化的竞争态势陡然开始缓和。

该条约的签署可谓是从全球核毁灭的危险边缘后退了关键的一

步，这样的说法固然实至名归，但也表明了远离核战的漫漫长途。《外
240 空条约》摒弃了当时的冷战思维，即美国坚决不会与不值得信任的苏联达成可行的军备限制协议。由此产生了另一个令人深思的问题：既然可以与他国达成太空核武器限制的协议，那么又是什么在阻碍美国加入限制并最终废除所有核武器的国际协议呢？

在此背景下，国际社会的废除核武器运动还是取得了一定进展。首先是美国与苏联于1972年签署了《反弹道导弹条约》（Anti-Ballistic Missile），随后在1986年，里根和戈尔巴乔夫签署了《中程核力量条约》（INF Treaty），限制了美苏两国中程核导弹的发展态势。这两项协议虽然限制的范围有限，但在冷战期间和冷战结束后的许多年里都对降低核冲突的风险起到了积极的作用。

然而，不幸的是，国际社会在进入21世纪后开始陷入核武器的管控危机。小布什政府急于开展"星球大战2.0"计划的研究，于2002年退出了《反弹道导弹条约》。在2019年8月2日，特朗普政府又宣布美国正式退出了《中程核力量条约》。《中程核力量条约》的废止预计将引发世界范围内的核军备竞赛的重大升级，涉及的国家不仅仅是俄罗斯和美国。

特朗普的"太空部队"计划

同一时期，时任总统特朗普还宣布将组建美国武装部队的新分支，该分支机构将原属于美国空军的太空军事化责任转移给新成立的太空部队。[17] 组建美国太空部队的决定并非特朗普的异想天开之举。美国的某些航空公司和鹰派政治家很长时间以来都在积极推动"太空部队"

的成立，只不过特朗普选择了认同这一想法，并将其付诸现实。

时任特朗普政府国防部部长詹姆斯·马蒂斯宣称，“美国需要把太空视为一个不断发展的作战领域，那么成立作战司令部当然是顺理成章的事”。[18] 以上种种都揭开了美国太空科学的最后一块“遮羞布”，即政府一直以来所声称的用于空间科学的巨额科研开支完全用于和平目的。尽管 1967 年的《外空条约》在名义上仍然有效，但它并没有阻碍美国大规模太空军事化的进程。

近年来，天体物理学家尼尔·德格拉斯·泰森（Neil deGrasse Tyson）以科普达人的身份活跃在美国的流行文化领域。泰森在著作《战争的附属物：天体物理学和军事之间不言而喻的联盟》中用充满激情的口吻说服读者相信美国天体物理学的发展高度依赖于美国对军事主导地位的追求，没有这种追求，“就不会有天文学和天体物理学，不 241
会有宇航员，也不会有对太阳系的探索，人们几乎无法理解宇宙”。他宣称，天体物理学家“是地缘战略学的附属物”。[19]

“太空，”泰森写道，“从竞赛开始的那一刻起，就被政治化和军事化了”，但直到 1991 年第一次海湾战争（美军称之为“第一次太空战争”），太空才开始“走向战争的前线”。

> 从来没有一支军队如此依赖地球轨道卫星来广泛支持其战争行动：战略、战术、计划、通信、目标识别、武器制导、部队调动、导航和远程天气预报。[20]

物理学不是唯一被纳粹科学家玷污的科学

限制大规模杀伤性武器增长的条约还涉及另一种类型的武器——这种武器与医学有关，而非火箭科学。“美国太空医学之父”[21]休伯特斯·斯特鲁霍尔德（Hubertus Struhold）博士是前纳粹科学家，他极大地促进了火箭科学与医学这两类研究的融合发展。斯特鲁霍尔德是一位生理学家，在第二次世界大战期间曾组织并负责第三帝国的医学研究项目。纳粹高层急于寻找能使己方军队优于敌方军队的方法。为此，纳粹科学家们进行了大量实验，以量化人类在极端战场条件下的生理极限。

科学技术的迅猛发展对战场产生了深远的影响，其中影响最大的是空中战场。喷气式发动机取代了原先使用的螺旋桨驱动发动机，使得飞行员和机组人员不得不承受更高的海拔、更严峻的低压环境、更极端的温度、更强烈的声波冲击、极端加速引起的更强的重力以及其他种种新的生理压力。斯特鲁霍尔德曾任德国空军航空医学研究所所长，该研究所曾用达豪集中营的囚犯作为研究对象进行了广泛的研究。他们对囚犯实施残忍的人体实验，经常造成实验对象的死亡。囚犯们
242 遭遇了被迫浸泡在冰水中，饮用致命剂量的盐水，在低压舱内接受缺氧测试，暴露在疟疾和芥子气中等种种惨无人道的实验。[22]

在最臭名昭著的人体实验中，有一个是寻找治疗极端失温的方法，该实验是为救治在北海寒冷水域被击落的德国空军机组人员而量身定做的。1942 年和 1943 年在达豪集中营进行的“浸入式低温”实验的对象是集中营的囚犯和俄国战俘。《纽约时报》的一篇报道描述了实验的具体细节：

> 在低温实验中，受害者被迫赤身裸体地待在户外或冰水罐里。在实验对象被冻死的过程中，测试人员会定期对他们进行测试，然后采取各种措施让他们恢复体温和活力，但几乎所有的实验者都以死亡告终。[23]

西格弗里德·鲁夫（Siegfried Ruff）博士负责监督开展这些实验的进程，他直接向斯特鲁霍尔德博士报告。

斯特鲁霍尔德的另一项关键实验是研究高海拔缺氧对人体的影响。在 1942 年的一项研究中，200 名达豪集中营的囚犯被迫在模拟海拔高达 6.8 万英尺的低压室中接受测试实验。200 名受试者中有 80 人死于窒息，而其余幸存者也遭到了毒手，这样纳粹科学家就可以解剖他们的尸体进行详尽的研究。

斯特鲁霍尔德所在的研究所还进行淡化海水的研究。在没有饮用水的情况下，在海上被击落的德国飞行员只能靠饮用海水维生，这导致他们肾脏受损并在极度痛苦中死亡。实验人员在达豪集中营的囚犯身上进行了海水淡化处理的效能测试。实验对象被注射盐水，除此之外不提供任何食物和饮用水。在这类实验中，几乎没有人能幸存下来。

纳粹进行的这些秘密实验项目和战后的美国在位于海德堡的陆军航空兵航空医学实验所进行的秘密研究，两者之间存在着不间断的延续性。斯特鲁霍尔德在战后担任了美国陆军航空兵航空医学实验所的联合所长，并负责招募研究人员。从 1945 年秋天到 1946 年 9 月，

> 58 名身穿白大褂的德国医生日复一日地在最先进的实验室里
> 243 开展一系列项目研究。他们研究人类的耐力、夜视、血液动力、
> 暴露于炸弹爆炸的人体情况以及声学生理学等项目。这些研究人
> 员都向斯特鲁霍尔德博士报告。[24]

1947 年，斯特鲁霍尔德和他的大部分团队成员被转移到得克萨斯州伦道夫菲尔德的美国空军航空医学院。[25] 从那时起直到 1986 年他去世，斯特鲁霍尔德一直被奉为美国科学界的英雄。虽然长期以来受到人们质疑，但“回形针行动”小心翼翼地掩盖了他的战时罪行，直到他死后才向公众全面披露。

战争期间，许多纳粹医务人员都利用集中营里无助的囚犯进行实验，斯特鲁霍尔德博士只是其中之一。在纳粹所有应受谴责的科学实践中，这些人体实验是最令人发指的。然而，这些实验造成的更严重的后果是为希特勒的战争机器开发了化学和生物武器。纳粹生化战争中最应受到谴责的研究人员就包括“回形针行动”中的库尔特·布鲁姆（Kurt Blome）博士、沃尔特·施赖伯（Walter Schreiber）博士和奥托·安布罗斯（Otto Ambros）博士。正是这些人奠定了美国化学和生物武器研发项目的科学基础。

毒气、神经毒剂和病原体

比较在战争中遇害的士兵和平民所受的非人道折磨本身就是一种非人道的做法。尽管如此，使用化学和生物武器引发的厌恶和憎恶程度是任何其他类别的武器都无法比拟的。这些特质广泛地引发了人们

的恐惧，而这恰恰是这些武器对军方的吸引力之一。

此类武器的现代历史始于第一次世界大战期间，1915年4月22日，德国军队在伊普尔对法国军队发动了大规模的氯气袭击，造成5000人死亡，1万人残疾。此后，法国及其盟国也以同样的方式予德国以回击。到第一次世界大战结束时，估计使用了12.4万吨毒气——主要是氯气、光气和芥子气，大约有9万名士兵因此丧生。

1918年6月22日，美国成立了陆军化学战服务部（CWS），正式进入了生化武器领域。陆军化学战服务部在马里兰州的埃奇伍德兵工厂、阿伯丁试验场和其他地点建造了主要的生化武器生化厂。埃奇伍德兵工厂包括生产氯气、光气、氯丁和硫芥子气的三个工厂。在两次世界大战期间，该部门继续研究、开发并储存化学武器。 244

1942年，罗斯福总统批准在美国的马里兰州德特里克堡研发一个秘密的生物武器项目，将生物战加入其中。该项目由乔治·默克（George W. Merck）领导的战争后备役管理处管理。默克是一家大型制药公司的总裁，该制药公司现在仍以他的姓氏命名。[26] 到1945年，化学战和生物战都受化学战勤务处的管理。

同一时期，德国科学家在生化武器方面的研究成果远远超过了他们的美国同行。在化学武器方面，美国军方还处于德国在第一次世界大战时的水平。相比之下，纳粹研究人员在第二次世界大战期间发现并研发了一种新的、革命性的、更致命的化学武器：神经毒剂。1936年，德国法本公司的化学家格哈德·施拉德（Gerhard Schrader）在对磷和氰化物结合的分子进行实验时，发现了一种特别强效的化合物。[27] 法本公司推测德国军方可能会对此感兴趣，事实证明他们的确如此。

这种名为塔本（tabun）的新化合物是神经毒剂的初代产品。一个人只需暴露在塔本毒气中几分钟就会丧生，而老式的第一次世界大战毒气则需要花费数个小时。此外，塔本杀人的方式并不是必须由受害者吸入，而只需在皮肤上滴一滴就能杀人于无形。对此，防毒面具无法起到保护作用。

纳粹军方的研究人员立即着手将这种毒气武器化。他们大量生产充满塔本气体的炮弹和航空炸弹，旨在通过爆炸将剧毒的塔本气体雾化。到 1943 年，迪赫恩福尔特镇的劳工工厂的塔本产量达到了每月 350 吨；到第二次世界大战结束时，该气体的存储量已经达到 12 000 吨。

与此同时，格哈德·施拉德在神经毒剂方面的研究并没有止步于此。到 1939 年，他和他的同事已经发明了另一种比塔本更致命的神经毒剂——沙林。当纳粹军方发现沙林在很多方面优于塔本时，为了大规模生产沙林也相应建造了新的设备。尽管施拉德从未被美国正式招募到“回形针行动”中，战后他所工作的海德堡的航空医学实验室还是与美国军方展开了合作，进行沙林的研发生产。

245 到第二次世界大战结束时，美国化学战服务部的官员计划秘密地把纳粹化学家带到美国。在他们的招募清单上，奥托·安布罗斯名列前茅。他不仅是沙林的共同发现者，也是为纳粹战争机器制造神经毒剂的领导者。战争期间，安布罗斯在奥斯维辛负责管理法本公司劳工集中营，而纳粹最大的灭绝营——比克瑙灭绝营恰好也在奥斯维辛集中营。这两者并非毫无关联。法本公司生产的毒气在比克瑙灭绝营的毒气室中夺走了 100 多万人的生命。

战后，安布罗斯在纽伦堡的审判中被判犯有战争罪。他的判决很轻，只有八年监禁，且仅仅服刑了两年半。1951年年初，负责“回形针行动”的美国联合情报调查局[28]将安布罗斯列入了保外就医的名单，尽管当时他仍在监狱服刑。几天之内，他不仅获得释放，还被归还了大笔私人财物。由于战犯的身份，美国联合情报调查局无法将安布罗斯带入美国，但这并没有妨碍美军给他提供一份到金营（Camp King）工作的机会。金营是一个秘密的美国陆军研究机构，位于德国的美军占领区。安布罗斯后来成为陶氏化学和格雷斯等美国主要化学公司的科学顾问，职业回报十分丰厚。

同一时期，纳粹军方在病原体武器方面的研究成果也引起了美国化学战服务部的关注。他们最梦寐以求的生化学家是库尔特·布鲁姆。布鲁姆曾是第三帝国的副军医总长和冲锋队的中将，负责生物武器研究。据悉，他一直在利用活的鼠疫病原体来研究黑死病武器，并涉嫌在集中营囚犯身上进行试验。

在纽伦堡的法庭上，有确凿证据表明布鲁姆计划在人体上进行广泛的实验。对此，他辩称尽管自己曾计划实施这些罪行，但从未真正实施。布鲁姆最终被判无罪，因为没有足够的证据表明他曾在实验现场，或是下令进行实验。尽管布鲁姆被无罪释放，但美国法律禁止他以任何身份受雇于美国。而美国负责生物武器的官员迫切希望获得他 246
的专业指导，所以布鲁姆和安布罗斯一样，秘密地和美国军方签下了在金营工作的合同。

在金营工作的另一位高级别的“回形针行动”的纳粹科学家是沃尔特·施赖伯博士。如果说布鲁姆在战时负责制造生物武器，那么施赖伯则负责建立应对生物武器的防御机制。但这并不意味着他的研究比布鲁姆的研究更具道德性。防御科技并不是战争中的被动要素，其对军事攻击的重要性不亚于进攻性武器。没有防御科技铸就的坚实盾牌，士兵们就不敢轻易采取进攻行为。

施赖伯作为第三帝国的卫生部部长，在纳粹医学界地位高于布鲁姆——他是德国军队的首席医学家。尽管施赖伯涉嫌犯有战争罪，但由于他在细菌学和流行病学方面的精深专业知识，他也成为“回形针行动”重点招募对象。在金营工作结束后，他加入了得克萨斯州航空医学学院实验室的斯特鲁霍尔德博士团队。

施赖伯的战时行为最终被一位勇敢而执着的美国战争罪调查员利奥·亚历山大（Leo Alexander）博士揭露。有证据表明，施赖伯在战争期间监管了“黄热病实验、流行性黄疸实验、磺胺实验、苯酚安乐死实验以及死亡率高达 90% 的可怕的斑疹伤寒疫苗项目”。[29]

20 世纪 50 年代初，美国媒体开始披露施赖伯的纳粹行为，使得他在美国科学界的职业生涯就此结束。[30] 之后，他同意自愿离开美国，从而避免了因战争罪受审。施赖伯向阿根廷政府寻求庇护，在那儿得以继续进行医学研究。此后，他一直居住在阿根廷，直到 1970 年去世。

施赖伯个人职业生涯的起伏并没有实质性地阻碍美国从德国获取技术的进程。由纳粹科学家开始研发的生化武器继续在同一批人的指导下继续向前发展，这些科学家在冷战时期自称是自豪、爱国的美国人。

到 20 世纪 60 年代末，五角大楼每年花费数亿美元建立了一个强大的由神经毒剂和病原体武器组成的储备库。美国政府已经宣布将在

2030 年之前停止生产化学武器并销毁其储存的生物武器。然而，与此 247
同时，美国军方的科研人员在未经美国公众同意甚至在他们不知情的情况下，对他们进行了大量的生物武器实验。

细菌战试验：“浪花行动”和纽约地铁细菌实验

在 1950 年 9 月底，每当风吹向旧金山海岸时，美国海军就秘密地向海岸附近的空气中喷洒含有黏质沙雷氏菌的雾气，这样的行为整整持续了 6 天。他们称之为“浪花行动”（Operation Sea Spray），目的是评估大型沿海城市地区在遭受生物战攻击时的脆弱性。

旧金山、伯克利、奥克兰和其他湾区城镇的数十万居民并不知道自己已经沦为实验用的小白鼠，他们吸入了数百万个细菌孢子。尽管设计该测试的研究人员认为黏质沙雷氏菌对人类没有威胁，但事实并非如此。今天，黏质沙雷氏菌被认为是一种有害的病原体，可以“导致大规模的传染病，包括泌尿系统、呼吸道和胆道方面的感染”。[31]

“浪花行动”仅仅是美国绝密军事生物武器项目中的部分实验，该项目包括了 1949 年至 1969 年期间至少在 8 个美国城市进行的 239 次实验。除了“浪花行动”以外，另一个令人不安的实验是 1966 年纽约市地铁大规模细菌投放事件。1966 年 6 月 6 日，21 名美国陆军研究人员砸碎了位于曼哈顿第 6 大道和第 8 大道地铁线上方通风格栅上的灯泡。每个灯泡中大约含有 87 万亿个球状芽孢杆菌。这些微生物孢子被投放入第 23 街区车站后，行驶的地铁激起的气流将它们四散开来，波及范围从第 14 街区延伸到第 59 街区。根据军方报告，在接下来的 5 天里，共有超过 100 万的地铁乘客接触到了这种“无害”

的细菌。[32]

事实再一次证明，军方投放的细菌并不是无害的。球状芽孢杆菌是食物中毒的常见原因，后来被归类为病原体。尽管美国国家科学院的一项调查发现，“因感染该细菌而死亡的案例很少”，但确有人死于该细菌感染。[33]

美国公众直到1976年和1975年才分别了解到“浪花行动”和纽约地铁细菌实验的情况。[34] 与此同时，美国的生物战政策发生了戏剧性的逆转。

248

取缔“穷人的核武器”

1969年，时任总统尼克松宣布美国将单方面暂停生产和储存生化武器。这样的声明出自一个当时正在东南亚发动侵略战争的人之口，似乎有些自相矛盾。

实际上，尼克松反对使用化学武器是源于美国自身的考量。正如参议员约翰·克里（John Kerry）1997年在美国国会上解释的那样，对于那些决意生产大规模杀伤性武器的国家来说，“从经济和技术的角度出发，化学武器是最具吸引力的选择”。

> 制造化学武器的成分是在市场上很容易买到的廉价化学品，而制造神经毒剂和水泡毒剂的配方并不是什么秘密技术。化学武器之所以被称为穷人的核武器，这并非巧合。[35]

到了1997年，尼克松的化学武器禁令已经过期10年了。克里主张美国应该签署《禁止化学武器公约》（Chemical Warfare Convention，简称CWC），该公约旨在禁止开发、生产、储存和使用化学武器。20世纪80年代，伊拉克对伊朗和本国的库尔德人残酷地使用化学武器，给国际社会亟须取缔化学武器提供了正当的理由。不仅美国加入了《禁止化学武器公约》，截至2018年，还有192个其他国家也加入了该公约。

至于细菌武器，美国先前也加入了《禁止生物武器公约》（Biological Warfare Convention，简称BWC）。截至2018年，已有181个国家签署了该公约。但具有讽刺意味的是，签署禁用该类武器的协议无法建立有效的军备控制机制，这一点在2018年年初的叙利亚内战中得到了戏剧性的证明。尽管叙利亚加入了《禁止化学武器公约》和《禁止生物武器公约》的协定，却不顾世界舆论，对本国反叛的民众使用了神经毒剂。

尽管如叙利亚政府这般使用生化武器的行为时有发生，但这些禁用生化武器的条约在一定程度上成功地抑制了这些恐怖武器的使用。美国政府之所以通过外交手段支持国际社会禁止使用“穷人的核武器”，是因为生化战争是一种不稳定、不可预测的战争形式，而美国在其中几乎不占优势。美国政府一边呼吁取缔成本低廉、制作简单的生化武器（即“穷人的核武器”），一边还在坚定地扩张自己的武器库，而武器库中装满了造价高昂、技术严格保密的核武器（即“富人的核武器”）。

249 行为科学中的纳粹联结

火箭学、生理学和生物化学并不是仅有的受到“回形针行动”的纳粹思想玷污的美国科学。行为科学也深受其害。中情局1952年的一份备忘录显示该机构对行为科学的潜力很感兴趣。根据备忘录的说法，精神病学和心理疗法已经

> 开发了各种技术，例如通过药物、催眠、电击和神经外科手术等技术，可以对个人的思想/意志施加外部控制。[36]

在行为科学领域，美国科学没有必要从零开始，因为德国研究人员在第二次世界大战期间已经为该学科奠定了坚实的基础：

> 正如美国的太空计划受益于沃纳·冯·布劳恩在佩内明德的火箭研究工作和德国空军在达豪集中营的人体医学实验，中情局的精神控制实验也依托于纳粹医生的前期研究，包括他们具体的研究成果和对实验对象的创新试验方法。[37]

有一大批美国行为科学家支持维系美国科学发展与纳粹研究之间的连续性，其中最具影响力的科学家当属麻醉学先驱亨利·比彻。[38] 1947年，陆军医学情报部门的负责人送给比彻一本小册子，记录了纳粹在达豪集中营所进行的30项人体实验。该研究旨在评估“自我抑制”类药物，尤其是墨斯卡灵*在审讯囚犯时的使用效果。四年之后，比彻开始了关

---

* 墨斯卡灵（mescaline），又名三甲氧苯乙胺，是一种迷幻药。

于此类研究的欧洲调研之行。他访问了位于奥伯鲁塞尔（Oberursel）的前纳粹审讯中心。在美国人的管理下，该中心已更名为金营。历史学家阿尔弗雷德·麦考伊写道，“在那儿，美国军方雇用了一群前盖世太保士兵和前纳粹医生，包括臭名昭著的帝国卫生部副部长库尔特·布鲁姆，对苏联叛逃者和双面间谍进行不人道的审讯”。[39]

比彻在金营还与另一位“回形针行动”的著名成员沃尔特·施赖伯博士展开合作。在比彻看来，施赖伯“为人机敏且乐于助人”。[40]

可怖的戈特利布博士 250

尽管西德尼·戈特利布（Sidney Gottlieb）的身份是化学家，不是行为科学家，但是他在中情局的精神控制实验的影响力并不亚于比彻。[41] 戈特利布是中情局部署的骇人听闻的 MK-ULTRA 计划的核心人物，该计划试图通过使用诸如迷幻药之类的改变精神的药物来操控人的心智。

调查记者斯蒂芬·金泽（Stephen Kinzer）在关于戈特利布的传记中揭露了后者在 20 世纪 50 年代早期所做的实验中一些骇人听闻的细节。[42] 在中情局慕尼黑的一个秘密拘留中心，戈特利布给战俘下药，再进行审讯，然后任由他们自生自灭。戈特利布和他的团队称他们的实验对象为“消耗品”，因为他们可以毫无顾忌地处置实验对象的身体。

金泽在一次采访中曾解释说，中情局的 MK-ULTRA 项目本质上就是日本军国主义和纳粹研究的延续。他说，“中情局确实雇用了曾在日本集中营和纳粹集中营工作过的活体解剖专家和施虐者来阐释他们的实验结果，从而使美国能在他们的前期基础上进行深化研究”。[43]

撇开道德因素不谈，即使按照中情局自己的说法，MK-ULTRA的洗脑研究在科学上毫无价值。正如戈特利布自己在职业生涯的末期遗憾地承认的，他从未成功控制过任何人的思想。

石井四郎的恐怖实验室

斯蒂芬·金泽在书中所记录的日本对美国科学的贡献也值得人们关注。固然纳粹研究人员的非人道行为令人发指，但他们的日本同行的行为也同样残酷可怕。第二次世界大战结束后，美国政府意识到日本在细菌战方面做了大量研究。为了攫取日本人的实验成果，美国开始保护这些研究人员不被当作战犯起诉。

日本主要的生化武器研究场所是位于满洲的731部队。该部队雇用了大约3000名科学家，他们的指挥官是军衔为上将的石井四郎（Shiro Ishii）博士。731部队向石井博士提供了数千名中国战俘和持不同政见的日本人作为实验对象。

温馨提示：以下内容可能会引起不适，请谨慎阅读。金泽在书中对731部队细菌实验的描述会令读者生理不适、噩梦不断。笔者在本
251 章中引用金泽的描述，是对科学研究极端堕落的批判。历史应该永远铭记这样的堕落行为。731部队的囚犯

> 被暴露在毒气中，以便研究人员可以解剖他们的肺部器官；被电流缓慢烧焦，以确定电击死亡所需的电压；被倒挂着窒息死亡，以便研究人员记录自然窒息的进程；被关在高压室里，直到

眼睛因高压爆出；被放置在离心机中旋转；感染炭疽、梅毒、鼠疫、霍乱等疾病；强行怀孕以提供婴儿进行活体解剖；被绑在木桩上，由测试火焰喷射器的士兵焚烧；被缓慢冻死，以便研究人员观测低体温症的形成；研究人员将空气注入受害者的静脉以引发栓塞；将动物血液输入受害者身体以观测效果；有些人被活剥，有些人被截肢，以便研究人员记录他们因出血和坏疽而缓慢死亡的过程。[44]

战后，德特里克堡生物战实验室的美国官员想从犯下这些暴行的日本科学家那里获得他们已经掌握的所有数据。石井在 1946 年年初被捕时，向美方提出了一个交易条件："如果你们能给予我本人、上级和下属正式豁免权，我可以向你们提供所有的情报。"石井的运气不错，占领日本的美军最高统帅部已经秘密决定，"日本生物武器数据对美国国家安全的重要价值远远超过向他们起诉战争罪所产生的价值"。[45]

驻日盟军的最高统帅麦克阿瑟将军同意了石井的请求，并通过逐级向上汇报将该提议提交时任总统杜鲁门审议。杜鲁门不仅秘密赦免了石井，还赦免了他在 731 部队的所有同事。然而，与"回形针行动"的科学家不同，日本 731 部队的研究人员没有被招募到美国工作。相反，美国在东亚建立了实验室，这样他们就可以在美国的监督下秘密地继续他们的研究。

美国政府通过精心策划，成功地向公众掩盖了这些可怕罪行长达 40 多年。直到 20 世纪 80 年代中期，有关石井四郎以及 731 部队累累

暴行的详细书面证据才开始出现在公众视野中。一位美国记者指出，
252 “关于日本 731 部队恶行的证据从涓涓细流汇成河流，到现在变成了
滚滚洪流”。[46] 种种铁证表明，日本政府持续否认历史的行为完全是
荒谬的。[47]

“回形针行动”的资产负债表

人们需要反思“回形针行动”是如何影响了美国科学的发展进程，而笼罩其上的纳粹阴影是否会使美国的科学像“第三帝国”的科学一样道德堕落？

基督教教义中的原罪学说无助于厘清美国科学沦落到当前悲惨境地的根本原因。移民至美国的纳粹科学家们并不能控制或决定美国科学的进程，这一切只能归咎于美国自身的冷战思维。然而，纳粹科学家们的道德沦丧助长了美国的军国主义，这种军国主义思想将继续决定今天美国科学的发展趋势和结构特点。

第二十一章

兰德公司：从“去你的”博弈论到末日学说

第二次世界大战结束后，美国政府通过兰德公司这样的智库机构来系统地制定有关军工大科学的战略。兰德公司的名字本身就显示了其“研究和发展”*的机构特质。人们可以从如下一些关于兰德公司的书籍和文章的标题中窥见其在公众心目中的形象，诸如“控制美国的智库”、“美国帝国主义大学”、“奇爱博士的工作场所”以及“世界末日的巫师”，等等。

兰德公司在发展初期一直处于保密状态，因为它所做的研究几乎完全是机密级别的。正如兰德公司前合伙人查尔默斯·约翰逊所说的，兰德公司“一直以来都凭借分类研究的方式来保护自己，即使所做的研究并不涉及军事机密”。[1]不管以上言论是否完全是事实，它的确是如此运行的。兰德公司起源于1945年10月道格拉斯飞机公司的兰

* 兰德公司（RAND Corporation）中RAND一词是英语Research and Development（研究与发展）的缩写。

德项目。美国空军将该项目引入了当时的美国陆军部（很快更名为“国防部”）和科学家范内瓦尔·布什创立的美国科学研究局（OSRD）的研究合作中。兰德项目的任务是协调联邦政府和企业的军事研发计划，以确保美国在军事领域的技术优势。1948年，兰德项目正式从道格拉斯飞机公司中分离出来，成为一个私人非营利组织——兰德公司。

兰德公司声称自己对高科技战争发展所做的开创性贡献包括：

- 互联网：兰德公司工程师保罗·巴兰（Paul Baran）在分组交换
254 技术方面取得了重要进展，国防部高级研究计划局帮助五角大楼在此基础上进一步发展出了全球阿帕网系统，即互联网的前身。
- 超级间谍相机：兰德公司的科罗娜计划构建了一个通过摄影监视的卫星侦察系统，“成为美国获取苏联情报的主要支柱”。通过该卫星侦察系统，美军可以观看苏联军队在俄中边境的行进路线，监视他们之前从未见过的城市，甚至可以数清苏联果园里的水果来分析他们的收成。[2]
- 洲际弹道导弹和分导式多弹头导弹：兰德公司的物理学家和数学家布鲁诺·奥根斯坦“被普遍认为是美国洲际弹道导弹之父”。[3]他还发明了分导式多弹头导弹，使洲际弹道导弹能够同时携带多个热核弹头，每个弹头都可以瞄准不同的目标。
- 中子弹：兰德公司的物理学家塞缪尔·科恩（Samuel Cohen）发明了这种战术热核武器，它“对人造成的伤害最大，但对建筑物和设备的损害却降到最小”。[4]

尽管兰德公司的科技创新推陈出新，但其标志性的创举，或许也是最重要的创举，是敢于“思考不可想象的事情”的超理论创新。其带有传奇性质的项目“核男孩俱乐部”（Nuclear Boys Club）以一种异想天开的孤勇，试图将核战争战略建立在理性、科学的基础上，去影响涉及数百万吨级的核武器和数百万人生死的颠倒黑白的世界。

威慑理论：引发全球风险和危险的“核战游戏”

1945 年，当美国政府决定向日本投下原子弹时，核战的游戏规则很简单。他们不必担心对方报复，因为他们知道日本没有能力以牙还牙。然而，美国高层中比较有远见的官员也意识到美国对核武器的垄断不可能永远持续下去。

原子弹的第一次爆炸，先是在新墨西哥州的爆炸试验，然后是在日本广岛、长崎的致命爆炸，向全世界揭露了核武器最重要的秘密：核爆炸是切实可行的！核裂变链式反应并不是疯狂的科学家们的狂热假想，而是现实。既然知道了原子弹是可以制造的，那么不可避免地， 255
其他国家的物理学家迟早也会研究出制造原子弹的办法。

美国政府别无选择，只能接受这一现实。高层官员就如何最大程度地确保美国不被他们向世界展示的可怕力量反噬而展开了激烈的辩论。他们的辩论引发了一系列有关核武器决策的复杂问题，而这也是兰德公司的核战略家需要审慎思考和评估的方面。一些政府官员抱着不切实际的幻想，倾向于通过采取足够强有力的安保措施来保护核技术，使其不会落入敌方之手。但更明智的官员对该问题有更清晰的认知，他们建议通过与盟友分享核技术来对抗敌人的核力量，从而更好地防止核扩散。然而，没有人真正相信可以通过这种方式确实有效地防止第三次世界大战——核战争的爆发。

事实上，在美国向日本投下原子弹仅仅四年之后，苏联就成为世界上第二个拥有核武器的国家。1949 年 8 月 29 日，苏联在哈萨克斯坦的塞米巴拉金斯克试验场引爆了第一枚原子弹。随着爆炸声的响起，核战争的游戏规则也随之改变。

苏联 1949 年 8 月进行的核试验促使美国立即加大了核军备的投入。杜鲁门总统宣布美国将制造一种爆炸威力远超在日本投放的原子弹的热核武器，或“超级炸弹”。面对美国的挑战，苏联也不甘示弱。一场走向世界末日的军备竞赛由此拉开了序幕。

1952 年 11 月，美国进行了第一次氢弹试验，其释放的能量相当于 1040 万吨 TNT 炸药的能量，是摧毁广岛的原子弹能源的 700 多倍。此后在不到一年的时间里，1953 年 8 月，苏联以一个重量小得多的（400 千吨）聚变装置试验作为回应，这足以证明苏联的科学家已经获得了如何制造氢弹的技术。1961 年，苏联试验了有史以来最大的原子弹——一个 5000 万吨的庞然大物，其爆炸威力相当于 3800 枚广岛原子弹。

冷战时期的军备竞争导致了热核武器存储量的无限制增长。在军备竞赛的白热化阶段，美国拥有 31 255 枚核武器，苏联的数量是 40 159 枚。[5] 冷战结束后，核武器的储备量有所下降，但在今天，这
256 些数字仍然代表着足以多次毁灭整个地球的火力。此外，核武器扩散到其他国家的现状使它们对人类安全构成的威胁比以往任何时候都更大。截至 2013 年，9 个国家的核武库中有超过 1 万枚核弹头，这还不包括之前储存的数千枚“退役”的核弹头。[6]

核战游戏的赢家将以末日告终

在冷战初期，美国政府高层对世界格局的看法并不乐观。在他们看来，两个势不两立的超级大国正面对抗，全副武装，稍有不慎就可能毁灭整个人类。在此背景下，人们能做些什么，或者说应该采用哪些方式，来防止整个世界在核冲突中毁于一旦？

冷战期间，美国战略空军司令部司令——柯蒂斯·李梅将军负责管理美国核打击力量，他主张对苏联进行大规模先发制人的核打击行动。他的建议代表了美国军方“把威胁扼杀在萌芽状态”的态度。李梅竭力鼓吹这一政策的可行性，尽管战略空军司令部预估该行动将消灭 188 个目标城市的 7700 多万人。[7] 幸运的是，时任总统艾森豪威尔最终决定反对先发制人的打击政策。

正如时任国务卿约翰·福斯特·杜勒斯（John Foster Dulles）所述，艾森豪威尔政府的官方核政策是基于“大规模报复理论”，这也是对苏联的明确警告，即美国将毫不犹豫地释放其核武库的全部力量，以应对苏联的任何侵略行为。[8] 人们普遍认为，威胁越大，威慑就越有效。

与此同时，兰德公司的“国家安全分析专家”在对这个问题进行更深入的思考之后，立刻发现了大规模报复战略中的致命缺陷。用知识史学家路易斯·梅南（Louis Menand）的话来说，这些专家是“傻瓜中的书呆子”，他们“把穿制服的军人”视为“前科学黑暗时代的残留”。[9] 兰德公司聘请的政策专家与美国军方所持的立场截然相反。他们的战争经历几乎为零。这些专家团队主要由物理学家、数学家和工程师组成，偶尔也包括一些经济学家或政治学家。当批评人士提醒 257

人们注意这些专家缺乏实际军事经验时，他们反驳说，没有人有过那种全面核战争的经验，所以才需要对该问题的深入分析和理性思考。

人们给兰德公司的核战略专家们取了形形色色的绰号，其中包括“核男孩俱乐部”和“超级死亡知识分子”。这个团队中最负盛名的成员是赫尔曼·卡恩，颇有哗众取宠之嫌。他是“一个爱开玩笑、爱交际的大个子，总是喋喋不休地谈论着核战中的放射性尘埃掩体、百万吨炸弹和数百万人被焚烧致死的场景”。[10]

赫尔曼·卡恩：《论热核战争》

卡恩是一名物理学家，于1947年加入兰德公司，与爱德华·泰勒、约翰·冯·诺伊曼等人一起参与了美国氢弹的研制项目。然而，他的名气主要来自他不厌其烦地向公众讲述有关世界末日的预言。卡恩对世界末日充满挑衅的、异想天开的看法使他成为斯坦利·库布里克导演的黑色幽默电影《奇爱博士》的讽刺目标。[11]库布里克在这部电影中虚构了一个在名为布兰德公司（Bland Corporation）的秘密机构的科学顾问形象——奇爱博士。除了卡恩以外，该人物原型还参考了包括泰勒、沃纳·冯·布劳恩和亨利·基辛格在内的其他人物。而卡恩无疑是这些人物原型中特色最为鲜明的一位。他非但没有因电影对他的讽刺模仿而恼怒，反而乐在其中。他欣然接受了自己作为煽动性科学家的形象，试图将公众从愚蠢的自满状态中唤醒。

卡恩在1960年出版的《论热核战争》一书中提出了他的观点。他坚持认为，首先，超级大国之间爆发全面核战争的情况是可以避免的，由于他无法保证这一点，就引发了下一个问题，如果核战爆发，美国能否赢得这样一场战争。他的结论是美国能赢。

但这也是无法确定的事情，所以就只剩下最后一个问题：如果最坏的情况发生，美国至少能幸存下来吗？他得出的结论再次是肯定的，并为这三阶段的情况提供了一个具体的方案。

首先，卡恩认为大规模的报复战略没什么作用。它造成了超级大国之间不稳定的对抗，就像两个狂野的西部枪手近距离地用他们的六发左轮手枪瞄准对方。他们为什么会在扣动扳机前犹豫？还有什么情况会比不稳定的核对峙更危险吗？

在卡恩看来，稳定这种对抗关系的关键在于具有二次打击能力。如果枪手甲能够说服枪手乙相信，他（枪手甲）至少能够在第一轮枪战中幸存下来，且有能力给予对手致命的回击，那么枪手乙就有充分 258
的理由不首先开火。如果双方都确信对方具有二次打击能力，从理论上来说，应该会造成稳定对峙的局面。

在核对抗中，可靠的二次打击能力意味着必须拥有十分庞大的武器库，即需要确保即便其中很大一部分武器在第一次打击中被摧毁，仍拥有足够数量的核武器可以向先发动攻击的敌方进行反击，轻易杀死该国的数百万公民。因此，稳定的对峙源于这样一种情况，即任何一方都无法确保在不使自己处于严重危险境地的情况下一举摧毁敌人。为了维持这种稳定的对峙，双方都必须储备充足的核武器，使得任何一方都不敢轻举妄动。

然而，在“恐怖平衡”中寻求所谓的安全只是幻想。现实情况是一场疯狂的核军备竞赛已经悄然展开。尽管美国政府的核威慑战略和卡恩的观点有所出入，但简称 MAD 机制的相互确保摧毁战略

（Mutually Assured Destruction）表明了其“俱皆毁灭”的战略性质。对此，大多数独立评论员认为该战略思想的确是名副其实的，即从疯狂走向共同毁灭。

奇爱博士悖论：“如果保守威慑武器的秘密，那它就没有存在的意义！”

在威慑理论的应用中有一个颇具讽刺意味的转折，它揭示了美国科学最深层次的悲剧性质。人们可以从电影《奇爱博士》中奇爱博士提出的有关末日机器的悖论中窥见一二。兰德公司在核战略和威慑理论研究方面向政府提出了极具逻辑性和理性的政策建议。威慑理论主要遵循两个基本原则。第一个原则是具备上文所述的二次打击能力，即美国必须有能力承受来自任何敌方的第一次核打击，并且仍然能够以压倒性的力量进行回击。第二个原则，也是绝对关键的原则，就是必须让敌方清楚地知道，美国将有能力进行致命的反击。该理论的逻辑严丝合缝——正是由于敌方对己方核能力的了解才能使敌方有所顾虑。

在电影中，奇爱博士向苏联大使解释末日机器的威慑意义时也提到了这一点，“如果你保守末日机器的秘密，那武器也没有了存在的
259 意义”。如果敌方不知道它的存在，它就无法阻止任何事情。为了有效地起到威慑作用，美国必须公开，而不是隐藏自己的核实力。

但事实上，兰德公司逻辑严密的威慑策略对于极具保密意识的美国军方来说太过微妙，他们没能领会其中的关键意义。美国军方高层的确制订了严密的计划，以确保美国有能力进行反击……却对这些计

划守口如瓶！无独有偶，苏联军方也同样采取了这种不合逻辑的军事战略。这无疑是对兰德公司大肆吹嘘的核战略科学研究的莫大讽刺。在核安全问题上，兰德公司所坚持的战略建议不论有多么高瞻远瞩都无济于事，因为美苏两国高层都选择对他们的建议充耳不闻。到目前为止，人类似乎还没有遭遇核灾难，与其说是因为精妙的威慑战略，还不如说纯粹是运气使然。

美丽心灵

在兰德公司任职的核战略分析家中，约翰·纳什（John Nash）是一位天才数学家，他在搭建威慑战略所需的数学框架方面发挥了至关重要的作用。纳什罹患偏执型精神分裂症的经历后来被改编成奥斯卡获奖影片《美丽心灵》。[12] 偏执型精神分裂症是一种毁灭性的精神疾病，其受害者理应得到人们的同情。但一想到人类的命运可能建立在偏执妄想的基础上，这样的想法不免令人心惊胆战。

纳什是数学博弈论的先驱，通过分析游戏规则来设计获胜策略。詹姆斯·布坎南的公共选择理论就是数学博弈论的衍生品之一，该理论试图将极端的经济不平等合理化。[13] 纳什更为极端的理论为冷战时期的核边缘策略奠定了基础。

数学博弈论并不是纳什一个人的想法。其他的研究者还包括约翰·冯·诺伊曼、奥斯卡·摩根斯坦、托马斯·谢林和阿尔伯特·沃尔斯泰特。冯·诺伊曼和摩根斯坦在1944年出版的《博弈论和经济行为》一书中开创了这一新领域。把经济理论建立在一个从经济决策的数学模型中推导出来的严格的、公理化的基础上，在当时是一个大胆的尝

试。经济学家们起初并没有关注到博弈论，但是其他领域的社会科学
260 家们开始意识到该理论在相关领域的潜在应用。最重要的是，兰德公司的核策略研究专家们采纳了博弈论的观点并将其转化为分析军事战略的主要工具。20 世纪 50 年代早期，冯·诺伊曼和摩根斯坦都曾在兰德公司任职。

冯·诺伊曼和摩根斯坦在分析博弈双方可能采用的策略和可能出现的结果的基础上发展了新的数学理论——零和博弈。零和博弈指的是参与博弈的双方，一方的收益意味着另一方的损失。“硬币配对”就是其中一个典型案例。两个玩家同时把硬币放在桌子上。如果两个硬币都是正面或者都是反面，那么其中一个玩家获胜，赢家通吃，反之亦然。纳什对博弈论的贡献在于超越了冯·诺伊曼和摩根斯坦理论简单模型的局限性，推广并验证了博弈论在多方参与以及非零和博弈策略中的应用。

更糟糕的是，纳什还通过发明一些策略游戏来说明博弈论对社会科学的潜在作用，从而影响了博弈论的社会化进程。纳什设计的游戏是基于经典的囚徒困境，其本质是明确的非合作行为，而不是鼓励或至少允许玩家之间相互合作。

纳什所设计的最具争议性的一个博弈游戏名称颇具挑衅意味——“去你的，伙计”（Fuck You, Buddy）。为了能够顺利出版，这个博弈游戏需要一个在正式场合可以被提及的礼貌称谓，所以在印刷时名称变成了“再见了，笨蛋”（So Long, Sucker）。[14]（为了避免重复提及这个脏话单词，笔者在下文用其首字母缩写词“FYB”代指该游戏。）

FYB 游戏共有四名玩家，游戏开始时，每人都有七枚筹码。要赢得游戏，必须获得所有的 28 个筹码。只有在与其他玩家通力合作的基础上，才有可能获胜。但是为了获胜，玩家必须违背约定，背叛队友。而类似《幸存者》（*Survivor*）等“真人秀”节目的出现使得“策略性背叛”已经成为人们习以为常的流行文化术语。

“当人们在晚宴上尝试这个游戏时，”一个棋盘游戏爱好者的论坛如此评论，“（据称）一个常见的结果是，情侣们因游戏中的背叛而恼怒不已，选择各自打车回家。”一位评论者补充说，“不要和心思敏感的人玩这款游戏”。[15] 游戏名称中所流露的反社会态度反映了 261
游戏规则中对人性的厌恶：所有人类行为都是由自身利益驱动的，而理性要求所有玩家都将彼此视为不值得信任的人。

FYB 游戏创立了一种新模式，在这种模式中，欺骗、暗算以及暴力才是制胜法宝，而诚信则会导致失败。这款游戏的幕后创作者纳什后来患上了严重的精神疾病，该疾病的主要特征就是对他人的非理性怀疑。然而，问题的关键并不是要把与苏联核博弈的危险归咎于一个精神病患者所做的理论研究。在冷战期间向整个社会灌输偏执观念的美国政客和军方才是造成这一危险的根本原因。[16]

虽然（根据笔者所了解的情况）纳什在兰德公司的同事中没有人被确诊为偏执性精神病，但他们很容易接受纳什关于人类行为的假设理论。兰德公司重量级知识分子的首席顾问约翰·冯·诺伊曼，坚信战争是人类与生俱来的天性。他的女儿曾提到“他内心深处所隐藏的愤世嫉俗和悲观厌世”。[17]

数学偶像崇拜

那么多的物理学家和数学家，本不该自欺欺人地认为可以直接通过数学推算出有关自然或社会的具体知识。有一个名词——“数学偶像崇拜”可以恰当地描述这种致命的哲学谬误。他们把数学变成科学的主人而不是仆人，彻底改变了科学与数学之间的本质关系。

受聘于兰德公司的博弈论专家们对数学的过分依赖将形式逻辑误用在了远超其应用范围的现实生活情境中。他们在推论过程中犯了两个本质错误，其推论始于抽象的、脱离时空和物理现实的数学假设，而终于没有模拟任何实际存在的数学模型。

兰德公司在博弈论基础上构建的核军事战略，也许是对数学的不当应用所造成的最为严重的后果。将人与人的互动简单粗暴地抽象为“一人对抗所有人”的一维模型，造成了战略僵化，侧重依靠种种表里不一的政策和生硬的武力来应对问题，而忽视了通过外交手段来解
262 决分歧的明智做法。美国政府为自己划定了一个框架，在此框架内，美国只能以毫无妥协的敌意去对抗苏联。兰德公司的作用在于为这样的冷战思维提供存在的合理化理由，而人类能在这样的对抗战略中生存至今，不能不说运气不错。

兰德公司与越南战争

在艾森豪威尔总统执政期间，美国军方通常与兰德公司的研究人员保持适当的距离。然而，在肯尼迪总统于 1961 年上任后，兰德公司的分析师们开始备受军方高层的青睐。肯尼迪政府的国防部部长——罗伯特·麦克纳马拉（Robert McNamara）是一个技术官僚，

极端推崇“数学偶像崇拜”。他从兰德公司招募了一批精于数学计算的知识分子，这些人后来被称为“麦克纳马拉麾下的神童”。他们的任务是为越南制定反叛乱战略。

兰德公司的分析师们最初只是对游击战进行学术研究，但后来他们在美国制定越南战争政策的过程中影响力与日俱增。前兰德公司分析师本杰明·施瓦茨（Benjamin Schwarz）认为，这些数学天才“在五角大楼担任高级职位，他们策划轰炸战略，评估平定行动，并确定战争预算”。[18]

“越共动机与士气研究”项目：对动机和士气的错误衡量

兰德公司的一项标志性研究——“越共动机与士气研究”项目（Motivation and Morale Project，简称“M&M”项目），致力于以南越的游击战士为研究目标，发现“驱使他们反抗的动力”所在。它旨在破解为什么越共[19]——民族解放阵线（National Liberation Front，简称 NLF）——如此顽强地抵抗殖民统治，先是法国，然后是美国，明晰原因才可能瓦解这种抵抗。

M&M 项目充分说明了兰德公司和国防部高级研究计划局之千丝万缕的关系，以及两个机构对美国科学发展的贡献往往是不可割裂的。不仅兰德公司的社会科学家在国防部高级研究计划局的西贡办公室工作，前者的项目资金也由后者资助。研究人员在广泛的受众基础上，对大约 2400 名越共战俘、叛逃者和来自战区的难民进行了深入采访。研究包括两个阶段。第一阶段在 1964 年进行，由约瑟夫·扎斯洛夫（Joseph Zasloff）和约翰·唐纳（John C. Donnell）

负责，第二阶段从 1965 年 1 月延续到 1967 年，由利昂·古雷（Leon Gouré）统管。

263 起初，扎斯洛夫和唐纳的团队在研究报告中提出“他们在民族解放阵线的干部中发现了理想主义、奉献精神和高尚的道德品质”。[20] 但是这样的研究报告并不是以麦克纳马拉为首的国防部想要的结果，所以兰德公司调走了扎斯洛夫和唐纳，并改派古雷负责后续研究。从那时起，兰德公司在越南进行的社会科学研究就变成了纯粹的机会主义，研究任务不再是反映客观现实，而是为五角大楼提供量身定制的报告。古雷竭力贬低扎斯洛夫和唐纳之前所做的研究，他声称爱国阵线的士气正在下降，其具有的广泛的群众基础正在动摇，而这样的说法并不属实。

“方案永远是轰炸”

当古雷第一次抵达越南开始接手 M&M 项目的后续研究时，在乘坐出租车从机场到公司的路上，兰德公司的一名管理人员随意地向他询问起打算如何继续该项目的研究。古雷拍了拍他的公文包说：“方案都在这儿。”对方要求古雷做进一步的详细说明，他回答说：“因为美国空军付钱，所以方案永远是轰炸。”[21] 古雷在其研究报告中着力强调了美国轰炸行动在打击敌方士气方面所起的核心作用。这一结论迎合了兰德公司的空军客户——尤其是古雷的私人朋友柯蒂斯·李梅的需求，这是他们最希望听到的结果。读者应该记得，李梅曾威胁要“把越南炸回石器时代”。[22]

麦克纳马拉和约翰逊总统被古雷所叙述的“隧道尽头，就是光明”

的美好前景所迷，继续对越南展开了轰炸，造成了史无前例的破坏性后果：

> 从 1965 年 3 月到 1968 年 11 月，“滚雷行动”每天向北越投射 800 吨弹药，共计 100 万枚炸弹、火箭和导弹。美军在南越地区投下的炸弹数量甚至更多，估计有 700 万到 800 万吨，更不用说美军还投放了 7000 万升的脱叶剂、凝固汽油弹和其他杀伤性武器。当然，美军还对越南的邻国进行了大规模轰炸，先是老挝，后来是柬埔寨。[23]

当然，尽管古雷继续向美国军方保证民族解放阵线的“士气和动力”终将崩溃，事实并非如此。

古雷采用的研究方法有一个重大缺陷。他的结论是基于“对采访 264
数据有选择性的使用”[24]而得来的。他手下的两名社会科学家安东尼·罗素（Anthony Russo）和道格拉斯·斯科特（Douglass Scott）后来发现，在一份为美军轰炸越南农村辩护的伪造报告上[25]，古雷不经他们同意，把两人的名字也列入其中。他们对此非常愤慨，罗素甚至发动了声势浩大的公开抗议。[26]

越南战争发生数十年之后，兰德公司自己也遗憾地承认，它在为美国在东南亚的屠杀行为寻找借口的过程中一直扮演了不光彩的学术欺骗角色。为此，兰德公司委托前 M&M 研究员杜安·文·迈·艾略特（Duong Van Mai Elliott）[27]出版了一本回忆录。迈·艾略特在书中用平和的口吻承认了兰德公司提供的错误情报具有严重误导性，尽管该书因其对错误的坦率揭露而具有历史价值，但并没有承认兰德公司具有犯罪意图或犯罪行为。相比之下，安东尼·罗素有理有据地对M&M的研究和古雷提出了“粉饰种族灭绝行为”的指控。[28]

人们尤其需要关注兰德公司在中情局在越南实施的“凤凰计划”中起到的推波助澜的作用。该计划以酷刑逼供和系统性暗杀民族解放阵线基层干部为主要目标，尽管从冷战开始，中情局已经花费数百万美元秘密开发了新的、效率更高的精神折磨方式。历史学家阿尔弗雷德·麦考伊写道：“在越南战争期间，虽然中情局也使用了这些审讯技术，但审讯工作很快沦为残酷的暴力行为。在‘凤凰计划’的实施过程中，中情局特工共执行了46 000起法外处决，几乎没有获得什么有效的情报。”[29]

安东尼·罗素和兰德公司其他的前战略分析家们一起，揭露了他们的前雇主在“凤凰计划”中所扮演的犯罪同谋的角色。在罗素如此之多的勇敢行为中，最具历史意义的是他协助同事丹尼尔·埃尔斯伯格（Daniel Ellsberg）向公众揭露了美国政府长期以来关于越南战争的谎言。

丹尼尔·埃尔斯伯格和五角大楼文件

丹尼尔·埃尔斯伯格是麦克纳马拉麾下的知识分子之一，后来因反兰德公司的战略行径而闻名于世，但在他最近出版的回忆录中，埃尔斯伯格告诉读者，他一开始只是一个典型的兰德公司的信徒，对其提出的战争战略深信不疑。[30]

埃尔斯伯格和罗素的思想之所以发生转变，与20世纪60年代后

半段美国公共话语的巨大变化密切相关。对越南战争的强烈反感在美 265
国社会引发了大规模的反战情绪，其影响力开始蔓延到美国的所有政府机构，兰德公司也不例外。

当埃尔斯伯格发现美国政府向美国民众和国际社会报道的情况与他作为一名研究人员在越南目睹的情况大相径庭之后，他对兰德公司所肩负的冷战使命的信念受到了动摇，并最终破灭。根据美国军方的官方报道，美军在战争中取得了坚实、稳定的进展，他们正朝着这场光荣战争的胜利前进。而事实上，美军正在越来越深地陷入战争的无望泥潭。最终在 1971 年，埃尔斯伯格下定决心，以一种最为公开的方式揭露真相。

从 1969 年起，埃尔斯伯格和罗素就开始秘密复印了兰德公司多达数千页的高度机密文件，这些文件精确、细致地描述了越南战争的政治、外交和军事历史。当这段秘密历史被《纽约时报》《华盛顿邮报》等其他 17 家报纸披露后，埃尔斯伯格成为美国历史上最具影响力的举报人。他所披露的秘密文件后来被称为“五角大楼文件”，但称它们为“兰德文件”也许更为确切。美国民众对埃尔斯伯格的看法呈现出严重的两极分化，许多人视他为英雄，但也有许多人认为他是卖国贼。虽然尼克松政府竭力阻止这些文件的公开，并下令监禁了埃尔斯伯格，但最终于事无补，甚至弄巧成拙。

美国政府曾下令逮捕埃尔斯伯格，并试图以间谍罪等多项罪名起诉他，这可能使他面临 115 年的监禁。然而，美国政府的指控被指“带有偏见”而遭法庭撤销，使得针对埃尔斯伯格的审判被迫中止，这意味着政府不能在此事上对埃尔斯伯格进行重审。尼克松政府在审讯过程中所使用的种种“肮脏手段”遭到媒体曝光，导致政府败诉，这对于埃尔斯伯格本人来说，实属幸事。

科学与历史——可能与现实的著作典范

社会科学——尤其是历史学——真的可以作为科学来研究吗？具有讽刺意味的是，尽管艾尔斯伯格所披露的“五角大楼文件”的来源并不光彩，但该文件却是有关历史的真正科学著作的典范。罗伯特·麦
266 克纳马拉希望在科学基础上准确地了解东南亚的现状以及出现问题的原因，以便为未来的政策制定者提供指导并做出警告。

为此，麦克纳马拉组建了一个由兰德公司一流学者组成的大型研究团队，以充分授权的方式让他们可以接触到五角大楼的机密文件，指导他们编写一部客观、公正、记录详尽的越南战争史。在麦克纳马拉看来，这部历史的读者受众绝对不可能是普通民众。在很长一段时间里，它都是“仅供官方查阅”的。然而，随着埃尔斯伯格将五角大楼文件暴露在众目睽睽之下，这对于整个社会来说益处良多。其中之一就是向人们展示历史研究能在多大程度上保持科学的客观性。

兰德公司的“多样化”发展

越南战争结束后，虽然兰德公司继续扮演着美国政府智库的角色，但其存在的形式发生了很大变化。其官方历史学家表示，从 20 世纪 70 年代末开始，兰德公司开始为五角大楼分支机构以外的客户提供咨询服务，并在军事研究以外的领域开展研究，实现了“多元化”的转型发展。但其转型背后真实的原因其实是，五角大楼的军

方高层对兰德公司的研究人员向公众曝光军事秘密的行为相当愤怒，双方的关系不复如从前。虽然兰德公司的降维转型标志着军事考量不再是科学发展唯一的动力，但它并没有减缓科学军事化不可阻挡的进程。

Ⅳ　唯一的救赎

第二十二章

面向人类需求的科学可能存在吗?

当你深陷泥淖时，只能放声歌唱。 268

——塞缪尔·贝克特

塞缪尔·贝克特有一句描述后现代社会人类困境的名言，即人们深陷在肮脏的泥淖之中。他认为，现在人们能做的就只有歌唱。

笔者并不同意这样的看法。面对美国科学的悲剧，人们还有另一个选择：用一个不受资本权力控制或不依赖于军事支出的经济体系来取代当前的经济体系。这一重大转变只能在全球范围内实现，但实现这一转变的道路贯穿整个美国。

知晓任务本身并不困难，但要完成任务，即克服令人生畏的现状，则困难重重。以下是重塑科学完整性的五个基本要素：

- 所有的科学研发必须100%由公共资金资助；科学100%不受

商业资本污染。

- 所有的科学研发都由政府 100% 控制。
- 强有力的、决断的政府对所有科研活动的监管——严厉的监管。监管机构，如环保署、食品药品监督管理局和疾病预防控制中心必须 100% 独立于企业的影响和干预。
269 - 在涉及科学政策和决策的所有成本效益分析中，必须考虑到社会成本。
- 军工复合体的影响必须得以遏制。笔者在这里拟借用前面章节中出现的表述：我不想废除军工复合体。我只是想把它削减到一定的程度，以便我能够把它拖到浴室里让它淹死在浴缸里。[1]

对廉洁科学的追求也指向了一个远比第二次世界大战之后的美国社会更加民主的社会。从广岛原子弹爆炸到“回形针行动”再到国安局的全面监控，决定美国科学进程的最重要决策都是由政府官员秘密拍板的，而他们中的大多数并非由选举产生。真正的民主不应该是这样的。

对此，逻辑学家可能会提出疑问，即使取代资本主义是克服科学腐败的必要条件，但这并不能证明社会主义社会就一定能产生有效的科学。亲资本主义的理论家长期以来坚持认为，社会主义和科学的关系，就像油和水一样不可相容。

幸运的是，以上争论不必局限于抽象的逻辑推导，有大量相关的史料可供人们参考。虽然目前人们还没有找到充分发展的社会主义事例，但一些后资本主义社会形态已经存在。种种经验表明，面向人类需求而不是由私人利益驱动的科学并不是乌托邦式的幻想，而是一个可证明的现实。

科学与革命

从第一次世界大战到今天，科学的发展不可避免地受到社会革命的影响。俄国、中国和古巴的革命用他们自己的社会主义道路探索影响了人类关于科学经验的方方面面。

纵观历史，巨大的社会动荡为创新思想和实践消除障碍，从而为科学进步创造了积极的条件。在这个“颠覆世界”的过程中，革命的成功通常会取消先前的审查制度，打破根深蒂固的知识精英们把控科学的权力制度。此外，通过解放受压迫的社会群体，革命使得更多的人可以参与到创造历史的进程中来。由此也大大增加了能 270
够在生活中发挥积极作用的人数，促进了人类在包括科学在内的各个领域的发展。

20世纪的社会革命还在其他方面促进了科学的进步。用集中计划经济取代市场经济的革命使得会集资源和聚焦科学的能力空前提高，取得了前所未有的成就。发展中国家的“民族解放”革命打破了帝国主义统治的枷锁，这些枷锁使得这些国家此前只能扮演低技术含量的原料供应商的角色。发展中国家终于可以自由地创造属于自己的现代工业体系，他们致力于推动科学技术的发展，将其视为政府的首要任务。

科学与俄国革命

“1917 年接管俄国的布尔什维克政党，”历史学家洛伦·格雷厄姆（Loren Graham）认为，“对科技的发展充满热情。事实上，在以往的历史上，没有哪一届政府领导把科技放在如此突出的地位上。”

在 60 年的时间里，苏联实现了从一个在国际科学上无足轻重的国家到一个伟大的科学中心的巨大转变。到 20 世纪 60 年代，俄语已经成为比法语或德语更重要的科学语言，与半个世纪前相比发生了翻天覆地的变化。[2]

尽管列宁和他的同事们对科学充满热情，但在苏联成立的早期，科学发展起步缓慢。推动科学进步的道路障碍重重，这不仅是因为这个饱受战争蹂躏的国家缺乏物质资源，还因为许多对革命怀有敌意的科学家外流而造成科学人才的匮乏。在没有移民国外的科技人员中，大部分也对布尔什维克政权无感，这部分科学人才对苏联科学的发展也没有什么帮助。1917 年革命后的十多年里，苏联的工程师中只有不到 2%（约 1 万人中只有 138 人）是共产党员。

尽管如此，列宁还是认为将布尔什维克的理念强加给顽抗的科学
271 家和工程师们只会适得其反。对科学机构的极权控制并非他执政期间的政策。在 1928 年年底，原属沙皇统治下的机构——帝国科学院，不仅继续存在，也仍然是这个国家最负盛名的科学机构，而且该机构中没有一个院士是共产党员。但到了 1929 年至 1932 年，也就是斯大林逐渐走向全面掌权的时期，共产党接管了该科学院并对其进行了重新改组。

从 1928 年至 1931 年，斯大林推动了一场大清洗，将科学划分成

了两个对立的派别——“无产阶级科学”和“资产阶级科学”。苏联政府为确保政治的一致性而进行的文化清洗运动造成了机构内部的管理混乱，也破坏了科研创新机制。苏联的科学教育体系逐渐陷入瘫痪，爱因斯坦、孟德尔、弗洛伊德等人的著作被定义为资产阶级科学，他们的研究成果也被列入大学的黑名单。

然而，与此同时，苏联政府所面临的对其体制的巨大外部威胁使主政者能够获得民众支持，巩固权力。苏联政府由此确立了一个快速工业化和农业集体化的方针，而要实现这一目标，需要科学技术的大量投入。集中计划再加上大量的研发经费迅速催生了苏联的大科学，其结果是创造了一个强大但畸形的科学机构。

斯大林治下对自由审查施加的种种限制，制约了苏联集权经济调动和组织资源的能力。尽管如此，苏联在科学领域还是跃居世界领先位置，取得的科技成就仅次于美国。然而，尽管苏联在水力发电、核武器、地球轨道卫星等大规模技术成就方面取得了令人惊叹的成就，其科学机构的潜力远没有发挥出来。

1991 年苏联解体使它丧失了在国际科学领域获得的领先地位。美国国家科学基金会 1998 年的一份评估报告称，俄罗斯和其他前苏联加盟共和国的科学都处于灭绝的边缘，只能依靠国外的慈善捐赠才能勉强生存。[2]

科学与中国革命 272

正如第一次世界大战的进程引发了俄国革命，第二次世界大战同样在中国引发了由中国共产党领导的社会革命。1949 年，中华人民共和国宣告成立，与苏联一样，有意愿和能力建立大科学机构的政府开始上台执政。

对于当时的中国领导人来说，苏联科学给新中国提供的不仅仅是一个机制模式。20 世纪 50 年代，苏联科技人员大力参与新中国的科学建设，以苏联模式构建了新中国的科学体系。然而，这一切援助都是有条件的。苏联希望中国能够受其掌控，导致两国开始产生分歧。斯大林最初承诺全力支持中国学习模仿苏联的大科学建设，但是苏联所声称的无产阶级团结精神具有明显的局限性。当新中国政府开始对苏联流露出不认同时，苏联领导人显然改变了原初的想法。他们违背了当初分享技术的承诺，加速了中苏两国分裂的痛苦进程。

1960 年 6 月，苏联时任总理赫鲁晓夫突然下令取消对中国的所有援助。他们即刻撤走了成千上万的苏联科学家和工程师，连同设计图纸和专业知识培训。这是一种无情的破坏行为，不仅对当时中国的科学发展，而且对整个国家的经济和工业发展都造成了严重打击。

虽然中国的科技发展经历了数年的挫折，但这并没有改变中国政府建立科学体系的目标。中国于 1964 年试验了第一颗原子弹，1967 年试验了第一颗氢弹，并于 1970 年向地球轨道发射了第一颗卫星；在各国发射的一系列太空探测器中，中国制造一直名列前茅。2003 年，中国成为第三个独立将宇航员送入太空的国家。

273 不可否认的是，中国革命使得中央集权和计划经济成为可能，而这两者为中国从国际科学舞台上的一个微不足道的角色转变为主要的参与者，甚至可能是未来美国主导地位的主要挑战者奠定了基础。

必要但不充分的一步

斯大林时期苏联的历史经验表明计划经济是迈向科学救赎的**必要**一步，但这显然是远远**不够**的。

准确地说，苏联经济的性质应属于**后资本主义**，而不是真正的**社会主义**。全面发展的社会主义要求经济的高度发展和对生产和政治生活的民主管理。苏联在前行的过程中陷入困境，不得不掉头另行。

尽管如此，苏联取得的一系列令人印象深刻的科学成就表明，符合真正社会主义标准的社会是可以取得更多成就的。与此同时，在一个小国发生的社会革命证明了建立一个以人类需求为导向的国家科学机构是可能的。

以人为本的科学与古巴革命

1959年新年的第一周，古巴革命力量在“七二六”运动的领导下攻入首都哈瓦那，建立了一个新的革命政府。随着事态的发展，古巴领导人很快发现他们与强大的北方邻国——美国的冲突不可避免。古巴政府认为，只有将古巴经济国有化并宣布政府垄断对外贸易，才能防止在古巴境内活动的亲美实业家们破坏国家经济。将美国投资人名下的公司国有化的行为引发了古巴与美国之间激烈的对峙，一直持续到今天。为了保护政权，新的古巴政府决定与苏联结盟。

尽管从理论上说，一旦古巴领导人掌握了完全国有化的经济，他 274
们也拥有了与苏联和中国领导人一样可以发展强大科学机构的优势。然而，古巴的情况却与苏中两国大不相同。

早期的社会主义革命发生在世界上国土面积最大的两个国家，但古巴却是一个人口不到1000万的小岛。因此，古巴的科学发展并没有抱着能与美国在军事技术领域直接较量的不切实际的幻想。相反，古巴将依靠外交和政治手段来保障国家安全，也就是说，依靠与苏联的结盟和古巴革命在整个拉丁美洲和世界其他地区赢得的道德权威。这也使得它的科学机构能够将研究的焦点转向非军事领域。

古巴领导人致力于通过科学发展来解决社会问题。他们认为，科学发展的首要条件是提高全体人民的受教育水平。在古巴革命发生以前，几乎40%的古巴人是文盲。1961年，古巴发动了一场大规模的扫盲运动，据报道，一年之内就有100多万古巴人学会了读写。古巴当今的识字率为99.8%[4]，科学教育是其国家课程体系中的基本组成部分。

除教育外，全民医疗保健也被列为科学领域的优先事项，从而推动了古巴医学的发展。美国实施的经济制裁迫使古巴人设法自己生产药品。他们并不畏惧挑战，其结果是尽管古巴经济地位相对低下，在生化和药物研究方面却站在了国际科技的前沿。

古巴的医疗实践

为了证明古巴的医疗实践成果显著，其官员指出可以参考常用于量化国家福祉水平的比较统计数据，在这些数据中最具信息量的指标是平均预期寿命和婴儿死亡率。在这两方面，古巴都已经跻身与最发达的工业化国家同等水平之列。哈佛大学公共卫生学院的理查德·莱文斯（Richard Levins）认为，“在所有发展中国家中，古巴的医疗水
275 平最高，在某些领域例如降低婴儿死亡率等方面甚至领先于美国”。[5]

衡量一个国家医疗体系质量的另一个关键指标是医患比例。根据

世界卫生组织的统计，在这一类别中，古巴在全球 194 个国家中排名第一。在古巴，每千人就拥有 7.92 名医生，而在美国，该数据的比例为 2.55，英国为 2.81，法国为 3.23。在绝大多数第三世界国家，每千人只拥有不到 1 名医生。[6]

古巴的“医疗国际主义”

古巴先进的医疗水平不仅体现在医患比这一个方面。相对于古巴自身的人口而言，古巴的医学院培养的医生数量远超于实际需求量。因此，古巴积极向世界其他地区输出医护人员。远赴海外的古巴医生并不以金钱为导向，他们会去最需要医疗服务的国家。[7]古巴宣称要成为世界医疗强国，因此向世界其他地区提供的人道主义医疗援助比其他任何国家，包括比发达的工业国家都要多。除了为 67 个国家提供医疗设备、药品以及约 5 万名医生的医疗援助外，古巴还帮助埃塞俄比亚、几内亚比绍、也门、圭亚那、乌干达、冈比亚、加纳、赤道几内亚和海地建立和配备了医学院。[8]

在特朗普任期内，美国政府突然结束了 2014 年年底开始的与古巴短暂的“关系正常化”进程。古巴的医疗国际主义一直以来都是美国打击的重点目标。由于美国对拉丁美洲国家政府施加压力，“2019 年，数千名古巴医务人员从巴西、厄瓜多尔和玻利维亚撤出”，该行为对这些国家的公共卫生建设造成了严重的损害。[9]

古巴的医学发展

古巴在医疗保健方面取得的成就与其在医学领域取得的开创性进

展密不可分。20世纪80年代，在全球范围内掀起了一场生物技术革命，而古巴的研究机构在其中发挥了主导作用。古巴生物科学机构生产了
276 第一种有效的乙型脑膜炎疫苗和第一种含有合成抗原（疫苗的活性成分）的人用疫苗。[10] 其他一些令人瞩目的研究成果包括流行的降胆固醇药 PPG（该物质从甘蔗中提取），用于预防移植器官排斥反应的单克隆抗体，用于对抗病毒感染的重组干扰素，用于促进烧伤患者组织愈合的表皮生长因子以及用于治疗心脏病发作的重组链激酶。

古巴的生物技术研究机构把研究聚焦在致命疾病上，而逐利的跨国制药公司往往会忽视这些疾病的研究，因为罹患这些疾病的主要是第三世界的穷人。古巴医药研究的一个重要使命就是生产低价的平替药物。

此外，上文所述的合成抗原疫苗是古巴研究机构针对治疗 b 型流感嗜血杆菌而研发的。b 型流感嗜血杆菌是一种细菌性疾病，可引起幼儿脑膜炎和肺炎，每年在全世界范围内造成约 40 万人死亡。[11] 尽管一种针对 b 型流感嗜血杆菌的有效疫苗已经问世，并且在发达国家证明是行之有效的，但该疫苗的高价严重限制了它在不发达地区的使用。

古巴科学给其他国家地区的启示

古巴科学的发展为社会革命如何影响科学发展提供了一个尤为明晰的研究案例。这场革命使得这个岛国摆脱了工业化世界的从属经济地位，从而消除了科学进步的最大阻碍。

古巴的科学成就表明，重要的高水平科学研究完全可以在不受利益驱使的情况下进行。古巴经验还表明，中央计划体制不一定要采用

苏联那样的模式。在那种模式下，科学是为了捍卫国家的利益，而不是为了改善人民的福祉。

革命后的古巴是迄今为止最有可能实现完全以人为本的科学发展目标的国家。虽然较小的国土面积削弱了古巴模式的普适性，但古巴在医学方面取得的成就无疑为其他国家和地区的科学发展指明了方向。如果古巴的科学能以如此少的投入取得如此大的成就，那么强大如斯的美国科学又能创造出怎样的奇迹呢？

重塑美国科学和社会的健康发展 277

美国资本主义的多重危机无疑将继续刺激美国政治中社会主义力量的复兴。然而，社会主义政治的兴起不应满足于选举出自称为社会主义者的政治家，而应建立起包括选民、政治基础和社会运动在内的政治共同体，该共同体将以更大的力量和决心，对现行经济制度进行根本性变革。这些变革包括：

> 将大型制药公司国有化；
> 将化工燃料和电力能源企业国有化；
> 将银行和保险企业国有化；
> 并将军工企业国有化，并对其进行改造，以作民用。

在 2020 年的美国大选中，上述一些变革的想法甚至在全国范围内引发了讨论。[12] 将关乎民生的重要产业国有化是迈向经济民主的关键一步，而这需要通过一场伟大的斗争来废除国家工业基础和其他生产资源中的私有制。

然而，对于美国社会任何重大的进步而言，最重要的理念，即挑战并打破军国主义对美国政策的束缚，迄今为止几乎没有得到关注。除非有相当一部分公众不再将美国大兵定义为“捍卫人们自由”的英雄，而是为美国企业服务的残酷战争机器的受害者，否则美国科学将继续被捆绑在毁灭的战车上。而“持久和平的梦想”，正如鲍勃·马利（Bob Marley）的歌曲中所言，“只能是转瞬即逝的幻想”。[13]

科学家和技术工作者在建设一个更美好的世界中发挥着至关重要的作用，但他们无法仅凭一己之力就取得胜利。尽管反战、反核武、环保和其他社会运动尚未能使美国的大科学走上肩负社会责任的道路，但他们代表了进行大规模社会变革运动的基础。这些社会运动需要继续向前发展，更加努力地彼此协调，团结一致，共同抗争。最必
278 要的是需要再次兴起一场可以团结所有人的巨大的美国劳工运动。

归根结底，科学发展的终极问题是，在全球计划经济的背景下，科学、技术和工业能否真正体现民主，以便人们共享来之不易的科学成果。然而就目前的情况而言，距离这个美好的愿景还是长路漫漫。塞缪尔·贝克特言之有理：人们正深陷泥淖。但与其唱歌，还不如群策群力，采取行动把自己从泥淖中解救出来。

后　记

新冠肺炎疫情

新冠肺炎疫情 279

英文单词"历史"（history）的词根是"叙事"（story）。鉴于此，作为一名科学史学家，笔者有责任将现今有关新冠肺炎疫情的叙事整合到更庞大的叙事体系，即"二战"后的美国科学发展史中。

在现阶段的叙事中，最引人关注的科学无疑是流行病学，即研究疾病在不同人群中发生的频率及其原因的科学。[1] 在疫情爆发的危机关头，流行病学家们从幕后的研究岗位走向台前，通过电视镜头向观众进行科普，对这些极具威胁性的病原体可能传播的范围及其致命性做出预测。尽管正如天气预报员预测天气一样，流行病学家们也无法精准地预测疫情未来的发展，但他们在抗疫过程中所展现的专业素养意义重大。除了流行病学家们，病毒学和免疫学领域的科学家们也做出了巨大的贡献，他们致力于加紧研发相关的测试、治疗和疫苗，以对抗危险的病原体。

疫情最初爆发的时间线

一个显而易见的事实是，在中国武汉爆发的一场毁灭性的疾病之后，一种前所未知的病毒在 2020 年新年初始就已经对人类构成了巨大的潜在威胁。中国政府最初希望能很快遏制这种传染病的传播，但根本无济于事。到 2020 年 1 月的最后一周，人口超过 1100 万的武汉被迫“封城”。

280 尽管中国政府试图通过隔离患病人群以及防止病毒传播的公共卫生手段来遏制疫情的发展，但疫情仍然开始蔓延。1 月 30 日，世界卫生组织宣布全球进入卫生紧急状态。在此后的三周内，该病毒在亚洲的其他国家、欧洲、拉丁美洲和非洲蔓延。2 月 28 日，美国政府宣布了该病毒的第一例死亡病例。两周之后，世界卫生组织正式宣布新冠疫情构成全球性的大流行。尽管研究人员无法精确地确定新冠肺炎的感染率和死亡率，但早期迹象表明，感染率之高足以影响数十亿人，并导致数千万人死亡。流行病学家警告称，如果任由疫情蔓延，可能会重现 1918 年“西班牙流感”疫情的悲剧。[2] 西班牙流感疫情期间，世界上有三分之一的人口遭到感染，全球有超过 5000 万人因此丧生。[3]

可能会造成的灾难性后果必然会即刻引发严重的社会动荡。3 月 9 日，意大利政府对全国 6000 万人口实施居家隔离。中小学校和大学紧急停课，公共活动遭到禁止，商业和零售业也被迫停止运营。上述防控措施对意大利国民经济造成了毁灭性的影响。而随着其他国家也相继采取类似的措施后，全球经济不可避免地陷入历时性的收缩。

尽管特朗普政府对此次危机的应对实属典型的自欺欺人，先是否认事实，然后犹豫不决，但美国的非政府机构已经率先关闭了自己的业务。随着美国职业棒球大联盟、美国篮球协会暂停赛事，以及百老汇剧院关门停演，最具美国特色的流行文化元素一夜之间销声匿迹；航空公司和游轮公司纷纷取消航班和航线；餐馆和酒吧也开始关门；无论企业大小，员工都开始居家办公，数百万工人担心会因此失去生计。随着世界上最大的两个经济体——美国和中国的经济陷入停滞，全球经济开始陷入严重的困境。

为了减缓疫情传播，负责公共卫生的政府官员在公共话语体系中构建了新的专有名词，譬如“保持社交距离”以及“暂避令”。在疫情开始爆发的几周时间内，各州政府都建议当地居民尽可能多地呆在家里；避免参加聚会，人数上限先是控制在50人，然后削减至10人；与他人的社交距离保持在6英尺距离外。多地勒令非必要的企业停业停产。政府要求企业在可行的情况下对工作岗位进行调整，允许员工居家办公。各类学校和培训机构，从大学到社区瑜伽馆，全都重新调整了业务，进行在线教学。无论这场特殊疫情的后续发展如何，它向人们展现了一个反乌托邦式的、“社会隔离”的未来。与此同时，它提醒人们关注社交的重要性和意义，并对人们在孤立中保持团结提出了新的挑战。 281

科学与公共政策

在这场疫情的危机中，流行病学及其相关学科在众多的学科领域中愈发引人关注。2020年4月初，《纽约时报》评论道：

为遏制疫情蔓延，当各国领导人纷纷开始实施“闭关锁国”

> 的政策时，科学家们却打破了国界的限制，展开了史无前例的全球合作。研究人员声称，从未曾有来自这么多国家的这么多科学家共同携手，紧急抗击新冠肺炎。[4]

来自中国的病毒学家、微生物学家和其他相关研究人员迅速破译了新冠病毒的遗传密码——这是研制疫苗不可或缺的一步。值得称赞的是，中国的研究人员没有把这些重要的科学成果作为“知识产权”占为己有，而是立即对外公布，让全世界所有的研究人员都能自由获取、免费使用。如果中国的科研人员没有公开他们的研究成果，尽管其他国家和地区最终也能破解病毒的基因序列，但这样的延误必然会导致更致命的后果。

但与此同时，大型制药公司却一直在阻碍科学无国界化的进程。开发实验性药物的制药公司面临来自投资者的巨大压力，“他们必须考虑如何从这场危机中获利”。[5]而美国的制药公司尤为如此，他们的背后还有官方势力的大力支持。特朗普的卫生与公共服务部部长亚历克斯·阿扎尔（Alex Azar）是制药巨头礼来公司北美区的前负责人，也是制药业游说团体——美国生物技术创新组织的董事会成员。在2
282 月底的国会听证会上，当被问及研制的新冠疫苗定价是否在大众可接受的范围内时，阿扎尔的回答是：“我们无法对此定价。”[6]

令人遗憾的是在社会层面，科学家们的辛勤工作并没能转化为行之有效的公共政策。在美国，特朗普政府对疫情的最初应对是极其不负责任的。3月中旬，哈佛大学全球健康研究所（Harvard Global Health Institute）所长阿希什·贾（Ashish Jha）博士声称：

> 无论以何种客观标准衡量，美国政府的应对措施都比其他国家糟糕得多。在世界卫生组织推荐的检测试剂盒在世界范围内被广泛使用两个月后的今天，美国民众仍然没能广泛地进行检测。两个月以来，人们从官方那里只得到了言之不详的信息，美国政府一次次地强调“这不是什么要紧的事”……一步错，步步错。这是一次彻头彻尾的失败。[7]

特朗普最初的反应是驳斥疫情威胁论是“假新闻”，是其民主党竞争对手操控的骗局。而当周边他国开始关闭国界时，他转而假装自己从未怀疑过形势的严峻性，并试图通过夸大病毒的“莫名出现”[8]和“打了个世界措手不及”[9]的特性来为自己的不作为辩解。

对科学的攻讦置所有人于危险境地

如果特朗普和他的幕僚团队确如他所言被疫情打了个措手不及，那罪魁祸首也是他们自己。2018年5月，特朗普解散了白宫的国家安全委员理事会，而设立该理事会的目的正是为了对可能爆发的疫情做出预警。该组织的一名前主任声称，在特朗普上任前不久，该组织就已经监测到“在中国出现了越来越多的致命流感病例以及黄热病在安哥拉爆发的情况”。[10]然后，在2019年9月，就在武汉发出最早预警信号前的两个月，政府关闭了由美国国际开发署资助的 283

病毒研究的预警（PREDICT）* 项目。该项目研究人员已经发现了1200种病毒，其中包括160种“有可能引发疫情”的新型冠状病毒，并对60个外国实验室的科学家进行了培训，其中就包括最先发出预警的武汉实验室。[11]

特朗普统筹应对危机爆发的第一反应本身就反映了他对科学、科学家和专业知识持有的普遍蔑视态度。2020年2月26日，他任命副总统迈克·彭斯（Mike Pence）负责疫情工作，后者因“全球变暖是天方夜谭”“吸烟不会致死”以及违背进化生物学常识的“智慧设计论”[12]等表态而臭名昭著。彭斯的任命是特朗普政府持续三年实施的与科学为敌政策的必然选择，而该政策同时也是右翼理论家谋划数十年之久的商业反科学运动的后果。

特朗普政府对科学的攻讦手段是通过削减疾病预防控制中心、环境保护署、食品药品监督管理局和其他相关机构的预算，从而严重削弱了负责科学事务的联邦监管机构的权威。忧思科学家联盟的一位发言人指责道，“政府对我们整个联邦公共卫生科学基层的无情破坏”已经赶走了数百名“专业的传染病专家、流行病学家、分流管理人员和公立大学研究实验室的负责人”，取而代之的是行业游说者和政治理论家。[13]

在特朗普执政的头两年间，已经有超过1600名科学家离开了政府部门。环保署的工作人员减少了三分之一。消息人士称，2018年美国

---

* 2009年10月，美国国际开发署启动“新发传染病威胁计划”（Emerging Pandemic Threats (EPT) Program）。PREDICT（预警）项目是该计划的第一个项目。美国国际开发署与亚洲、非洲和南美洲的35个国家合作从事预警项目，已经建成了由各地情报员组成的全球病毒监控网络。

疾病预防控制中心在全球范围内“大幅缩减了80%的防疫活动”。[14] 特朗普政府应对新冠疫情爆发的首批政令之一是提议将疾病预防控制中心的资助经费削减16%，并将全球卫生项目的支出削减30亿美元。在此背景下，势单力薄的疾病预防控制中心在新冠检测方面的应对不力也是意料中事。[15]

新冠检测遭遇滑铁卢

医学研究可大致分为诊断、预后和治疗三个步骤。在感染新病毒的情况下，前两个步骤都需要检测，以确定病毒传播的速度、范围和病毒载量。而第三个步骤需要对受感染的个体进行有效的抗病毒治疗，并开发疫苗以预防未来的感染。 284

在中国病毒学家公布新冠病毒名称仅仅几天之后，德国研究人员已经开发出一种针对新冠病毒的检测试剂。不仅如此，一家德国小公司还开始大规模生产和销售这种检测试剂。这家拥有55名员工的公司每周能够生产100万份高质量的试剂。截至2020年的2月底，这家公司已向世卫组织提供了140万份检测试剂，后者又将其分发给了全球60个国家。[16] 但美国不在其中，美国人民为此付出了惨重的代价，而政府官员并没有对此做出任何解释。

在紧急情况之外：还存在另一个人为威胁

假设新冠病毒在初次出现时并没有导致人口的大量死亡，那么疫情传播的紧急状态最终会得以缓解，人们自然会渴望回归正常的生活状态。政府将取消隔离，地区经济可能会试探性复苏，流行病学家将从台前回归幕后的实验室。但是，如果人们对病毒传染的预警视而不见，自以为一切尽在掌控中，抗疫的宝贵机会将会稍纵即逝。

1918 年西班牙流感的疫情发展充分证明了对病毒的轻视与掉以轻心会造成不可挽回的严重后果。疫情的袭击分几波开始，第一波疫情爆发相对温和，发生在 1918 年 3 月初，几个月后消退。但在 1918 年秋天和次年冬天爆发的第二波和第三波疫情更加致命。此时间段内，全球死亡人数超过了数千万，其中大部分死于西班牙流感。

1918 年西班牙流感的病原体已确定为一种名为 H1N1 的禽流感病
285 毒。流行病学家认为，1918 年 3 月首次出现的病毒经变异后，毒性更强。变异毒株造成了第二波和第三波疫情的爆发。依此类推，2020 年的新冠病毒极有可能也是如此。这样的推断并不是危言耸听，而是鉴前毖后。今年（2022 年）4 月，美国疾病控制与预防中心主任警告说，“明年冬天病毒对我们国家的冲击”可能更具破坏性。[17]

此外，除了新冠病毒，人们有充分的理由担心，出现新型的危险病原体不再是百年一遇的偶发事件，适合病毒存活的温床依然存在。现代农业综合企业的运作方式造就了疾病肆虐的“流感工厂”，后者的存在会愈发频繁地创造出新型病毒。[18] 公众已经意识到威胁人类生存的两大人为因素——核战争和气候变化的存在。作为农业综合企业的副产品，“完美风暴”在全球的蔓延是威胁人类生存的第三种人为因素。

完美风暴*

导致新冠病毒产生的罪魁祸首是包裹在蛋白质涂层中的细长核酸单链。病毒有 DNA（脱氧核糖核酸）和 RNA（核糖核酸）两种类型，但对人类威胁最大的病毒类型是 RNA 类型。RNA 病毒缺乏 DNA 复制的纠错能力，是地球上突变率最高的生物。[19] 某些变异增强了病毒从鸟类、猪和其他动物传染给人类的能力。其他一些变异则使得某种类型的病毒更具传染性或更为致命。除此之外，还存在另外一种变异会导致病毒有很长的潜伏期。在此期间，无症状的感染者仍然可以将病毒传染给其他人。

综上所述，致命毒株的完美风暴应该是能够最大限度同时发生上述四种变异的病毒：它既可以感染人类，又具有一定的潜伏期，且传染性强、传播快，致死率极高。这种致命病毒因自然进化而随机出现的概率是微乎其微的，但现代工业农业的发展为其出现创造了条件。说句老生常谈的话，现在已经不是会不会出现的问题，而是何时会出现的问题。

2020 年初，武汉首次报告了新型冠状病毒，这让流行病学家有理由担心，这很可能就是他们所预料的噩梦。一位流行病学家罗布·华莱士（Rob Wallace）曾警告说，“如果在中国南方等地爆发致命的大流行病，世界大部分地区的经济生产力都将遭受灾难性的损失”。华莱士并不是在窥视一个水晶球；他是在展示一门科学的预测能力，而 286

* “完美风暴”（perfect storm）一词源自 2000 年乔治·克鲁尼主演的同名电影，指的是罕见的气象现象相结合，从而导致的严重风暴。现在“完美风暴”被用来隐喻一场席卷全人类的危机，这些危机看似互相独立，实际上却纠缠交织。当气候行将崩溃时，生活的方方面面也将崩溃。

这门科学迄今为止还没有受到公众和决策者的重视。

家禽的复仇

如果读者对现代家禽的饲养有所涉猎，那么他们很可能意识到现代鸡蛋生产方式极其残忍。下文是对其极端残忍的生产过程的简要描述：

> 几乎所有的鸡都是来源于工业孵化场。因为雄性小鸡不会下蛋，生产迟缓，无法作为肉鸡，通常会被活活碾碎。为了防止母鸡在压力过大、拥挤不堪的情况下互相啄咬，母鸡在运送到蛋鸡养殖场之前，其敏感的喙尖会被切掉或烧掉。
>
> 在大多数蛋鸡养殖场内，饲养员将母鸡塞进空荡荡的铁丝笼里。这些笼子一排排地堆放在没有窗户的巨大棚子里，每个棚子的长度约等于两个足球场。每只鸡几乎一生都住在比一张笔记本纸的面积还小的地方。在如此极端的禁闭中，这些可怜的动物甚至无法展开翅膀，更不用说避免在走动时踩踏其他母鸡。[20]

母鸡的寿命是 8 年到 10 年，但它们通常在出生后 12 个月至 18 个月后产蛋量下降时遭到屠宰。善意的消费者试图通过支付高价来抵制这些不人道的做法，前提是他们能负担据称是“散养的鸡”[21]下的高价鸡蛋。尽管美国的一些州政府试图禁止这种令人憎恶的工业养殖做法，或者至少对其进行监管，然而，工业化的鸡蛋生产无论在数量上还是在地理区域上都在持续增长。

这种大型工厂化的养殖场最早出现在“二战”后的美国南部。为了实现利润的最大化，泰森食品（Tyson Foods）和正大集团（CP Group）[22] 等跨国家禽和蛋类生产商在境外也复制了这样的生产方式。在较贫穷的国家，生产商们不仅没有监管（尽管在美国这样的监管也 287
相当薄弱），还可以用较低的工资聘用人员。正如下文的数据对比所示，这些养殖场的扩张数量惊人：

> 1929 年：美国境内的鸡禽总数为 3 亿只，**鸡群的平均规模为70只**。
>
> 1992 年：全球范围内的鸡禽总数为 60 亿只，**鸡群的平均规模达到了 3 万只**。10 年后的 2002 年，全球的鸡禽总数达到了 90 亿。[23]

值得关注的是，家禽正为自己所遭受的折磨向人类展开无声的复仇，它们将自身携带的瘟疫传染给人类，尽管这并不能改善那些受害家禽的悲惨境遇。在世界范围内，成千上万的家禽都被迫挤在狭隘的养殖场内，它们病弱的身体为病毒的出现、繁殖和变异提供了极大的可能。

家禽养殖场成了最臭名昭著的滋生病毒（禽流感）的温床，但并不是唯一的来源。其他的病毒滋生地包括养猪场（猪流感频发地）以及越来越多地将包括蝙蝠在内的野生动物纳入业务范围的农业综合企业。[24] 考虑到这些土地肥沃的养殖场所通常毗邻人口密集地，因而几乎可以肯定这些动物携带的病毒会传染给人类。

请读者注意：商店里的生鲜类食品，无论标签吹得如何天花乱坠，养殖的动物绝对不是“天然的”。例如，家禽养殖场里的鸡、鸭和鹅都是单一品种——它们是经过选择性繁殖、具有高度同一性的家养禽类。由于缺乏多样性，这些基因几乎相同的家禽更容易受到传染病的影响。在家禽出现早期的发病征兆时，工厂化养殖场就会向所有鸡群注入大量抗生素和抗病毒药物，反过来导致它们生成具有更高耐药性的“超级细菌”病原体。

尽管大量证据表明，导致新冠病毒产生的突变冠状病毒的最初来源是蝙蝠，但这绝不意味着资本主义化的农业综合企业是清白无辜的。无论病毒的直接来源是野生蝙蝠还是养殖蝙蝠，其中涉及的因果关系
288 都是复杂而微妙的。大型食品公司无疑为疫情的出现创造了潜在的社会和生态条件。“随着工业生产蚕食了最后一片自然森林”，新的病原体“找到了进入人类社会的途径，无论是寄宿在可食用动物还是照顾它们的劳动者身上”。而这就是这种致命的病毒“在离开蝙蝠洞仅仅几天后，就在大城市里的人群中迅速蔓延”的原因。此外，“森林砍伐程度越大，进入食物链的人畜共生的病原体就越多样化（外来的病毒种类也越多）”。[25]

最重要的是，工厂化的家禽和牲畜养殖显然给人类带来了现实意义上的危机。每当出现新的致命病毒时，紧急的防御措施和应急准备都不充分。“显然，人类不应该在疫情已经蔓延的时候才开始采取应对措施。”罗布·华莱士认为，“人们应该从源头上就防控他们无法应对的疫情出现”。[26]每个人——即使是那些对家禽遭受的虐待无动于衷的人——都应该认识到，终结工厂化的养殖攸关每个人的切身利益。

特朗普只是社会治理失败的表征之一

人们不应把新冠疫情视为一个社会紧急事件的特例，而应该将其视为人类所面临的一系列日益严重的威胁中的一环。尽管疫情的蔓延证明了特朗普政府治理混乱，但这并不是根本原因。诚然，特朗普及其团队让疫情重创下的社会雪上加霜，但他们并不是造成美国社会危机四伏的根本原因，通过选举让他们下台并不能真正解决问题。美国亟需健全社会保障体系的建设，而美国民众正越来越深刻地认识到这一点。

2020 年爆发的疫情暴露了美国各地医疗物资短缺和医院承载力不足的现状，这是一场酝酿了 40 年的危机。重症监护病房床位不足和呼吸机的短缺并不是因为计划不周或玩忽职守；这是有预谋的犯罪。这是从里根政府时期开始的一项**有意缩减医院紧急救治能力**的政策，该政策一直持续至今，并在 2020 年达到了顶峰。

医院床位和医疗物资短缺并不是过失犯罪。这是有预谋的犯罪。 289

历史学家迈克·戴维斯（Mike Davis）描述了“多年来受利润驱动削减住院病人数量”的情况：

> 根据美国医院协会（American Hospital Association）的数据，1981 年至 1999 年间，美国医院的住院床位数量惊人地下降了 39%。其目的是通过增加“有效床位数”（占用床位的病人数量）来提高利润。而管理部门的目标是达到 90% 的入住率，这意味着

> 医院无法在流行病和医疗紧急情况下容纳大量涌入的病人。[27]

由利润驱动的缩减医院容纳住院人数的政府公共政策一直延续到21世纪，无论是共和党还是民主党执政，都是如此。在2009年和2018年的流感爆发季节，美国医院严重的床位短缺已经预示着未来的危险，但政府高层们却故意忽视了这些预警。到2020年3月，美国医院只能提供6.5万张重症监护病房床位，而“政府根据过去流感疫情的模型推论表明，需求重症监护的患者数量激增到20万至290万之间”。[28]

戴维斯还揭露了美国医疗体系在防疫中的另一弊端背后的原因：大型制药公司之所以在抗生素和抗病毒研究方面投资不足，是因为后者提供的利润空间较小。

> 在18家最大型的制药公司中，有15家已经完全放弃了抗病毒研究领域。心脏药物、成瘾性镇定剂和男性阳痿治疗是攫取利润的大头，防治医院感染、突发疾病和常见热带病的药物则不在考虑范围之内。对制药公司来说，研发出针对流感的通用疫苗——一种针对病毒表面蛋白质的不可变部分的疫苗——在长达几十年的时间内都只是一种可能性，但因为利润不足没能成为优先研发的事项。[29]

290 ## 宏观经济的不良影响

这场公共卫生危机引发了美国有史以来最快的经济崩溃，暴露出美国经济体系在应对突发事件挑战时存在的不足。在公众利益严重受损的情况下，私营企业制度摇摇欲坠，走向失败。在美国经济全面下滑、失业率剧增的情况下，富有的资本家们却在争相保护自己的商业利益。人们将拯救经济的希望都寄托在2.2万亿美元的联邦救助上，但事实很快证明这远远不够。美国经济体系的局限性和不稳定性的弊端无疑才刚刚显现。

在2020年年初，笔者在本书的最后一章中就写道，如果不全面改革美国的经济体系，就无法避免美国科学的悲剧，并指出了将大型制药公司、石油化工企业、银行、保险公司和军工企业进行国有化的必要性。虽然仅将上述企业进行国有化是不够的，但这样的社会变革可以促进经济的社会主义化——一个代表整个社会利益，而不是代表超级富豪精英圈层利益的政府管理下的国有化经济。

笔者在2020版的本书的脚注中也引用了一些新闻评论，这些评论是希望的星星之火，即呼吁对美国经济进行国有化改革已经逐渐在公共话语中占据一席之地。但疫情冲击下的经济萧条使得这些星星之火已呈燎原之势。以下的这些头条新闻已经证明了这一点：

新冠疫情会促使制造业国有化吗？[30]

抗疫斗士声称美国必须将医疗设备生产国有化[31]

是时候对航空公司进行国有化了[32]

在疫情肆虐和经济动荡的情况下，绿色组织呼吁对石油和天然气行业进行国有化改革[33]

因疫情影响，法国、意大利、西班牙试图将企业和医院国有化[34]

甚至美国主流权威媒体都开始发表评论文章，呼吁联邦政府干预美国经济。《纽约时报》发表了一篇题为《一只75美分的口罩，正
291 在难倒世界上最富有的国家》的文章，将美国对疫情应对严重不力归咎为“资本主义损耗了国家的防灾预备和经济弹性”。作者感叹道：

> 美国衰落的方式居然如此微小且丢人：因为买不到价值仅75美分一只的口罩，这个世界强国就摇摇欲坠……也许现在解决物资缺乏的唯一办法是意识到市场已经崩溃，并让政府强势介入。[35]

不出意料，特朗普政府愤怒地拒绝了对经济进行国有化改革的提议，但他们的愤怒表明，科学和理性的敌人现在不得不收敛行事。与此同时，美国政府发现自己不得不援引《国防生产法》（Defense Production Act）来生产呼吸机和其他关键的医疗物资，从而表明即便没有资本家，生产体系也能正常运行。与此同时，为了抗击疫情，美国政府投入了数万亿美元的联邦经费，从正面证明了右翼分子宣扬“小政府”理论完全是无稽之谈。美国社会公共话语体系中这些显著的变化对所有认识到当今社会关键本质的人来说是一个积极的鼓励。

社会主义还是反乌托邦?

新冠病毒所引发的社会动乱将会持续数周、数月还是数年？即便病毒消失了，它是否还会卷土重来？如果真是如此，那么什么时候，间隔多久病毒会再次袭来？如果不会，那么流感季节来临时都会出现

更多致命的病毒吗？这些问题甚至连流行病学家都无法给出答案。

这些攸关人类命运的未知疑虑已经给人们的现实生活蒙上了一层阴影。因疫情冲击而转瞬消失的数千万个工作岗位还能回来吗？疫情的周期性重现会迫使人们陷入自我隔离的困境吗？人们每次出门都必须戴上手套和口罩吗？永远与朋友、邻居甚至爱人保持“社交距离”，过着没有运动、音乐会、戏剧、派对和餐馆，只有“线上虚拟”博物馆的反乌托邦式的悲惨生活？

但有一个重要的事实已然确定。只要人们的共同命运还掌握在一个任凭工业化家禽和牲畜养殖场产生新型病毒的经济体系手中，笼罩在人们身上的反乌托邦阴影就会一直存在，病毒频频侵袭，持续威胁人们的生命健康。

只要人们的共同命运还掌握在一个任凭工业化家禽和牲畜养殖场 292
产生新型病毒的经济体系手中，笼罩在人们身上的反乌托邦阴影就会一直存在。

工厂化养殖场的经营者已经意识到危险的病毒是工业化养殖不可避免的副产品。他们也意识到，他们引发的疫情需要由整个社会来承后果。养殖场经营者们原本指望资本主义政府可以处理病毒传染造成的烂摊子。然而，2020 年新冠疫情爆发时政府的应对不力使人们对资本主义政府的能力本身产生了怀疑。政府投入的数万亿美元的企业救助都不足以恢复世界资本的金融秩序，使其免于彻底崩溃。公众的未来又将何去何从？

人们只能冒险孤注一掷，建立以服务公共利益，而非服务私人利益的全球经济体系的需求比以往任何时候都更加迫切。在这场事关生存的斗争中，美国科学，无论是流行病学还是病因学，生态学还是经济学，都可以通过社会主义化实践和探索前行的道路来挽回自己悲剧的命运。

对美国经济进行彻底的社会主义化改革以及坚持民主科学决策，将有可能把美国科学从资本的束缚中解放出来。合作共赢将取代恶意竞争而成为科学进步的驱动力，专利制度不再是必不可少，知识共享比信息保密更为重要。回归公益性的大型制药企业和营利性医疗机构可以将科研转移到联邦实验室，疫苗研发的首要目的是保护公众的健康，而不是为了让投资者获得暴利。大型食品制造业的所有权应归属全社会共有，从而推动再生农业的进一步发展。农业技术创新不是为了使食品公司获利，而是为了使土壤恢复活力，防止工业化生产带来的病毒肆虐。如果人们能真正解决眼前的危机，解决美国科学的悲剧也不是全无希望。

致　谢

笔者首先想感谢弗朗西丝·戈尔丁、迈克尔·史蒂文·史密斯和黛比·史密斯邀请笔者为《想象：生活在一个社会主义的美国》的论文集撰稿，这最终导致了本书的问世。 293

笔者还要感谢弗朗西丝，她是美国首屈一指的文学经纪公司的创始人，也是笔者作品出版的引路人。弗朗西丝说过，她的使命就是出版“有影响的书”。令笔者深感欣慰的是，她认为本书也属此列。更具体地说，多亏弗朗西丝的一位同事萨姆·斯托洛夫的努力和帮助，本书才得以从电子文档转化为正式出版的书籍。

笔者同样需要感谢的是来自笔者最钟爱的出版社海马基特书屋的编辑尼莎·包尔塞、罗里·范宁和安东尼·阿诺夫，感谢他们的鼓励和支持。此外，还要感谢克里斯托弗·多尔斯，他向海马基特书屋推荐了本书。克里斯是“为人民的科学”（Science for the People）组织兴起的主要推动者之一。如果说对于解决美国科学悲剧，还存有任何希望的话，该组织是至关重要的。

笔者尤其要感谢露丝·鲍德温，感谢她在编辑和完善本书的过程中的辛苦付出。鲍德温曾编辑过笔者的《人民的科学史》，笔者很高兴能再次和她合作。在本书出版的后期阶段，笔者还有幸得到了卡罗琳·勒夫特的帮助，她对本书深思熟虑的批判性阅读确保了本书的表述能够言必有中。

294 笔者在本书的题献中已经感谢了向人们揭露企业和政府秘密的调查记者、吹哨人及其他相关人员所做出的巨大贡献。笔者在正文中提及了他们中一些人的名字，另一些人的名字则出现在本书脚注和其他参考著作的清单中。

在本书的写作过程中，许多来自特定专业领域的朋友和同事通过阅读和评论章节的初稿，帮助笔者获得了宝贵的文献资料并做出专业阐释。对于他们所提供的诸多帮助，感激之情无法言表。笔者非常感谢卡罗尔·丹瑟罗、里奇·范伯格、马克·弗里德曼、贝特西·萨缪尔森·格里尔、林恩·亨德森、马克·亨利、菲利斯·基特勒、保罗·勒布朗、盖·米勒、弗雷德·墨菲、迈克尔·施赖伯、巴里·谢泼德、厄尼·塔特和汤姆·提利茨。

这里还要特别感谢丹尼斯·艾奇。笔者在真正动笔之前，曾向他描述本书的中心思想，而他据此为笔者设计了一幅海报。笔者将海报装裱起来置于书桌的墙面。感谢他的海报给笔者提供源源不断的灵感，激励笔者书写一本配得上他所做插图的书。

尽管在本书的“前言”中已经阐明，笔者在“致谢”中想再次强调，对笔者来说，超越一切科学的灵感源泉是笔者所珍爱的伴侣，即现实生活。

注　释

2022年版前言

295

1 Nitasha Tiku and Jay Greene, "The Billionaire Boom," *Washington Post*, March 12, 2021.

2 CBS Sunday Morning, January 23, 2022.

3 Oxfam, "Inequality Kills," January 2022.

4 与此同时，在全球范围内，因新冠病毒而死亡人数超过600万。"截至2022年3月28日，全球各国新冠死亡人数"，援引自statista.com。

5 Sydney Lupkin, "How Operation Warp Speed's Big Vaccine Contracts Could Stay Secret," National Public Radio, npr.org, September 29, 2020.

6 Rebecca Robbins, "Moderna, Racing for Proffts, Keeps Covid Vaccine Out of Reach of Poor," *NYT*, October 13, 2021

7 Michael Erman, "Pffzer, Moderna Seen Reaping Billions from COVID-19 Vaccine Booster Market," reuters.com, August 13, 2021.

8 见"Cuba's COVID Vaccine Rivals BioNTech-Pffzer, Moderna," Deutsche Welle, dw.com, June 27, 2021。

9 "Why Cuba Developed Its Own Covid Vaccine–and What Happened Next," *BMJ*, August 5, 2021.

10 截至2021年10月25日，古巴全部人口接种了至少一剂疫苗，截至2022年1月，86%的人口完全接种了全套疫苗。由古巴公共生物技术部门研发的Abdala疫苗在三期试验中的报告表明，该疫苗在预防新冠病毒严重的系统性疾病和死亡方面的有效性为100%。Kenny Stancil, "'Historic Turning Point': Cuba Issues Plan for Vaccine Internationalism," *Common Dreams*, January 25,202.

11 见 *BMJ*, “Profiteering from Vaccine Inequity: A Crime Against Humanity?” August 16, 2021。

296 12 “Why Cuba Developed Its Own Covid Vaccine,” *BMJ*, August 5, 2021.

13 “Remarks by President Biden on the Drawdown of U.S. Forces in Afghanistan,” whitehouse.gov, July 8, 2021.

14 Hina Shamsi，转引自 Asma Khalid, “Biden Pledged to End the Forever Wars, But He Might Just Be Shrinking TTem,” National Public Radio, September 8, 2021。

15 转引自 Leo Shane III, “DoD Planned to Spend Billions on Afghan Security Forces. This Group Has a Suggestion for Those Funds,” *Military Times*, August 27, 2021。

16 该法案于 12 月 15 日在参议院两党投票中获得通过，并于 12 月 27 日由拜登签署正式生效。见 US Senate Committee on Armed Services, “Reed, Inhofe Praise Senate Passage of National Defense Authorization Act for Fiscal Year 2022,” December 15, 2021。

17 见 Rich Lowry, “We Need a $1 Trillion Defense Budget,” *Ocean Times*, March 4, 2022; and Matthew Kroenig, “Washington Must Prepare for War with Both Russia and China,” *Foreign Policy*, February 18, 2022。

18 见 Elliott Abrams, “TTe New Cold War,” Council on Foreign Relations, March 4, 2022; and Robert M. Gates, “We Need a More Realistic Strategy for the Post-Cold War Era,” *Washington Post*, March 3, 2022。

19 Mike Stone, “Biden Wants $813 Billion for Defense as Ukraine Crisis Raises Alarm,” Reuters, March 28, 2022.

20 Davide Castelvecchi, “Ukraine Nuclear Power Plant Attack: Scientists Assess the Risks,” *Nature*, March 4, 2022.

21 Chris Hedges, “The Greatest Evil Is War,” ScheerPost, February 27, 2022.

22 Emma Newburger, “Biden Administration Proposes Oil and Gas Drilling Reform but Stops Short of Ban,” *CNBC*, November 26, 2021.

23 Cristina Criddle, “Bitcoin Consumes’ More Electricity Than Argentina,’” BBC.

com, February 10, 2021.

24 And what about NFTs (non-fungible tokens), you ask? The same absurdity on steroids. 见 Luke Savage, “NFTs Are, Quite Simply, Bullshit,” Jacobin, January 26, 2022。

25 Sohale Andrus Mortazavi, “Cryptocurrency Is a Giant Ponzi Scheme,” Jacobin, January 21, 2022.

26 Xiaowei Wang, *Blockchain Chicken Farm: And Other Stories of Tech in China's Countryside* (New York: Farrar, Straus, and Giroux, 2020).

27 见Democracy at Work website, “All Things Co-op: Blockchain and Cryptocurrency,” February 1, 2022. https://www.democracyatwork.info/atc_blockchain_and_cryptocurrency?utm_campaign=nd_roundup_02022022&utm_medium=email&utm_source=democracyatwork。

导 言

1 “The Feel-Good Gene,” Richard A. Friedman, *NYT*, March 6, 2015.

2 “Global Warming Skeptic Organizations,” Union of Concerned Scientists, 2013.

3 参见 *The Cigarette Papers*, edited by Stanton Glantz et al., 1998。

4 Sheldon Krimsky, *Conflicts of Interest in Science: How Corporate-Funded Academic Research Can Threaten Public Health*, 2019. 297

5 Anahad O'Connor, “Coca-Cola Funds Scientists Who Shift Blame for Obesity Away from Bad Diets,” *NYT*, August 9, 2015; Candice Choi, “How Candy Makers Shape Nutrition Science,” Associated Press, June 2, 2016.

6 Farhad Manjoo, “Google, Not the Government, Is Building the Future,” *NYT*, May 17, 2017.

7 参见第九章《智库与理性的背叛》。

8 *NYT* Editorial Board, January 12, 2018.

9 Congressional Research Service (Library of Congress), analysis of data from

Analytical Perspectives, *Budget of the United States Government, Fiscal Year 2017.*

10 Evan Ackerman, "A Brief History of the Microwave Oven,"*IEEE Spectrum*, September 2016.

298 11 在 21 世纪，桑德斯投票赞成战争预算和军费拨款的年份包括 2002 年、2004 年、2005 年、2006 年、2007 年、2008 年、2009 年、2010 年和 2013 年。

12 Iraq: Iraq Liberation Act, 1998; Afghanistan: Authorization for Use of Military Force, 2001; Kosovo: Kosovo Resolution, 1999; Somalia: Authorization for Use of U.S. Armed Forces in Somalia, 1993.

第一章 弥天大谎

1 Michele Simon, "Are America's Nutrition Professionals in the Pocket of Big Food?," *Eat Drink Politics*, January 2013. 参见 the Center for Communicable Disease's website, CDC.gov, for morbidity and mortality statistics regarding heart disease, cancer, stroke, and diabetes。

2 本章的标题灵感来源于 Gary Taubes's seminal nutrition science critique "What If It's All Been a Big Fat Lie?," *NYT Magazine*, July 7, 2002。

3 Anahad O'Connor, "More Evidence That Nutrition Studies Don't Always Add Up," *NYT*, September 29, 2018.

4 同上。

5 National Nutrition Monitoring and Related Research Act of 1990. Public Law 101−445, October 22, 1990.

6 Dietary Guidelines Advisory Committee, Health.gov, scientific report, 2015.

7 Victor Oliveira, *The Food Assistance Landscape: FY 2015 Annual Report*, US Department of Agriculture.

8 Nina Teicholz, "The Scientific Report Guiding the US Dietary Guidelines: Is It Scientific?" *BMJ*, September 23, 2015.

9 同上。

10 Anahad O'Connor, "How the Sugar Industry Shifted Blame to Fat," *NYT*, September 12, 2016.

11 Cristin E. Kearns, Laura A. Schmidt, and Stanton A. Glantz, "Sugar Industry and Coronary Heart Disease Research: A Historical Analysis of Internal Industry Documents," *JAMA Internal Medicine*, November 2016.

12 医学杂志上的评论是指在某一特定主题下，对近期发表的有影响力的研究文献进行全面的、比较性的分析。

13 Robert B. McGandy, D. M. Hegsted, and F. J. Stare, "Dietary Fats, Carbohydrates and Atherosclerotic Vascular Disease," *New England Journal of Medicine*, July 27, 1967.

14 O'Connor, "How the Sugar Industry Shifted Blame."

15 David Singerman, "The Shady History of Big Sugar," *NYT*, September 16, 2016.

16 Anahad O'Connor, "Coca-Cola Funds Scientists Who Shift Blame for Obesity Away from Bad Diets," *NYT*, August 9, 2015.

17 Email dated August 30, 2014. Associated Press, "Excerpts from Emails between Coke, Anti-obesity Group," November 24, 2015.

18 Email dated November 9, 2015. Associated Press, Nov. 24, 2015.

19 David Olinger, "CU Nutrition Expert Accepts $550,000 from Coca-Cola for Obesity Campaign," *Denver Post*, December 26, 2015.

20 O'Connor, "Coca-Cola Funds Scientists."

21 Molly McCluskey, "Public Universities Get an Education in Private Industry," *Atlantic*, April 3, 2017.

22 同上。

23 Andrew Jacobs, "How Chummy Are Junk Food Giants and China's Health Officials? They Share Offices," *NYT*, January 9, 2019.

24 Andrew Jacobs, "A Shadowy Industry Group Shapes Food Policy around the World," *NYT*, September 16, 2019.

25 Candice Choi, "How Candy Makers Shape Nutrition Science," Associated Press, June 2, 2016.

26 Choi, "How Candy Makers Shape Nutrition Science."

27 Singerman, "Shady History of Big Sugar."

28 同上。

29 同上。

30 同上。

31 Michael Pollan, "Unhappy Meals," *NYT Magazine*, January 28, 2007.

32 *Dietary Goals of the United States*, US Senate Select Committee on Nutrition and Human Needs, 1977.

33 *Diet, Nutrition, and Cancer*, National Academy of Sciences, 1982.

34 Pollan, "Unhappy Meals."

35 同上。

36 同上。

37 同上。

第二章 绿色革命

299 1 "Hunger Statistics," World Food Programme, United Nations. 亦见 "Maternal and Child Nutrition," *Lancet*, June 6, 2013。

2 Herbert Spencer, *Principles of Biology*, 1864. 亦见 Darwin Correspondence Project, letter from Darwin to A. R. Wallace, July 5, [1866]。

3 Peter Rosset, Joseph Collins, and Frances Moore Lappé, "Lessons from the Green Revolution," *Tikkun*, March/April 2000.

4 关于加纳菠萝种植者和科特迪瓦可可种植者困境的案例研究，见 Kojo Amanor, "Global Resource Grabs, Agribusiness Concentration and the Smallholder: Two West African Case Studies," *Journal of Peasant Studies*, July 2012。

5 UNCTAD, "Tracking the Trend towards Market Concentration: The Case of the Agricultural Input Industry," April 20, 2006.

6 Kristina Hubbard, *Out of Hand*, National Family Farm Coalition, December 2009.

7 UNCTAD, "Tracking the Trend towards Market Concentration."

8 Rosset et al., "Lessons from the Green Revolution."

第三章 从绿色革命到基因革命

1 Mark Derr, "Crossbreeding to Save Species and Create New Ones," *NYT*, July 9, 2002.

2 Sheng Jian Ji et al., "Recombinant Scorpion Insectotoxin AaIT Kills Specifically Insect Cells but Not Human Cells," *Nature*, June 10, 2012.

3 Lucy Sharratt, "Enviropig: A Piggy You Hope Never to Meet at Market," *Common Ground*, October 6, 2011.

4 转引自 Sharratt, "Enviropig"。

5 这里的百分比是基于 2015 年美国农业部统计的美国耕地面积。"The GE Process," Institute for Responsible Technology, 2016。

6 Charles M. Benbrook, "Impacts of Genetically Engineered Crops on Pesticide Use in the U.S.—the First Sixteen Years," *Environmental Sciences Europe*, September 2012.

7 数据来源于美国地质调查局，见 Danny Hakim, "Doubts about the Promised Bounty of Genetically Modified Crops," *NYT*, October 29, 2016。

8 Hakim, "Doubts about the Promised Bounty."

9 Daniel M. Gold, "Review: In 'Food Evolution,' Scientists Strike Back," *NYT*, June 22, 2017. The review is of a pro-GMO documentary film narrated by deGrasse Tyson

10 European Network of Scientists for Social and Environmental Responsibility,

October 21, 2013. 亦见 Angelika Hilbeck et al., "No Scientific Consensus on GMO Safety," *Environmental Sciences Europe*, January 24, 2015。

11 National Academies of Sciences, Engineering and Medicine, "Report in Brief," *Genetically Engineered Crops: Experiences and Prospects*, May 2016.

12 Food & Water Watch, "Under the Influence: The National Research Council and GMOs," May 16, 2016. 美国国家研究委员会监督了国家科学院 2016 年 5 月关于转基因生物报告的制作。

13 Stephanie Strom, "National Biotechnology Panel Faces New Conflict of
300 Interest Questions," *NYT*, December 27, 2016.

14 Strom, "National Biotechnology Panel."

15 2013 年，六大转基因种子制造商是孟山都、杜邦、陶氏、先正达、拜耳和巴斯夫。此后，因食品行业巨头的合并与收购，六大制造商合并成了三巨头或四巨头。

16 James Ridgeway, "Black Ops, Green Groups," *Mother Jones*, April 11, 2008.

17 Stacy Malkan, "GMO Answers Is a Marketing and PR Website for GMO Companies," US Right To Know, March 26, 2015.

18 Eric Lipton, "Food Industry Enlisted Academics in G.M.O. Lobbying War, Emails Show," *NYT*, September 5, 2015. 强调为我所加。

19 同上。

20 同上。

21 同上。

22 National Academy of Science, "Report in Brief," *Genetically Engineered Crops: Experiences and Prospects* , May 2016.

23 National Academy of Science, "Report in Brief."

24 Hakim, "Doubts about the Promised Bounty."

25 同上。

26 同上。

27 Becky Price and Janet Cotter, "The GM Contamination Register: A Review of Recorded Contamination Incidents Associated with Genetically Modified

Organisms, 1997–2013," *International Journal of Food Contamination*, December 2014. 一个代表性的例子，见 "Genetically Modified Crop on the Loose and Evolving in U.S. Midwest," Scientific American, August 6, 2010。

28 参见本书第七章。

29 例见 "GMO Corn Is Safe, and Even Has Health Benefits, Analysis of 6,000 Studies Concludes," *Newsweek* , February 22, 2018。

30 "GMO Facts," Non-GMO Project website, 2019. 强调为原文所加。

31 American Academy of Environmental Medicine, "Genetically Modified Foods," May 8, 2009.

32 A. Fairbrother and R. S. Bennett, "Ecological Risk Assessment and the Precautionary Principle," *Environmental Protection Agency Science Inventory*, 1999.

33 US Environmental Protection Agency, "About Risk Assessment," epa.gov, 2019.

34 Carol Dansereau, *What It Will Take: Rejecting Dead Ends and False Friends in the Fight for the Earth*, 2016.

35 "GMO Facts," Non-GMO Project. Based on "Adoption of Genetically 301
Engineered Crops in the U.S.: Recent Trends in GE Adoption," US Department of Agriculture, Economic Research Service, July 9, 2015.

36 Gary Ruskin, " Seedy Business ," US Right to Know, January 2015.

37 "Laureates Letter Supporting Precision Agriculture (GMOs)," June 29, 2016, SupportPrecisionAgriculture.org, "the official site of the Nobel Laureates' pro-GMO campaign."

38 James Dearie, "Plowshares Activists Arrested for Action at Georgia Naval Base," *National Catholic Reporter*, April 5, 2018. 亦 见 Marjorie Cohn, "Threatened with Long Prison Sentences, Anti-nuclear Activists Decry Pentagon 'Brainwashing,'" *Truthout*, October 29, 2019。

39 Jonathan Latham, "107 Nobel Laureate Attack on Greenpeace Traced Back to Biotech PR Operators," *Independent Science News*, July 1, 2016.

40 强调为原文所加。

41 Amy Harmon, "How Square Watermelons Get Their Shape, and Other G.M.O.Misconceptions," *NYT* , August 2, 2016.

42 参见上文《转基因作物就能生产更多的粮食吗？别这么快下结论！》一节中比较性的论据。

第四章 烟草策略

1 见 1953 年契斯特菲尔德牌香烟的杂志广告。

2 "Deaths and Mortality Statistics," US Centers for Disease Control and Prevention, 2017; World Health Organization, "Cancer: Key Facts," September 12, 2018.

3 Naomi Oreskes and Erik M. Conway, *Merchants of Doubt*, 2010.

4 *Bad Science: A Resource Book* 可在加利福尼亚大学旧金山分校的网页获取。

5 Allan M. Brandt, *The Cigarette Century: The Rise, Fall, and Deadly Persistence of the Product That Defined America*, 2007. 布兰特是哈佛大学医学史教授。

6 Oreskes and Conway, *Merchants of Doubt*.

7 注意：将复杂问题视为仅有两面是还原论谬误。

8 Hill & Knowlton memo, May 3, 1954. Truth Tobacco Industry Documents, "Report on TIRC Booklet, 'A Scientific Perspective on the Cigarette Controversy.'" 亦 见 Michael J. Goodman, "Tobacco's PR Campaign: The Cigarette Papers," *Los Angeles Times* , September 18, 1994。

9 数以千万页的公司内部通信记录可在 Truth Tobacco Industry Documents 网站上在线访问和搜索。

10 强调为原文所加。

11 "Tobacco-Related Mortality," US Centers for Disease Control and Prevention, 2018.

12 World Health Organization, "Tobacco: Key Facts," May 29, 2019.

13 Oreskes and Conway, *Merchants of Doubt*.

第五章 医药骗局

1 Liyan Chen, "The Most Profitable Industries in 2015," *Forbes*, September 23, 2015. 302

2 Associated Press, August 27, 2019.

3 Scott Higham, Sari Horwitz, and Steven Rich, "76 Billion Opioid Pills: Newly Released Federal Data Unmasks the Epidemic," *Washington Post*, July 16, 2019.

4 Senator Claire McCaskill, 转引自 Deirdre Shesgreen, Jayne O'Donnell, and Terry DeMio, "How Drug Company Money Turned Patient Groups into 'Cheerleaders for Opioids'," *USA Today*, February 13, 2018。

5 Jan Hoffman, "Johnson & Johnson Ordered to Pay $572 Million in Landmark Opioid Trial," *NYT*, August 26, 2019.

6 Jan Hoffman, "Purdue Pharma Tentatively Settles Thousands of Opioid Cases," *NYT*, September 11, 2019.

7 Matthew Goldstein, Danny Hakim, and Jan Hoffman, "Sacklers vs. States: Settlement Talks Stumble over Foreign Business," *NYT*, August 30, 2019.

8 这三家药物经销公司分别是美源卑尔根（Amerisource Bergen）、卡地纳健康（Cardinal Health）和麦克森公司（McKesson Corpora），他们销售的药品约占美国药品总量的 90%。

9 Emily Walden, 转引自 Spencer Bokat-Lindell, "Making Drug Companies Pay for the Opioid Epidemic," *NYT*, October 22, 2019。

10 Associated Press, "Pfizer Shifting Drug Research to Focus on Diseases with High Profit Potential," October 1, 2008.

11 同上。

12 "Orphan Products: Hope for People with Rare Diseases," US Food and Drug

Administration website, undated.

13 William J. Broad, “Billionaires with Big Ideas Are Privatizing American Science,” *NYT* , March 15, 2014.

14 Broad, “Billionaires with Big Ideas.”

15 Jake Bernstein, “MIA in the War on Cancer: Where Are the Low-Cost Treatments?” *ProPublica* , April 23, 2014.

16 Michelle D. Holmes et al., “Aspirin Intake and Survival after Breast Cancer,” *Journal of Clinical Oncology*, February 16, 2010.

17 转引自 Bernstein, “MIA in the War on Cancer”。

18 对世界上经济贫困人口的标准委婉说法是“发展中国家”，这个意识形态术语反映了新自由主义的神话，即自由市场实际上正在解决经济不平等的问题。“欠发达国家”的说法更符合现实，但也有些尴尬。笔者更倾向于“第三世界”这一说法。尽管由于“第二世界”（苏联）的消亡，这个词严格来说已经过时了，但仍然不失为一个有用的、中性的术语。

19 Rick Gladstone, “W.H.O. Assails Delay in Ebola Vaccine,” *NYT*, November 3, 2014.

20 转引自 Naki B. Mendoza, “A New Look for Big Pharma Business in the Developing World,” Devex.com, April 7, 2016。

21 “Big Win for Affordable Medicine,” *Bloomberg Quint*, April 30, 2019.

22 Joseph E. Stiglitz, “Don’t Trade Away Our Health,” *NYT*, January 31, 2015.

23 R. Jai Krishna and Jeanne Whalen, “Novartis Loses Glivec Patent Battle in India,” *Wall Street Journal*, April 1, 2013.

24 Simon Reid-Henry and Hans Lofgren, “Pharmaceutical Companies Putting Health of World’s Poor at Risk,” *Guardian*, July 26, 2012.

303 25 Jack Ellis, “Novartis Is the Latest Big Pharma Player to Extend Olive Branch in Third World Patent Rights Row,” *Intellectual Asset Management*, September 15, 2015.

26 Michael Edwards, “R&D in Emerging Markets: A New Approach for a New Era,” McKinsey and Company, February 2010. Walt Bogdanich, “McKinsey

Advised Johnson & Johnson on Increasing Opioid Sales," *NYT*, July 25, 2019.

27 Gardiner Harris, "Maker of Costly Hepatitis C Drug Sovaldi Strikes Deal on Generics for Poor Countries," *NYT*, September 15, 2014.

28 Julie Schmit, "Costs, Regulations, Move More Drug Tests Outside USA," *USA Today*, May 16, 2005.

29 Joe Stephens, "Panel Faults Pfizer in '96 Clinical Trial in Nigeria," *Washington Post*, May 7, 2006.

30 截至 2017 年 12 月 31 日（Gates Foundation Factsheet）。

31 Associated Press, "With Poo on a Pedestal, Bill Gates Talks Toilets," November 6, 2018.

32 Michelle Goldberg, "Melinda Gates' New Crusade: Investing Billions in Women's Health," *Newsweek*, May 7, 2012.

33 Paul B. Farrell, "Gates's $4 Billion Foray in Global Family Planning," *MarketWatch*, May 15, 2012.

34 Charles Ornstein and Katie Thomas, "Top Cancer Researcher Fails to Disclose Corporate Financial Ties in Major Research Journals," *NYT*, September 8, 2018.

35 "Medicine's Financial Contamination," *NYT* Editorial Board, September 14, 2018.

36 Marcia Angell, "Drug Companies and Doctors: A Story of Corruption," *NewYork Review of Books* , January 15, 2009.

37 Angell, "Drug Companies and Doctors."

38 医学伦理学家谢尔顿·克里姆斯基多年来耐心收集了医学科学中普遍存在利益冲突的证据。尤见他的著作 *Science in the Private Interest* (2003) 和 *Conflicts of Interes in Science* (2019)。

39 Angell, "Drug Companies and Doctors."

40 私人通信（标记为“机密”），Charles B. Nemeroff toThomas J. Lawley, May 22, 2000。这封信可以在美国参议院财政委员会网站上查阅。史密斯–克莱恩–比查姆于 2000 年与葛兰素威康合并，成立了葛兰素史克公司。

41 Gardiner Harris, “Top Psychiatrist Didn’t Report Drug Makers’ Pay,” *NYT*, October 3, 2008.

42 Katie Thomas and Michael S. Schmidt, “Glaxo Agrees to Pay $3 Billion in Fraud Settlement,” *NYT*, July 2, 2012.

43 Martha Rosenberg, “Big Pharma Gone Wild,” AlterNet, February 3, 2009. 亦
304 见 Dyan Neary, “We Need to Talk about Frankie,” *The Cut*, April 24, 2017。

44 Gardiner Harris, “Drug Maker Told Studies Would Aid It, Papers Say,” *NYT*, March 20, 2009.

45 Llewllyn Hinkes-Jones, “Bad Science,” *Jacobin* , June 1, 2014.

46 Katie Thomas, “Furor Over Drug Prices Puts Patient Advocacy Groups in Bind,” *NYT* , September 27, 2016.

47 Andreas Zumach, “Who Is Really Helping the WHO?”, *DW* (*Deutsche Welle*), May 21, 2012.

48 Carl Elliott, “Useless Studies, Real Harm,” *NYT*, July 28, 2011.

49 Elliott, “Useless Studies, Real Harm.”

50 同上。

51 转引自 Sarah Boseley, “Scandal of Scientists Who Take Money for Papers Ghostwritten by Drug Companies,” *Guardian*, February 7, 2002。

52 Melody Petersen, “Madison Ave. Has Growing Role in the Business of Drug Research,” *NYT* , November 22,2002.

53 Dr. Arnold S. Relman（哈佛医学院名誉教授）。转引自 Petersen, “Madison Ave. Has Growing Role”。

54 Kent Sepkowitz, “Under the Influence? Drug Companies, Medical Journals, and Money,” *Slate*, September 10, 2007.

55 Richard Horton, “The Dawn of McScience,” *New York Review of Books*, March 11, 2004.

56 A. J. Wakefield et al., “Ileal-lymphoid-nodular Hyperplasia, Non-specific Colitis, and Pervasive Developmental Disorder in Children,” *Lancet*, 1998.

57 见 L. E. Taylor et al., “Vaccines Are Not Associated with Autism: An Evidence-

Based Meta-Analysis of Case-Control and Cohort Studies," *Vaccine*, June17, 2014；以及 Anders Hviid et al., "Measles, Mumps, Rubella Vaccination and Autism: A Nationwide Cohort Study," *Annals of Internal Medicine*, April 16, 2019。

58 T. S. Sathyanarayana and Chittaranjan Andrade, "The MMR Vaccine and Autism: Sensation, Refutation, Retraction, and Fraud," *Indian Journal of Psychiatry*, April–June 2011.

59 Rebecca Robbins, "Meeting with Trump Emboldens Antivaccine Activists, Who See an Ally in the Oval Office," Statnews.com, November 30, 2016.

60 "Vaccine Hesitancy: A Generation at Risk," *Lancet Child & Adolescent Health*, May 2019.

61 Centers for Disease Control and Prevention, "CDC Media Statement: Measles Cases in the U.S. Are Highest since Measles Was Eliminated in 2000," April 25, 2019.

62 Cenyu Shen and Bo-Christer Björk, "'Predatory' Open Access: A Longitudinal Study of Article Volumes and Market Characteristics," *BMC Medicine*, October 1, 2015.

63 Gina Kolata, "How to Report When the Science Is Sketchy," *NYT*, October 30, 2017.

64 Gina Kolata, "Many Academics Are Eager to Publish in Worthless Journals," 305
NYT, October 31, 2017.

65 Angell, "Drug Companies and Doctors."

66 Lynn Payer, *Disease-Mongers: How Doctors, Drug Companies, and Insurers Are Making You Feel Sick*, 1992.

67 选择性血清素再摄取抑制剂。

68 见 Paula J. Caplan, "Premenstrual Mental Illness: The Truth about Serafem," *Network News*, National Women's Health Network, 2001。

69 见 Brendan I. Koerner, "Disorders Made to Order," *Mother Jones*, 2002。

70 转引自 Angell, "Drug Companies and Doctors"。

71 见 Charles Barber, "Are We Really So Miserable?," *Salon*, August 26, 2009。巴伯指出，除了美国以外，世界上唯一一个直接面向消费者兜售药品广告不违法的国家是新西兰。

72 Paula J. Caplan, "Pathologizing Your Period," *Ms.*, 2008.

73 Natasha Singer and Duff Wilson, "Menopause, as Brought to You by Big Pharma," *NYT* , December 13, 2009.

74 Bruce E. Levine, "Moody Is the New Bipolar," *AlterNet*, November 14, 2007.

75 Steven Woloshin and Lisa M. Schwartz, "Giving Legs to Restless Legs: A Case Study of How the Media Helps Make People Sick," *PLoS Medicine*, April 11, 2006.

76 Koerner, "Disorders Made to Order."

77 同上。

78 Sheldon Krimsky, *Science in the Private Interest*, 2003.

79 Dennis Cauchon, "FDA Advisers Tied to Industry," *USA Today*, September 25, 2000.

80 Marc Kaufman, "Many Workers Call FDA Inadequate at Monitoring Drugs," *Washington Post*, December 17, 2004. 联邦机构原本不打算公开其调查结果；这份报告是在两个科学信息组织——环境责任公共雇员和忧思科学家联盟的努力下才被迫公开的。

81 Russell Mokhiber and Robert Weissman, "Dr. Gottlieb Is Not Happy," *Common Dreams*, August 2, 2006. 斯科特·戈特利布博士在特朗普政府担任食品药品监督管理局局长，从 2017 年 5 月至 2019 年 4 月。

82 Mokhiber and Weissman, "Dr. Gottlieb Is Not Happy."

83 "Legalized Bribery Alive and Well in Washington as Congress Reapproves FDA User Fees for Drug Companies," *Off the Grid News*, 2012.

84 Gillian Woollett and Jay Jackson, "FDA Has Received $7.67 Billion from Manufacturers to Fund Drug Review," Avalere Health press release, August 15, 2016.

第六章 向喝水的井里吐痰

1 Mona Hanna-Attisha, “I Helped Expose the Lead Crisis in Flint. Here’s What Other Cities Should Do,” *NYT*, August 28, 2019.

2 Joseph M. Leonard and William J. Gruhn, “Flint River Assessment,” Michigan Department of Natural Resources, July 2001.

3 Emma Winowiecki, “Does Flint Have Clean Water? Yes, but It’s Complicated,” *Michigan Radio* (NPR), April 25, 2019. 306

4 检查官于 2019 年 6 月撤销了这些指控，但坚称他们这样做只是为了给基于更有力证据的新指控扫清道路。

5 Colby Itkowitz, “The Heroic Professor Who Helped Uncover the Flint Lead Water Crisis, Has Been Asked to Fix It,” *Washington Post*, January 27, 2016.

6 Itkowitz, “Heroic Professor.”

7 转引自 Katie L. Burke, “Flint Water Crisis Yields Hard Lessons in Science and Ethics,” *American Scientist*, May–June 2016。

8 Nick Corasaniti, “Newark Water Crisis: Racing to Replace Lead Pipes in Under Two Years,” *NYT*, August 26, 2019.

9 Hanna-Attisha, “I Helped Expose the Lead Crisis in Flint.”

10 David Pimentel, “Ecology of Increasing Diseases: Population Growth and Environmental Degradation,” *Human Ecology*, October 2007.

11 参见 Michael Egan, *Barry Commoner and the Science of Survival: The Remaking of Environmentalism*, 2007。

12 John M. Lee, “Silent Spring Is Now Noisy Summer: Pesticides Industry Up in Arms,” NYT, July 22, 1962.

13 Carol Dansereau, *What It Will Take: Rejecting Dead Ends and False Friends in the Fight for the Earth*, 2016.

14 本段和下一段中的引文均来自尼克松 1970 年的国情咨文。

15 “US Science Agencies Face Deep Cuts in Trump Budget,” *Nature*, March 16,

2017.

16 Timothy M. O'Donnell, "Of Loaded Dice and Heated Arguments," *Social Epistemology*, 2000.

17 "CO_2 Concentrations Hit Highest Levels in 3 Million Years," *E360 Digest*, Yale University, May 14, 2019.

18 "Extreme Weather: National Climate Assessment," US Global Change Research Program, May 2014.

19 在众多关于卡特里娜飓风的书籍中，我尤其推荐加里·里夫林（Gary Rivlin）的回顾性著作 *Katrina: After the Flood* (2016) 以及娜奥米·克莱恩的 *The Shock Doctrine: The Rise of Disaster Capitalism* (2008)。

20 Brian Kahn, "Looking for Global Warming? Check the Ocean," Climate Central, April 21, 2015.

21 Center for Biological Diversity, "Global Warming and Life on Earth," February 27, 2017.

22 无数权威性来源之一，见 Intergovernmental Panel on Climate Change, *IPCC Fifth Assessment Report*, 2013。

23 Suzanne Goldenberg, "Revealed: The Day Obama Chose a Strategy of Silenceon Climate Change," *Guardian* , November 1, 2012.

24 Dana Nuccitelli, "Trump Is Copying the Bush Censorship Playbook. Scientists Aren't Standing for It," *Guardian* , January 31, 2017.

25 本节中的这一段及以下引文均引自 Dansereau, *What It Will Take*。这些演讲的视频和文字记录可在 Shallownation.com 上找到。见 "President Obama New Mexico Speech Video:Mar. 21, 2012, Oil Fields near Maljamar"
307 以及 "President Obama Cushing, OK Speech Video: Mar. 22, 2012, Keystone XL Pipeline Announcement"。

26 同上。

27 James Lawrence Powell, "The Consensus on Anthropogenic Global Warming," *Skeptical Inquirer*, November/December 2015. 鲍威尔在里根和乔治·H. W. 布什政府在国家科学委员会任职了 12 年。他调查的经过同行评议的

文章发表于 2013 年和 2014 年。

28 Donald Trump, Twitter, *@realDonaldTrump*, January 1, 2014.

29 James E. Hansen，2013 年 4 月 27 日，接受加拿大广播公司新闻采访。

30 Coral Davenport, "Climate Change Denialists in Charge," *NYT*, March 27, 2017.

31 "Pruitt v. EPA: 14 Challenges of EPA Rules by Oklahoma Attorney General," *NYT* , January 14, 2017.

32 Jeff Desjardins, "The Oil Market Is Bigger Than All Metal Markets Combined,"Visual Capitalist, October 14, 2016.

33 "Global Coal Industry 2013–2018: Trends, Profits and Forecast Analysis," *Research and Markets*, April 2014.

34 Neela Banerjee, Lisa Song, and David Hasemyer, "Exxon's Own Research Confirmed Fossil Fuels' Role in Global Warming Decades Ago," *Inside Climate News*, September 16, 2015.

35 Banerjee et al., "Exxon's Own Research Confirmed."

36 同上。

37 转引自 Justin Gillis and Clifford Krauss, "Exxon Mobil Investigated for Possible Climate Change Lies by New York Attorney General," *NYT*, November 5, 2015。

38 该数据的来源是绿色和平组织用科赫家族基金会向美国国内收入署提交的年度文件记录。科赫兄弟一直成功地向公众隐藏其右翼资助情况。直到 2010 年，调查记者简・梅耶尔在《纽约客》2010 年 8 月 30 日版的《秘密行动：向奥巴马发动战争的亿万富翁兄弟》报道中向公众揭露了相关情况。大卫・科赫于 2019 年 8 月去世。

39 Forbes/Profile/Koch Family, Forbes.com, October 6, 2016.

40 "Global Warming Skeptic Organizations," Union of Concerned Scientists, August 2013.

41 参见 "Trouble in the Heartland," *Economist*, February 15, 2012。

42 转引自 Tim Dickinson, "Inside the Koch Brothers' Toxic Empire," *Rolling*

Stone, September 24, 2014。

43 "Randianism As It Is: Ayn Rand, the Koch Brothers and the Libertarian Party,"Counter Currents, July 27, 2015.

44 Joel Kovel, "The Future Will Be Ecosocialist, Because Without Ecosocialism There Will Be No Future," in *Imagine: Living in a Socialist USA* , 2014.

45 三本呈现生态社会主义观点的特别有价值的著作是 Carol Dansereau, *What It Will Take* (2016); Chris Williams, *Ecology and Socialism*(2010); and Ian Angus, *A Redder Shade of Green* (2017)。

46 Naomi Klein, *This Changes Everything: Capitalism vs. the Climate* , 2014.

47 Dickinson, "Inside the Koch Brothers' Toxic Empire." 共和党借助"茶党"运动在 2010 年美国中期选举中夺回众议院控制权。

308 48 Nicholas Confessore, "Koch Brothers' Budget of $889 Million for 2016 Is on Par with Both Parties' Spending," *NYT* , January 26, 2015.

49 Dansereau, *What It Will Take*.

50 Rachel Aviv, "A Valuable Reputation," *New Yorker,* February 10, 2014.

51 Government Accountability Office, "Report to the Congress: High-Risk Series: An Update," January 2009.

52 Lisa Heinzerling, 转引自 Aviv, "Valuable Reputation"。

53 转引自 Dansereau, *What It Will Take*。

54 Steve Eder, "Neomi Reo, the Scholar Who Will Help Lead Trump's Regulatory Overhaul," *NYT*, July 9, 2017. 右翼法律学者雷欧被特朗普任命为 OIRA 负责人。

55 Gary Kroll, "Rachel Carson's *Silent Spring*: A Brief History of Ecology as a Subversive Subject," Online Ethics Center, 2002.

56 Tom Gjelten, "Who's Looking at Natural Gas Now? Big Oil," National Public Radio, September 23, 2009.

57 Bryan Walsh, "Exclusive: How the Sierra Club Took Millions from the Natural Gas Industry–and Why They Stopped," *Time*, February 2, 2012.

58 John Schwartz and Brad Plumer, "The Natural Gas Industry Has a Leak

Problem," *NYT*, June 21, 2018.

59 Ramón A. Alvarez et al., "Assessment of Methane Emissions from the U.S. Oil and Gas Supply Chain," *Science*, July 13, 2018.

60 Schwartz and Plumer, "The Natural Gas Industry Has a Leak Problem."

61 Hiroko Tabuchi, "Despite Their Promises, Giant Energy Companies Burn Away Vast Amounts of Natural Gas," *NYT* , October 17, 2019.

62 Tabuchi, "Despite Their Promises."

63 Lisa Friedman and Coral Davenport, "Curbs on Methane, Potent Greenhouse Gas, to Be Relaxed in U.S.," *NYT* , August 29, 2019.

64 US Energy Information Administration, "Hydraulically Fractured Wells Provide Two-Thirds of U.S. Natural Gas Production," May 5, 2016.

65 US Energy Information Administration, "Hydraulic Fracturing Accounts for About Half of Current U.S. Crude Oil Production," March 15, 2015.

66 US Geological Survey, "USGS FAQs," November 16, 2016.

67 US Energy Information Administration, "Hydraulically Fractured Wells Provide Two-Thirds of U.S. Natural Gas Production."

68 US Geological Survey, "Induced Earthquakes Raise Chances of Damaging Shaking in 2016," March 28, 2016.

69 Stanley Reed, "Earthquakes Are Jolting the Netherlands. Gas Drilling Is to Blame," *NYT*, October 24, 2019.

70 从 1978 年到 2008 年，俄克拉荷马州每年平均只发生两次该级别的地震。US Geological Survey, "Record Number of Oklahoma Tremors Raises Possibility of Damaging Earthquakes," May 6, 2014.

71 1 太瓦等于 1 万亿瓦。David L. Chandler, "Shining Brightly," *MIT* News, 309
October 26, 2011; V. Prema and K Urna Rao, "Predictive Models for Power Management of a Hybrid Microgrid," International Conference on Advances in Energy Conversion Technologies, *IEEE*, 2014.

72 US Department of Energy, "Basic Research Needs for Solar Energy Utilization," DOE Office of Science, April 2005

73 同上。

74 US Energy Information Administration, "U.S. Electricity Generation by Energy Source," EIA.gov, October 25, 2019.

75 Paul Krugman, "Wind, Sun and Fire," *NYT* , February 1, 2016; and "Earth, Wind and Liars," *NYT*, April 16, 2018.

76 同上。

77 Tom Randall, "Wind and Solar Are Crushing Fossil Fuels," *Bloomberg*, April 16, 2016.

78 Shakuntala Makhijani, "Cashing in on All of the Above: U.S. Fossil Fuel Production Subsidies Under Obama," Oilchange International, July 2014.

79 *Reforming Subsidies Could Help Pay for a Clean Energy Revolution*, International Institute for Sustainable Development, August 8, 2019.

80 National Academies of Sciences, Engineering, and Medicine, *Valuing Climate Damages: Updating Estimation of the Social Cost of Carbon Dioxide*, National Academies Press, 2017.

81 Amir Jina, Energy Policy Institute at the University of Chicago, "The $200 Billion Fossil Fuel Subsidy You've Never Heard Of," *Forbes/Energy*, February 1,2017.

82 Gallup Poll, "U.S. Concern About Global Warming at Eight-Year High," March 16, 2016.

第七章 核能真能为和平服务吗?

1 Dwight D. Eisenhower, "Atoms for Peace," December 8, 1953.

2 Peter Kuznick, "Japan's Nuclear History in Perspective: Eisenhower and Atoms for War and Peace," *Bulletin of the Atomic Scientists* , April 13, 2011.

3 Kuznick, "Japan's Nuclear History."

4 Michael Barletta, "Pernicious Ideas in World Politics: 'Peaceful Nuclear

Explosives',” Monterey Institute of International Studies, September 2000.

5 转引自 Richard G. Hewlitt and Jack M. Holl, *Atoms for Peace and War: Eisenhower and the Atomic Energy Commission*, 1989。强调为原文所加。

6 Quoted in Barletta, “Pernicious Ideas in World Politics.”

7 Edward Teller, Wilson K. Talley, Gary H. Higgins, and Gerald W. Johnson, *TheConstructive Use of Nuclear Explosions* , 1968.

8 James Hansen et al., “To Those Influencing Environmental Policy but Opposed to Nuclear Power,” *NYT* , November 3, 2013.

9 Mark Fischetti, “How to Power the World without Fossil Fuels,” *Scientific American* , April 15, 2013.

10 Laura Beans, “300+ Groups Urge Climate Scientist Dr. Hansen to Rethink Support of Nuclear Power,” EcoWatch, January 9, 2014.

11 “Chernobyl: The True Scale of the Accident,” International Atomic Energy Agency, September 5, 2015; Elisabeth Cardis et al., “Estimates of the Cancer 310
Burden in Europe from Radioactive Fallout from the Chernobyl Accident,” *International Journal of Cancer* , April 20, 2006. 尽管这些数据并不完全可比（因为并非所有癌症都会导致死亡），但它们仍然代表了对辐射所造成的危害的截然不同的评估。

12 Alexander R. Sich, “Truth Was an Early Casualty,” *Bulletin of the Atomic Scientists*, May 1996.

13 该爆炸并非原子弹类型的。过热反应堆的熔毁产生了极高的蒸汽压力，导致工厂爆炸。

14 Steven Starr, “Costs and Consequences of the Fukushima Daiichi Disaster,” Environmental Health Policy Institute, Physicians for Social Responsibility, October 31, 2012.

15 *The Fukushima Daiichi Accident*, International Atomic Energy Agency, 2015.

16 Fred Pearce, “What Was the Fallout from Fukushima?” *Guardian* , June 3, 2018. 亦见 Fred Pearce, *Fallout: Disasters, Lies and the Legacy of the Nuclear Age*, 2018。

17 Linda Sieg, "Japan Ponders Fukushima Options, but Tepco Too Big to Fail,"Reuters, September 1, 2013.
18 Helen Caldicott, *Nuclear Madness: What You Can Do*, 1994.
19 *Congressional Quarterly*, "Comprehensive Nuclear Waste Plan Enacted," 1982.
20 "Strategy for the Management and Disposal of Used Nuclear Fuel and High-Level Radioactive Waste," US Department of Energy, January 2013.
21 "Radioactive Wastes–Myths and Realities," and "Safety of Nuclear Power Reactors," World Nuclear Association, February 2016.
22 "Coming Clean About Nuclear Power," *Scientific American*, June 1, 2011.
23 根据 NationMaster 统计库的数据，2003 年，法国的二氧化碳排放量（以每 1000 人数千吨计算）是 5.84，而美国的数据是 19.86。考虑到两国的人口，法国的二氧化碳总排放量为 362 080 000 吨，而美国为 3 773 400 000 吨。
24 转引自 "Nuclear Energy Risk Management," House Science, Space, and Technology Committee hearing, May 3, 2011。
25 Doug Koplow, "Nuclear Power: Still Not Viable without Subsidies," Union of Concerned Scientists, February 2011.
26 US Nuclear Regulatory Commission, "Backgrounder on Nuclear Insurance and Disaster Relief," June 2014.
27 David Hochschild，转引自 Giles Parkinson, "The Myth about Renewable Energy Subsidies," *Clean Technica*, February 25, 2016。
28 Matthew L. Wald, "Energy Dept. Is Told to Stop Collecting Fee for Nuclear Waste Disposal," *NYT*, November 19, 2013. 强调为原文所加。
29 "Disposal of High-Level Nuclear Waste," US Government Accountability Office (undated).

第八章 学术 – 商业复合体

1 Barbara J. Culliton, "The Academic-Industrial Complex," *Science*, May 28,

1982.

2 Culliton, "Academic-Industrial Complex."

3 见第五章《转折点：拜杜法案》这一小节。 311

4 Culliton, "Academic-Industrial Complex."

5 同上。

6 同上。

7 同上。

8 Jeffrey Mervis, "Data Check: U.S. Government Share of Basic Research Funding Falls Below 50%," *Science*, March 9, 2017.

9 Molly McCluskey, "Public Universities Get an Education in Private Industry," *Atlantic*, April 3, 2017.

10 Eileen Buss, 转引自 McCluskey, "Public Universities Get an Education"。

11 Graham Bowley, "The Academic-Industrial Complex," *NYT*, August 2, 2010.

12 Bowley, "Academic-Industrial Complex."

13 Rensselaer Polytechnical Institute, "Rensselaer Part of Nationwide Effort to Advance Manufacturing Biopharmaceuticals," 2017.

14 Shirley Ann Jackson, "Op-Ed: The New Polytechnic: Preparing to Lead in the Digital Economy," U.S. *News and World Report*, September 22, 2014.

15 Rensselaer Polytechnical Institute, "Rensselaer Part of Nationwide Effort."

16 Meredith Hoffman, "America's Highest Paid College President Is Dragging Her School into Crippling Debt," *Vice News*, December 16, 2017.

17 David L. Kirp, quoted by Felicia R. Lee, "Academic Industrial Complex," *NYT*, September 6, 2003.

18 德鲁·浮士德博士于 2018 年 6 月 30 日辞去哈佛大学校长职务。

19 Tracy Jan, "Grants for Research Get Scarcer," *Boston Globe*, September 23, 2014.

20 转引自 Jan, "Grants for Research Get Scarcer"。

21 Joaquin Palomino, "Billions of Corporate Dollars Are Hijacking University Research to Help Make Profits," alternet.org, April 22, 2013.

22 Palomino, "Billions of Corporate Dollars."

23 同上。

24 同上。

25 Ignacio Chapela, 转引自 Palomino。

26 Robert Birgeneau, 转引自 Palomino。

27 Mark Yudof, 转引自 Palomino。

28 Jason Del Gandio, "Neoliberalism and the Academic Industrial Complex," *Truth-out*, August 12, 2010.

第九章　智库与理性的背叛

1 Eric Lipton and Brooke Williams, "Scholarship or Business? Think Tanks Blur the Line," *NYT* , August 8, 2016.

2 Jason Stahl, *Right Moves: The Conservative Think Tank in American Political Culture Since 1945*, 2016. 强调为原文所加。

3 兰德公司是第二十一章论述的主题。

4 转引自 Tevi Troy, "Devaluing the Think Tank," *National Affairs*, Winter 2012。

5 Troy, "Devaluing the Think Tank."

6 "The Mont Pelerin Society: The Ultimate Neoliberal Trojan Horse," *Daily Knell*, October 29, 2012.

312 7 这些经济学家的影响将在第十章中讨论。

8 更多对科赫家族的论述，见第六章与第十章。

9 Ade Adenji, "Koch Money on Campus: Who's Getting Grants and For What?" *Inside Philanthropy*, November 3, 2014.

10 "Donor Influence at George Mason Finally Exposed," unkochmycampus.org, May 2018.

11 Matthew Barakat, "George Mason University Becomes a Favorite of Charles Koch," Associated Press, April 1, 2016.

12 Marshall Steinbaum, "The Book That Explains Charlottesville," *Boston Review*, August 14, 2017.

13 "Toxic Shock," *Economist* , May 26, 2012.

14 见 Robert Littlemore, "Heartland Insider Exposes Institute's Budget and Strategy," desmogblog.com, February 14, 2012。

15 Heartland Institute, "Confidential Memo: 2012 Heartland Climate Strategy," January 2012 (attachment to Littlemore, "Heartland Insider Exposes Institute's Budget and Strategy").

16 "The Heartland Institute 2012 Fundraising Plan," January 15, 2012.

17 "The Heartland Institute 2012 Fundraising Plan," January 15, 2012.

18 James G. McGann, "2016 Global Go To Think Tank Index Report," Think Tanks and Civil Society Program, University of Pennsylvania, January 26, 2017.

19 Lipton and Williams, "Scholarship or Business?"

20 Eric Lipton, Nicholas Confessore, and Brooke Williams, "Top Scholars or Lobbyists? Often It's Both," *NYT*, August 9, 2016.

第十章 经济学无疑是沉闷的，但它真的是一门科学吗？

1 Sandra Harding, *The Science Question in Feminism*, 1986.

2 凯恩斯早在大萧条之前就使用了“财政赤字”这个短语，他在之后不断提出应采用该策略来解决长远的经济问题。John Maynard Keynes, *A Tract on Monetary Reform*, 1923.

3 民权运动也在其中起了同等重要的作用。

4 Irving Kristol, *Neoconservatism: The Autobiography of an Idea*, 1995.

5 布坎南的公共选择理论的主要支持者宣称，“如果不以产权为标准……就没有人权”。Murray Rothbard, *The Ethics of Liberty*, 1998.

6 哈佛大学政治学家西达·斯考切波尔是科赫网络领域的顶尖专家。关于她在这一领域研究的工作，见 Theda Skocpol and Alexander Hertel-Fernandez, "The Koch Network and Republican Party Extremism," *Perspectives on Politics*, September 2016。

7 Kevin Robillard, "Koch Network Ramps Up Political Spending While Trying to Push Trump Team," *Politico*, June 24, 2017.

313 8 Robillard, "Koch Network Ramps Up Political Spending."

9 Katie Glueck, "Trump's Shadow Transition Team," *Politico*, November 22, 2016.

10 Grover Norquist，在 2001 年 5 月 25 日美国国家公共电台《早间版》节目中接受采访时。

11 转引自 Nancy MacLean, *Democracy in Chains: The Deep History of the Radical Right's Stealth Plan for America*, 2017。

12 James M. Buchanan, *The Limits of Liberty: Between Anarchy and Leviathan*, 2000. 转引自 MacLean, *Democracy in Chains*。

13 James McGill Buchanan, *Property as a Guarantor of Liberty*, 1993.

14 Maclean，in *Democracy in Chains*，只是做了这样的比较的作者之一。把布坎南比作"自由主义的列宁"的说法起源于穆雷·罗斯巴德（Murray Rothbard）的一封私人信函，其标题借用了列宁的《怎么办？》。见 "Rothbard's Confidential Memorandum to the Volker Fund," July 1961。

15 James M. Buchanan, "Working Papers for Internal Discussion Only," December 1956. 转引自 MacLean，*Democracy in Chains*。在这些相关记录中，布坎南表示该中心以托马斯·杰斐逊的名字命名，是为了转移人们对"极端观点"的关注，而"极端观点"才是"该项目的真正目的"。

16 James M. Buchanan, "America's Third Century," *Atlantic Economic Journal*, November 1973. 转引自 MacLean，*Democracy in Chains*。

17 *Wall Street Journal*, March 19, 1988. 引自 MacLean，*Democracy in Chains*。科赫基金会还在 2016 年向乔治梅森大学法学院捐赠了 1000 万美元，该学院随后更名为安东宁·斯卡利亚法学院。令该院郁闷的是，它很快就因首字母简称被人们称为"笨蛋法学院"（ASSLaw）。尽管后来该院将其更名为斯卡利亚法学院，但收效甚微：它似乎注定要在互联网上永远被称为 ASSLaw。

18 更多对于博弈论的讨论，见第二十一章。

19 MacLean, *Democracy in Chains*.

第十一章　科学驾驶着毁灭的战车

1 本章的标题来自安妮·雅各布森（Annie Jacobsen）的《回形针行动》（*Operation Paperclip*）中的一段引文，这是一篇对“二战”期间和战后纳粹科学家的研究：“在德国，科学和工程受制于战争机器，其规模之大确实令人惊叹。”

2 援引自美国科学促进会（AAAS）系列研发报告，该数据基于美国管理和预算办公室和机构研发预算数据。

3 Dan Steinbock, “The Challenges for America’s Defense Innovation,” Information Technology and Innovation Foundation (ITIF), November 20, 2014.

4 Scott Wong and Rebecca Kheel, “Mattis: ‘I Need to Make the Military More Lethal,’” TheHill.com, February 1, 2018.

5 William D. Hartung, “The Pentagon Budget Still Rising, 40 Years Later,” Tom Dispatch, December 17, 2019. 314

6 Associated Press, “Deal Sealed on Federal Budget Ensures No Shutdown, Default,” *NYT*, July 22, 2019.

7 威廉·D. 哈通和曼迪·史密斯伯格经过仔细分析，得出的总金额为 1.2542 万亿美元。见 Hartung and Smithberger, “Boondoggle, Inc.: Making Sense of the $1.25 Trillion National Security State Budget,” TomDispatch, May 7, 2019。

8 见第二十章《特朗普的“太空部队”计划》一节。

9 见第七章。

10 *Sixty Minutes*, May 12, 1996.

11 Chalmers Johnson, "Empire of Bases," *NYT*, July 13, 2009.

12 Inspector General, US Department of Defense, "Army General Fund Adjustments Not Adequately Documented or Supported," dodig.mil, July 26, 2016.

13 Inspector General, DoD, "Army General Fund Adjustments."

14 Nick Turse, "How Many Wars Is the US Really Fighting?" *Nation*, September 24, 2015. 亦见 Jeremy Scahill, *Dirty Wars*, 2013。

15 见第十八章。

16 William Kristol and Robert Kagan, "Toward a Neo-Reaganite Foreign Policy," *Foreign Affairs*, July/August 1996.

17 乔治・W. 布什此时尚未超越他弟弟的政治光芒。

18 Project for the New American Century [PNAC], "Statement of Principles," June 3, 1997.

19 PNAC, "Statement of Principles."

20 The United States Commission on National Security/21st Century, *New World Coming*, September 15, 1999.

21 转引自 Madeleine Albright's memoir, *Madame Secretary*, 2003。

22 民主党的进步政策研究所是民主党领导委员会的附属机构，该委员会自20 世纪 90 年代以来一直是民主党的主导力量。

23 PNAC, "Open Letter to President Bill Clinton," January 26, 1998.

24 Kimberly Amadeo, "War on Terror Facts, Costs and Timeline," TheBalance.com, October 9, 2017.

25 "The Pentagon Is Not a Sacred Cow," *NYT* Editorial Board, December 13, 2017.

26 Cheryl Gay Stolberg, "Senate Passes $700 Billion Pentagon Bill, More Money Than Trump Sought," *NYT*, September 18, 2017.

27 John M. Donnelly, "Defense to Get Historically High Share of Research Budget," RollCall.com, August 3, 2017.

28 巴尼·弗兰克在 2009 年 6 月 23 日对美国进步中心行动基金发表的讲话。

29 参见前一章对凯恩斯主义的阐释。

30 Paul Krugman, "Decade at Bernie's," *NYT*, February 15, 2009.

31 哈里·S. 杜鲁门 1947 年 3 月 12 日在国会的讲话。

32 IHS Economics, "Aerospace and Defense Economic Impact Analysis," April 2016.

33 James Fallows, "The Tragedy of the American Military," *Atlantic*, January/February 2015.

34 "The Pentagon's Excess Space," *NYT* Editorial Board, February 7, 2015.

35 见 Chalmers Johnson's trilogy: *Blowback* (2004); *The Sorrows of Empire* (2005); and *Nemesis* (2007)。 315

36 "Study Shows that Domestic, Not Military Spending, Fuels Job Growth," *Brown University News*, May 25, 2017.

37 Joseph Stiglitz and Linda Bilmes, *The Three Trillion Dollar War: The True Cost of the Iraq Conflict*, 2008，引自 National Priorities Project。

38 Stuart W. Leslie, *The Cold War and American Science: The Military-Academic-Industrial Complex at MIT and Stanford*, 1993.

39 Seymour Melman, *Pentagon Capitalism: The Political Economy of War*, 1970.

40 Tom Engelhardt, *The American Way of War: How Bush's Wars Became Obama's*, 2010.

第十二章 原子弹和氢弹

1 截至 20 世纪末，关于美国核武库最全面的信息来源是 Chuck Hansen, *The Swords of Armageddon*, 1995，该书共 8 卷，2500 页，讲述了美国核武器发展的历史。

2 Brookings Institution, "Estimated Minimum Incurred Costs of U.S. Nuclear Weapons Programs, 1940 –1996."

3 Federation of American Scientists, "Status of World Nuclear Forces," FAS.org,

May 2019.

4 Kyle Mizokami, "Asia's 5 Most Lethal Wars of All Time," *National Interest*, August 1, 2015.

5 Helen Caldicott, *The New Nuclear Danger*, 2004.

6 111th Congress (2009–2010), "Summary of H.R. 2647: National Defense Authorization Act for Fiscal Year 2010," Section 1251.

7 见 "Congress Increases Funding for Nuclear R&D in 2019," Nuclear Energy Institute, September 13, 2018。

8 "U.S. Nuclear Modernization Programs," Arms Control Association, March 2018.

9 The White House, Office of the Press Secretary, "Remarks by President Barack Obama in Prague as Delivered," April 5, 2009.

10 James N. Mattis, "Secretary's Preface," *Nuclear Posture Review*, US Department of Defense, February 2018.

11 见 Neil MacFarquhar and David E. Sanger, "Putin's 'Invincible' Missile Is Aimed at U.S. Vulnerabilities," *NYT*, March 1, 2018。

12 "US Adds 'Low Yield' Nuclear Weapon to Its Submarine Arsenal," *Associated Press*, February 4, 2020.

13 James Carroll, "How Many Minutes to Midnight?" TomDispatch, February 12, 2019.

14 Carroll, "How Many Minutes to Midnight?"

15 在曼哈顿发生一次"微弱的"10千吨级核爆炸预计会造成55万人的伤亡。见 "This Is What a Nuclear Bomb Looks Like," *New York Magazine*, June 11, 2018。

16 Michael Krepon, "The Folly of Tactical Nuclear Weapons," Defense One, October 2, 2017.

316 17 Herman Kahn, *On Escalation: Metaphors and Scenarios*, 1965.

18 Alex Wellerstein, 引自 Stephen I. Schwartz, *Atomic Audit: The Costs and Consequences of U.S. Nuclear Weapons Since 1940*, 1998。

第十三章 非核的死亡科技

1 Micheal Clodfelter, *Vietnam in Military Statistics: A History of the Indochina Wars, 1792–1991*, 1995. 亦见 THOR (Theater History of Operations), Air Force Research Institute，一个记录了自第一次世界大战以来美国军方投下的每一枚炸弹的数据库。

2 Tom Engelhardt, "For the 15 Years Since 9/11, the U.S. Has Waged an Endless Campaign of Violence in the Middle East," *Nation*, September 8, 2016.

3 "U.S.: Hundreds of Civilian Deaths in Iraq Were Preventable," Human Rights Watch, December 12, 2003.

4 "Combined Forces Air Component Commander 2007–2012 Airpower Statistics," Bureau of Investigative Journalism, October 31, 2012.

5 "Operation Inherent Resolve: Strike Update," US Department of Defense, August 9, 2017.

6 Harriet Agerholm, "Map Shows Where President Barack Obama Dropped His 20,000 Bombs," *Independent*, January 19, 2017.

7 Jennifer Wilson and Micah Zenko, "Donald Trump Is Dropping Bombs at Unprecedented Levels," *Foreign Policy*, August 9, 2017.

8 见 Louis F. Fieser, *The Scientific Method: A Personal Account of Unusual Projects in War and in Peace*, 1964。

9 转引自 Robert M. Neer, *Napalm: An American Biography*, 2013。

10 Curtis LeMay, *Mission with LeMay: My Story*, 1965.

11 Alan Rohn, "Napalm in Vietnam War," thevietnamwar.info, April 3, 2017.

12 Eleanor Jane Sterling, Martha Maud Hurley, and Le Duc Minn, *Vietnam: A Natural History*, 2006. 这项由美国自然史博物馆的三位野生动物专家进行的研究详细描述了越南化学战对生态环境的持久影响。

13 转引自 James W. Crawley, "Officials Confirm Dropping Firebombs on Iraqi Troops," *San Diego Union Tribune*, August 5, 2003。

14 THOR（见注释 1）。关于柬埔寨轰炸的规模，见 Ben Kiernan and Taylor Owen, “Iraq, Another Vietnam? Consider Cambodia,” in Mark Pavlick and Caroline Luft, eds., *The United States, Southeast Asia, and Historical Memory*, 2019。

15 Fatima Bhojani, “Watch the U.S. Drop 2.5 Million Tons of Bombs on Laos,” Mother Jones, March 26, 2014. 亦见 “About Laos,” *Legacies of War*, 2018。

16 Joshua Kurlantzick, *A Great Place to Have a War: America in Laos and the Birth of a Military CIA*, 2017.

17 转引自 Eni Faleomavaega, chairman of the US House of Representatives Subcommittee on Asia, the Pacific and the Global Environment, April 22, 2010. 见 “Chairman Eni Faleomavaega Statement,” *Legacies of War*, 2018。

18 Lao National Regulatory Authority for UXO, 转引自 “Obama to Address Lethal Legacy of Secret War in Laos,” *NYT*, September 5, 2016。

317 19 Santi Suthinithet, “Land of a Million Bombs,” *Hyphen Magazine*, 2010.

20 相关的书和纪录片都以老挝的未爆弹问题为主题，都以《永恒的收获：美国在老挝的炸弹遗产》为题。见 eternalharvestthebook.com and eternalharvestfilm.com。

21 Rebecca Wright, “‘My Friends Were Afraid of Me’: What 80 Million Unexploded US Bombs Did to Laos,” *CNN*, September 6, 2016.

22 “White House Fact Sheet: U.S.–Laos Relations,” USAID.gov, March 21, 2017.

23 “Joint Declaration between the United States of America and the Lao People’s Democratic Republic,” White House, Obamawhitehouse.archives.gov, September 6, 2016.

24 Barack Obama, “Press Conference of President Obama after ASEAN Summit,” White House, Obamawhitehouse.archives.gov, September 8, 2016.

25 见 “U.S. Using Cluster Munitions in Iraq,” Human Rights Watch, April 1, 2003；以及 “Cluster Bombs in Afghanistan,” Human Rights Watch, October 2001。

26 Richard Kidd（武器清除和削减行动办公室主任）, "Is There a Strategy for Responsible U.S. Engagement on Cluster Munitions?" US Department of State Archive, April 28, 2008.

27 Mary Wareham, "US Embraces Cluster Munitions," Human Rights Watch, December 1, 2017.

28 US Army, PE 0604802A: Weapons and Munitions Engineering Development Program, February 2018.

第十四章 轰炸机、导弹与反导弹

1 Brookings Institution, *Atomic Audit: The Costs and Consequences of U.S. Nuclear Weapons Since 1940*, August 1998.

2 "B-2 Bomber: Cost and Operational Issues," US Government Accounting Office, August 1997. "项目总成本"包括研究、开发、工程和测试费用。

3 Amanda Macias, "The Colossal Price to Fly a Pair of B-2 Bombers to Hit Two ISIS Camps in Libya," *Business Insider*, January 19, 2017.

4 Sebastien Roblin, "The Crazy Story of How the Stealth F-35 Fighter Was Born," *National Interest*, February 24, 2019. 强调为原文所加。

5 Andrea Drusch, "Fighter Plane Cost Overruns Detailed," 引自 Marine Lt. Gen. Robert Schmidle, *Politico*, February 16, 2014。

6 Paul Barrett, "Is the F-35 a Trillion-Dollar Mistake?" *Bloomberg*, April 4, 2017.

7 John McCain, "Remarks by Senator John McCain on the 'Military-Industrial Congressional' Complex," December 15, 2011.

8 Adam Silverman, "Pentagon F-35 Review Unlikely to Affect Vermont," *Burlington Free Press*, February 5, 2017.

9 "Lockheed Martin Meets 2018 F-35 Production Target with 91 Aircraft Deliveries," f35.com [a Lockheed-Martin website], December 20, 2018.

10 John McCain, "Remarks by Senator John McCain at the Marine Fighter Attack Squadron 121 Re-designation Ceremony," November 20, 2012.

11　转引自 Barrett, “Is the F-35 a Trillion-Dollar Mistake?”。

12　Barrett, “Is the F-35 a Trillion-Dollar Mistake?”

318 13　见第十一章《军事化的凯恩斯主义》一节。

14　见第二十章《回形针行动：美国科学的纳粹化》。

15　“New START Treaty Aggregate Numbers of Offensive Arms,” US State Department, September 1, 2017.

16　海滕将军在 2019 年 7 月当选为特朗普政府的参谋长联席会议副主席，后因一名陆军上校指控他在 2017 年对她进行性侵犯而名声扫地。

17　Jon Harper, “STRATCOM Chief Bashes Acquisition Trends for Nuclear Systems,” *Breaking Defense*, June 20, 2017.

18　见第十二章中对于兰德公司的讨论。

19　见第二十一章中关于威慑战略的讨论。

20　关于三叉戟导弹的下一步计划，笔者在本书的第十二章中《“小型”核武器——威力可不小》一节中进行了讨论。

21　Paul Iddon, “The Syria Strike Proves America’s Military Is Addicted to Tomahawk Missiles,” *National Interest*, April 10, 2017.

22　“Tomahawk Cruise Missile,” Raytheon Company, 2018.

23　Rebecca Slayton, “The Fallacy of Proven and Adaptable Defenses,” Federation of American Scientists, August 19, 2014.

24　Jon Krakauer, *Where Men Win Glory: The Odyssey of Pat Tillman*, 2009.

25　Spencer Ackerman, “41 Men Targeted but 1,147 People Killed: US Drone Strikes−The Facts on the Ground,” *Guardian*, November 24, 2014.

26　转引自 Sherry Michaels, *The Rise of American Air Power: The Creation of Armageddon*, 1989。

27　GAO, “Operation Desert Storm: Evaluation of the Air Campaign,” June 12, 1997.

28　Gar Smith, “Bombs Awry! The Imprecision of ‘Precision’ Bombing,” Environmentalists Against War, May 25, 2003.

29　R. Jeffrey Smith, “Hypersonic Missiles Are Unstoppable. And They Are

Creating a New Global Arms Race." *NYT Magazine*, June 19, 2019.

30 Steven Simon, "Hypersonic Missiles Are a Game-Changer," *NYT*, January 2, 2020.

31 Smith, "Hypersonic Missiles Are Unstoppable."

32 Associated Press, "New Russian Weapon Can Travel 27 Times the Speed of Sound," *NYT*, December 27, 2019.

33 Thomas W. Ray, "A History of the DEW Line, 1946–1965," ADC [Air Defense Command] Historical Study No. 31, June 1965.

34 美国国防部高级研究计划局将在第十五章、第十六章和第十七章进行讨论。

35 Max Fisher, *NYT* , January 14, 2018.

36 更深入的分析，见 John Tirman, "How We Ended the Cold War," *Nation*, October 14, 1999。

37 见本书的第九章。

38 转引自 Patrick Tyler in "How Edward Teller Learned to Love the NuclearPumped X-ray Laser," *Washington Post*, April 3, 1983。

39 Barbara Carton, "Area Scientists Join Growing Protest, Pledge to Shun SDI Funds," *Washington Post*, October 15, 1986.

40 Peter Goodchild, *Edward Teller: The Real Dr. Strangelove*, 2004. 关于其他"真 319
正的"奇爱博士，见第二十一章。

41 Carton, "Area Scientists Join Growing Protest."

42 "The Dangerous Illusion of Missile Defense," *NYT* Editorial Board, February 11, 2018.

43 David E. Sanger and William Broad, "Trump Vows to Reinvent Missile Defenses, but Offers Incremental Plans," *NYT* , January 17, 2019.

第十五章 电子游戏战争

1 飞行员马特·马丁的话引自 Chris Cole, "'Smart Weapons Systems':Are We Being Misguided about 'Precision Strikes'?" *Global Research*, December 5,

2015。

2 Center for the Study of the Drone at Bard College, *Drones in the Defense Budget*, October 2017.

3 "America's Forever Wars," *NYT* Editorial Board, October 22, 2017.

4 Eric Schmitt, "A Shadowy War's Newest Front: A Drone Base Rising from Saharan Dust," *NYT*, April 22, 2018.

5 John Sifton, "A Brief History of Drones," *Nation*, February 7, 2012.

6 对于该事件的分析，见 Jeremy Scahill, "With Suleimani Assassination, Trump Is Doing the Bidding of Washington's Most Vile Cabal," *The Intercept*, January 3, 2020。

7 Jo Becker and Scott Shane, "Secret 'Kill List' Proves a Test of Obama's Principles and Will," *NYT*, May 29, 2012.

8 Rebecca Gordon, "Forget 'America First'–Donald Trump's Policy Is Drones First," *Nation*, May 25, 2018.

9 Spencer Ackerman, "Trump Ramped Up Drone Strikes in America's Shadow Wars," *Daily Beast*, November 26, 2018.

10 "The Secret Death Toll of America's Drones," *NYT* Editorial Board, March 30, 2019.

11 Kathryn Watson, "Trump Nixes Public Report on Civilians Killed by Drone Strikes," *CBS News*, March 6, 2019.

12 视频可在油管上找到。请搜索 "Bug-Sized Lethal Drones Being Developed by U.S. Air Force"。

13 Annie Jacobsen, *The Pentagon's Brain: An Uncensored History of DARPA, America's Top Secret Military Research Agency*, 2015.

第十六章 致命性自主武器

1 关于该主题的一个有帮助的介绍，见 Paul Scharre, *Army of None: Autonomous*

Weapons and the Future of War, 2018。

2 Peter Finn, “A Future for Drones: Automated Killing,” *Washington Post*, September 19, 2011.

3 Defense Science Board, Department of Defense, “The Role of Autonomy in DoD Systems,” July 2012.

4 Matthew Rosenberg and John Markoff, “The Pentagon’s ‘Terminator Conundrum’: Robots That Could Kill on Their Own,” *NYT*, October 25, 2016. 320

5 US Department of Defense, *Unmanned Systems Integrated Roadmap FY2013–2038*, October 2014.

6 Kashmir Hill and Aaron Krolik, “How Photos of Your Kids Are Powering Surveillance Technology,” *NYT*, October 11, 2019.

7 *Wall Street Journal*, April 3, 2018.

8 Charlie Warzel, “A Major Police Body Cam Company Just Banned Facial Recognition,” *NYT*, June 27, 2019.

9 SyNAPSE：神经形态自适应可塑性可扩展电子系统。

10 Annie Jacobsen, *The Pentagon’s Brain: An Uncensored History of DARPA, America’s Top Secret Military Research Agency*, 2015.

11 Rosenberg and Markoff, “Pentagon’s ‘Terminator Conundrum.”

12 DARPA, “Personal Assistant that Learns,” darpa.mil, undated.

13 Alex Davies, “Inside the Races that Jump-Started the Self-Driving Car,” *Wired*, November 10, 2017.

14 General Services Administration, “Short-Range Independent Microrobotic Platforms (SHRIMP), fbo.gov, undated.

15 *60 Minutes*, CBS News, April 12, 2009.

16 Jacobsen, *Pentagon’s Brain*.

17 “How Much Does a Prosthetic Arm Cost?” Health.CostHelper.com, 2018. 然而，退伍军人健康管理局却向因服役而截肢的退伍军人承诺“尖端假肢技术”和“新技术造就的新假肢”完全是可行的方案。

18 Benjamin Lambeth, “Technology Trends in Air Warfare,” RAND Corporation,

1996. 参见上一章关于“飞行机器人”的讨论。

19 Bruce Upbin, “First Look at a DARPA-Funded Exoskeleton for Super Soldiers,” *Forbes*, October 29, 2014.

20 Liam Stoker, “Creating Supermen: Battlefield Performance Enhancing Drugs,” *Army Technology*, April 14, 2013.

21 Stoker, “Creating Supermen.”

22 The President’s Council on Bioethics, October 2003.

23 Stoker, “Creating Supermen.”

24 DARPA, “Biological Robustness in Complex Settings (BRICS),” ITgrants.info, September 2018.

25 Colin Clark, “DepSecDef on Boosted Humans & Robot Weapons,” *Breaking Defense*, March 30, 2016.

26 DARPA, “DARPA and the Brain Initiative,” DARPA.mil, undated.

27 *Forbes*, July 10, 2017. 关于 DARPA 在将人类大脑武器化方面的努力的一篇令人信服的综述，见 Michael Joseph Gross, “The Pentagon’s Push to Program Soldiers’ Brains,” *Atlantic*, November 2018。

28 Eliza Strickland, “DARPA Wants Brain Implants that Record from 1 Million Neurons,” *IEEE Spectrum*, July 10, 2017.

29 Sydney J. Freedberg, “Pentagon Studies Weapons that Can Read User’s Mind,” *Breaking Defense*, July 14, 2017. 强调为原文所加。

30 D.D. Schmorrow and A.A. Kruse, “DARPA’s Augmented Cognition Program,”
321 IEEE Digital Library, September 19, 2002.

31 转引自 Colin Clark, “The Terminator Conundrum,” *Breaking Defense*, January 21, 2016。

32 Human Rights Watch and International Human Rights Clinic, *Losing Humanity: The Case against Killer Robots*, November 19, 2012.

33 “Autonomous Weapons: An Open Letter from AI and Robotics Researchers,” Future Of Life.org, July 2015.

34 见本书的第十八章。

第十七章 网络战真的如此重要吗?

1 Sydney J. Freedberg, "'Cyberwar' Is Over Hyped," *Breaking Defense*, September 10, 2013.

2 白宫网络安全助理杰森·希利，转引自 Freedberg, "'Cyberwar' Is Over Hyped"。

3 博尔顿的国家安全顾问任期于 2019 年 9 月 10 日因其被解职而结束。

4 David E. Sanger, "Trump Loosens Secretive Restraints on Ordering Cyberattacks," NYT, September 20, 2018. 对于美国对网络攻击脆弱性的深入分析，见 David E. Sanger, *The Perfect Weapon*, 2018。

5 *Weapons System Cybersecurity*, US Government Accountability Office, October 2018.

6 哥伦比亚级潜艇预计将取代本书第十四章中描述的俄亥俄级核潜艇。

7 如本书第十四章所述，陆基核威慑系统预计将取代目前服役的民兵 III 洲际弹道导弹舰队。

8 以下所有要点条目都是逐字引用美国政府问责局的报告。

9 *Weapons System Cybersecurity*, US GAO.

10 Page O. Stoutland and Samantha Pitts-Kiefer, *Nuclear Weapons in the New Cyber Age*, Nuclear Threat Initiative, September 2018.

11 "Significant Cyber Incidents," Center for Strategic and International Studies, October 2018.

12 Eben Moglen, "Privacy Under Attack: The NSA Files Revealed New Threats to Democracy," *Guardian*, May 27, 2014.

13 Glenn Greenwald, "The Crux of the NSA Story in One Phrase: 'Collect It All,'" *Guardian*, July 15, 2013. 强调为原文所加。亦见 Edward Snowden, *Permanent Record*, 2019。

14 转引自 Gregor Peter Schmitz, "Ex-Präsident Carter Verdammt US-Schnüffelei," *Der Spiegel*, July 17, 2013。

15 Eric Lichtblau, "In Secret, Court Vastly Broadens Powers of N.S.A.," *NYT*, July 6, 2013.

16 Peter Baker and David E. Sanger, "Obama Calls Surveillance Programs Legal and Limited," *NYT*, June 7, 2013.

17 见 Jennifer Stisa Granick and Christopher Jon Sprigman, "The Criminal N.S.A.," *NYT*, June 27, 2013.

18 *Statistical Transparency Report, Regarding Use of National Security*
322 *Authorities, Fiscal Year 2017*, Office of the Director of National Intelligence, April 2018.

19 Shoshana Zuboff, *The Age of Surveillance Capitalism*, 2019. 是一部关于数据挖掘科学及其破坏性社会后果的全面阐述。

20 用自然语言解释量子比特可能并不容易，要深入了解这一现象，见 Scott Aronson, "Why Google's Quantum Computing Milestone Matters," *NYT*, October 30, 2019。阿伦森博士是一位领先的量子计算研究员。

21 对于量子计算的简要通俗介绍，见 Dennis Overbye, "Quantum Computing Is Coming, Bit by Qubit," *NYT*, October 23, 2019。

22 Glenn S. Gerstell, "I Work for N.S.A. We Cannot Afford to Lose the Digital Revolution," *NYT*, September 10, 2019.

23 Aaron Stanley, "Is the U.S. Getting Its Act Together on Quantum Computing?," *Forbes*, June 26, 2018.

24 Gerstell, "I Work for N.S.A."

25 Cade Metz, "Google Claims a Quantum Breakthrough that Could Change Computing," *NYT*, October 23, 2019.

26 National Academies of Sciences, Engineering, and Medicine, *Quantum Computing: Progress and Prospects*, 2019.

27 Anna Mitchell and Larry Diamond, "China's Surveillance State Should Scare Everyone," *Atlantic*, February 2, 2018.

第十八章 美国例外论与行为科学的终极曲解

1 援引自马丁·路德·金 1967 年 4 月 4 日在纽约市河滨教堂的一次反对越南战争的演讲内容。

2 David Brooks, "A Return to National Greatness," *NYT*, February 3, 2017.

3 Maureen Dowd, "Trump's Pile of Rubble," *NYT*, August 10, 2019. 特朗普极端的反移民煽动言论和政策转移了人们对于他的前任总统对移民的糟糕对待的注意力。移民权利组织称贝拉克·奥巴马为"驱逐者总统"，因为他授权驱逐了 300 多万人。

4 Noa Yachot, "Trump Embraces the Original Sin of Guantánamo," aclu.org, January 31, 2018.

5 Yachot, "Trump Embraces the Original Sin."

6 2014 年 8 月 1 日的白宫新闻发布会。

7 2019 年的电影《酷刑报告》描绘了 SSCI 报告作者为克服中情局强烈阻力以公开报告而进行的艰苦斗争。

8 US Senate Select Committee on Intelligence, *Report of the Central Intelligence Agency's Detention and Interrogation Program [redacted summary]*, December 9, 2014.

9 Scott A. Allen, "Nuremberg Betrayed: Human Experimentation and the CIA Torture Program," Physicians for Human Rights, June 5, 2017.

10 SSCI Torture Report, p. 113.

11 CIA, "OMS Guidelines on Medical and Psychological Support to Detainee Rendition, Interrogation, and Detention," December 2004 (approved for 323
release June 10, 2016).

12 M. Gregg Bloche, "When Doctors First Do Harm," *NYT*, November 22, 2016.

13 Bloche, "When Doctors First Do Harm."

14 Alfred W. McCoy, "Torture at Abu Ghraib Followed CIA's Manual," *Boston Globe*, May 14, 2004.

15 同上。

16 同上。

17 *KUBARK Counterintelligence Interrogation*, July 1963. 节选可在 National Security Archive, George Washington University 获取。在越南战争期间，“Kubark” 是中情局的一个代号。

18 Alfred W. McCoy, *The CIA's Secret Research on Torture*, 2014.

19 关于比彻博士研究的纳粹背景，见第二十章《行为科学中的纳粹联结》一节。

20 转引自 Neil A. Lewis, “Red Cross Finds Detainee Abuse in Guantánamo,”*NYT*, November 30, 2004。

21 Jane Mayer, “The Experiment,” *New Yorker*, July 11, 2005.

22 Jane Mayer, *The Dark Side*, 2008.

23 Tom Blanton, “Gina Haspel CIA Torture Cables Declassified,” National Security Archive, August 10, 2018. 哈斯佩尔后期销毁了 92 盘记录水刑和其他酷刑的录像带。

24 转引自 Sheri Fink, “2 Psychologists in C.I.A. Interrogations Can Face Trial, Judge Rules,” *NYT*, July 28, 2017。

25 该诉讼于 2017 年 8 月达成和解，和解的条款是保密的。美国公民自由联盟称这一结果是“起诉者和法治的历史性胜利”。见 “CIA Torture Psychologists Settle Lawsuit,” aclu.org, August 19, 2017。

26 转引自 McCoy, *CIA's Secret Research on Torture*。

27 本文中使用缩写 APA 指的是美国心理学会，请勿与美国精神医学会（American Psychiatric Association）混淆。

28 APA, “2008 APA Petition Resolution Ballot,” apa.org.

29 Stephen Soldz et al., *All the President's Psychologists*, April 2015.

30 David H. Hoffman et al., *Independent Review Relating to APA Ethics Guidelines, National Security Interrogations, and Torture*, July 2015.

31 American Psychological Association press release, July 10, 2015.

32 Robert Jay Lifton, letter to the *NYT*, December 15, 2014. 利夫顿是 *The Nazi*

Doctors: Medical Killing and the Psychology of Genocide, 1988 的作者。

第十九章 大科学的华丽诞生

1 法本公司是 1925 年由德国六家大型的化学、制药和染料公司合并而成的工业集团。第二次世界大战结束后，盟军将其拆解为其原始的构成公司。

2 US Department of Energy, "Manhattan Project Background Information and Preservation Work," undated. 按 1945 年的美元计算，当时的 22 亿美元相当于 2017 年的 300 亿美元。

3 Richard Rowberg, "Federal R&D Funding: A Concise History," Congressional Research Service, August 14, 1998.（1947 年的金额已经转换为 2016 年的美元。） 324

4 Congressional Budget Office, *The Budget and Economic Outlook*, Appendix H:"Historical Budget Data," February 2014.

5 Irvin Stewart, *Organizing Scientific Research for War: The Administrative History of the Office of Scientific Research and Development*, 1948.

6 Michael Meyer, "The Rise and Fall of Vannevar Bush," *Distillations*, Science History Institute, July 21, 2018.

7 见 US Department of Energy, "A Tentative Decision To Build the Bomb," The Manhattan Project: An Interactive History, OSTI.gov, undated。

8 见下文《影响国防部高级研究计划局的关键政治斗争》一节。

9 "物理学帝国主义"一词来源于 Richard Creath, "The Unity of Science: Carnap, Neurath, and Beyond" in Galison and Stump, eds., *The Disunity of Science*, 1990。

10 Daniel S. Greenberg, *Science, Money, and Politics: Political Triumph and Ethical Erosion*, 2001.

11 关于 JASON 小组活动的有关越南战争时期分析，见 "Hasten,Jason−Guard the Nation," Science for the People magazine, September 1972。更近期的分析，见 Ann Finkbeiner, *The Jasons: The Secret History of Science's Postwar*

Elite, 2007。

12 迈克尔·戈德布拉特，DARPA 国防科学主任，任职于 1999 年至 2003 年。转引自 Annie Jacobsen, *The Pentagon's Brain: An Uncensored History of DARPA, America's Top Secret Military Research Agency*, 2015。

13 Ann Finkbeiner, "Jason–A Secretive Group of Cold War Science Advisers–Is Fighting to Survive in the 21st Century," *Science*, June 27, 2019.

14 见第十四章《爱德华·泰勒和死亡射线》一节。

15 Memorandum, General Advisory Committee, October 25, 1949. 转引自 Jacobsen, *Pentagon's Brain*。

16 关于亨利埃塔·斯旺·利维特卓越的科学成就，见 George Johnson, Miss Leavitt's Stars: *The Untold Story of the Woman Who Discovered How to Measure the Universe*, 2005。

17 Eli Kintisch, "DARPA to Explore Geoengineering," Science, March 14, 2009. 对于地球工程理论和实践的深刻批评，见 *Science for the People*, Special Issue: "Geoengineering," Summer 2018。

18 Geochemist Ken Caldeira of the Carnegie Institution for Science, quoted in Kintisch, "DARPA to Explore Geoengineering."

第二十章　回形针行动：美国科学的纳粹化

1 Annie Jacobsen, *Operation Paperclip: The Secret Intelligence Program that Brought Nazi Scientists to America*, 2014.

2 Linda Hunt, *Secret Agenda: The United States Government, Nazi Scientists, and Project Paperclip, 1945–1990*, 1991.

3 Jacobsen, *Operation Paperclip*.

4 Smithsonian National Air and Space Museum, "V-2 Missile."

325 5 严格来说，"至少 1 万人因此丧生"的说法是准确的。但需要注意的是，1947 年 8 月，美国陆军在多拉－诺德豪森战争罪审判中指控纳粹在那里至少杀害了 2 万名奴隶劳工。综合考量，3 万人的数字完全是可信的。

亦见 Jean Michel, *Dora: The Nazi Concentration Camp Where Modern Space Technology Was Born and 30,000 Prisoners Died*, 1980。

6 Tom Lehrer, “Wernher von Braun,” from the album *That Was the Week That Was*, 1965.

7 Linda Hunt, “U.S. Coverup of Nazi Scientists,” *Bulletin of the Atomic Scientists*, 1985.

8 见注释 5。

9 关于多拉集中营和冯·布劳恩在其中扮演的角色，见 André Sellier, *A History of the Dora Camp: The Story of the Nazi Slave Labor Camp that Secretly Manufactured V-2 Rockets*, 2003。

10 转引自 Jacobsen, *Operation Paperclip*；佩内明德是波罗的海某个小岛上的小镇，曾是纳粹研究中心的所在地。

11 具体时间在 1946 年的 4 月 12 日。

12 Jacobsen, Operation Paperclip. 本章关于纳粹科学家的大部分信息来自这一来源。

13 Wolfgang Saxon, “Arthur Rudolph, 89, Developer of Rocket in First Apollo Flight,” *NYT*, January 3, 1996. 然而，在 20 世纪 80 年代初，鲁道夫在多拉－诺德豪森集中营犯下的令人发指的战争罪行被曝光。鲁道夫没有面临审判，而是选择放弃美国公民身份，永久离开美国。

14 William J. Broad, “Dr. Kurt Heinrich Debus Is Dead; Helped Develop Modern Rocketry,” *NYT*, October 11, 1983.

15 Jacobsen, *Operation Paperclip*.

16 James E. Davis, ed., “NASA’s Secret Relationships with U.S. Defense and Intelligence Agencies,” National Security Archive, April 10, 2015.

17 见 William D. Hartung, “Trump’s Space Force Is Putting Us All in Danger,” *Nation*, September 25, 2018。

18 转引自 “President Trump’s ‘Space Force’,” *ABC News*, August 7, 2018。

19 Neil deGrasse Tyson and Avis Lang, *Accessory to War: The Unspoken Alliance between Astrophysics and the Military*, 2018.

20 Tyson and Lang, *Accessory to War*.

21 Mark R. Campbell et al., "Hubertus Strughold, 'The Father of Space Medicine'," *Aviation, Space, and Environmental Medicine*, July 2007.

22 关于纳粹非人道研究实验的最重要的原始数据来源于海因里希・希姆莱的私人文件。见 "Register of the Heinrich Himmler Papers," Hoover Institution, Online Archive of California。

23 Ralph Blumenthal, "Drive on Nazi Suspects a Year Later: No Legal Steps Have Been Taken," *NYT*, November 23, 1974.

24 Jacobsen, *Operation Paperclip*.

25 1959 年转移至得克萨斯州圣安东尼奥的布鲁克斯空军基地。

26 见 Office of the Surgeon General, US Department of the Army, *Medical*
326 *Aspects of Chemical and Biological Warfare*, chapter 19: "The U.S. Biological Warfare and Biological Defense Programs"。

27 Sarah Everts, "The Nazi Origins of Deadly Nerve Gases," *Chemical and Engineering News*, October 17, 2016. 本段和以下三段的资料均来自该来源。

28 Joint Intelligence Objectives Agency.

29 Jacobsen, *Operation Paperclip*. 这段内部引用来自战争罪调查员利奥・亚历山大和亚历山大・哈代写给杜鲁门总统的信。

30 "Ex-Nazi High Post with United States Air Force, says Medical Man Here," *Boston Globe*, December 9, 1951. Drew Pearson, "Air Force Hires Nazi Doctor Linked to Ghastly Experiments," *Fredericksburg (VA) Free Lance-Star*, February 14, 1952.

31 Sun Bean Kim et al., "Risk Factors for Mortality in Patients with Serratia marcescens Bacteremia," *Yonsei Medical Journal*, March 1, 2015.

32 1968 年的军方报告题为"纽约市地铁乘客对生物制剂秘密攻击的脆弱性研究"。

33 National Academies of Sciences, Engineering, and Medicine, *Health Effects of Project Shad Biological Agent: Bacillus Globigii*, 2004.

34 关于整个秘密生物武器实验项目的最详细描述是 Leonard cole, *Clouds of*

Secrecy: The Army's Germ Warfare Tests over Populated Areas, 1999。

35 *US Congressional Record*, April 23, 1997.

36 转引自 Alfred W. McCoy, *The CIA's Secret Research on Torture*, 2014。

37 McCoy, *CIA's Secret Research on Torture*.

38 见第十八章。

39 McCoy, *CIA's Secret Research on Torture.*

40 转引自 McCoy, *CIA's Secret Research on Torture*。

41 Jeffrey St. Clair and Alexander Cockburn, "The Abominable Dr. Gottlieb," *CounterPunch*, November 17, 2017.

42 Stephen Kinzer, *Poisoner in Chief: Sidney Gottlieb and the CIA Search for Mind Control*, 2019.

43 2019 年 9 月 9 日，斯蒂芬·金泽在美国国家公共广播电台接受特里·格罗斯的采访。

44 Kinzer, *Poisoner in Chief.* 更详尽的说明，包括大量的目击证据，见 Hal Gold, *Japan's Infamous Unit 731: Firsthand Accounts of Japan's Wartime Human Experimentation Program*, 2019。

45 转引自 Kinzer, *Poisoner in Chief*。

46 Nicholas Kristof, "Unmasking Horror–Japan Confronting Gruesome War Atrocity," *NYT*, March 17, 1995.

47 这方面最早也是最好的著作是 Sheldon H. Harris, *Factories of Death: Japanese Biological Warfare, 1932–1945, and the American Cover-Up*, 1994。

第二十一章　兰德公司：从"去你的"博弈论到末日学说 327

1 Chalmers Johnson, "A Litany of Horrors: America's University of Imperialism," TomDispatch, April 29, 2008.

2 Alex Abella, "The Rand Corporation: The Think Tank that Controls America," Mental Floss, June 30, 2009.

3 "Obituary: Bruno W. Augenstein," *Los Angeles Times*, July 17, 2005.

4 "The Neutron Bomb," Nuclear Age Peace Foundation, undated.

5 Hans M. Kristensen and Robert S. Norris, "Global Nuclear Weapons Inventories, 1945–2013," *Bulletin of the Atomic Scientists*, 2013.

6 Kristensen and Norris, "Global Nuclear Weapons Inventories."

7 Alex Abella, *Soldiers of Reason: The RAND Corporation and the Rise of the American Empire*, 2008.

8 John Foster Dulles, "The Evolution of Foreign Policy," *Department of State, Press Release No. 81*, January 12, 1954.

9 Louis Menand, "Fat Man: Herman Kahn and the Nuclear Age," *New Yorker*, June 27, 2005.

10 同上。

11 Stanley Kubrick, *Dr. Strangelove, or How I Learned to Stop Worrying and Love the Bomb*, 1964.

12 《美丽心灵》获得 2002 年奥斯卡最佳影片奖，罗素·克劳因扮演约翰·纳什而获得最佳男主角提名。

13 见第十章中关于詹姆斯·布坎南理论的论述。

14 M. Hausner, J. F. Nash, L. S. Shapley, and M. Shubik, "'So Long, Sucker,' A Four-Person Game," in M. Shubik, ed., *Game Theory and Related Approaches to Social Behavior*, 1964.

15 "So Long, Sucker (1964)," Board Game Database, April 17, 2016.

16 理查德·尼克松的经济顾问玛丽娜·冯·诺伊曼·惠特曼，转引自 Annie Jacobsen, *The Pentagon's Brain: An Uncensored History of DARPA, America's Top Secret Military Research Agency*, 2015。

17 同上。

18 Benjamin Schwarz, "America's Think Tank," *Columbia Journalism Review*, May/June 2008.

19 "越共"是美国军方对越南民族解放阵线战士的蔑称。

328 20 见 John C. Donnell, Guy J. Pauker, and Joseph J. Zasloff, "Viet Cong Motivation and Morale in 1964: A Preliminary Report," RAND Corporation, March

1965。这一总结引用自 Anthony Russo, "Looking Backward: RAND and Vietnam in Retrospect," *Ramparts*, November 1972。

21 Duang Van Mai Elliott, *RAND in Southeast Asia: A History of the Vietnam War Era*, 2010.

22 见 Nick Cullather, "Bomb Them Back to the Stone Age: An Etymology," History News Network, October 5, 2006。

23 Barbara Myers, "The Secret Origins of the CIA's Torture Program and the Forgotten Man Who Tried to Expose It," *Nation*, June 1, 2015.

24 Gus Shubert（兰德公司分析员），转引自 Mai Elliott, *RAND in Southeast Asia*。

25 Leon Goure, A. J. Russo, D. H. Scott, "Some Findings of the Viet Cong Motivation and Morale Study," RAND Corporation, June–December 1965.

26 Myers, "Secret Origins of the CIA's Torture Program."

27 Mai Elliott, *RAND in Southeast Asia*.

28 Russo, "Looking Backward."

29 Alfred W. McCoy, "Confronting the CIA's Mind Maze," TomDispatch, June 7, 2009.

30 Daniel Ellsberg, *The Doomsday Machine: Confessions of a Nuclear War Planner*, 2017.

第二十二章　面向人类需求的科学可能存在吗?

1 笔者在此处引用了格罗弗·诺奎斯特的名言，原文参见本书的第十章。

2 Loren Graham, *Science in Russia and the Soviet Union*, 1993.

3 NSF, *Science & Engineering Indicators*, 1998.

4 CIA *World Factbook*, 2018.

5 Richard Levins, "Progressive Cuba-Bashing,"*Socialism and Democracy*, March 2005.

6 World Health Organization, "Physicians (per 1,000 People)–Country Ranking,"

undated.

7 见 John M. Kirk and H. Michael Erisman, *Cuba's Medical Internationalism*, 2009。

8 Pol De Vos et al., "Cuba's International Cooperation in Health: An Overview,"*International Journal of Health Services*, February 2007.

9 Associated Press, "Cuba Blasts US over End of Medical Missions in Some Nations," December 18, 2019.

10 Debra Evenson, Medicc Review, April 2018.《医学评论》杂志是关于古巴医学科学的全面信息来源。亦见 Andrés Cárdenas O'Farrill, "How Cuba Became a Biopharma Juggernaut," Institute for New Economic Thinking, March 5, 2018。

11 European Centre for Disease Prevention and Control, "Factsheet about Invasive Haemophilus Influenzae Disease," undated.

12 伯尼·桑德斯和伊丽莎白·沃伦都主张"全民医保计划，将医疗保险行业国有化"（Jeff Stein, "Warren's 2020 Agenda:Break Up Monopolies, Give Workers Control over Corporations, Fight Drug Companies," *Washington Post*, December 31, 2018）。亦见 Thomas Neuberger, "Bernie Sanders' Green New Deal Plan Will Nationalize Power Generation in the US," AlterNet, September 10, 2019。

329 13 鲍勃·马利的歌曲《战争》改编自 1963 年 10 月 4 日埃塞俄比亚皇帝海尔·塞拉西在联合国的一次演讲。

后记 新冠肺炎疫情

1 D. Coggon, G. Rose, D. J. P. Barker, eds. *Epidemiology for the Uninitiated*, 2003.

2 "西班牙流感"的命名并不准确，因为证据表明这种病毒其实起源于美国。见 "*Scientists Learn History of Spanish Flu at Fort Riley*," army.mil, May 19, 2017。

3 该数据来源于美国疾病控制和预防中心（CDC）的估算。自 1918 年以来，世界人口从大约 20 亿增加到大约 75 亿。如果按照今天的感染率和死亡率测算，就意味着有 25 亿人感染这种疾病，2 亿人因此丧生。

4 Matt Apuzzo and David D. Kirkpatrick, “Covid-19 Changed How the World Does Science, Together,” *NYT*, April 1, 2020.

5 Lee Fang, “Banks Pressure Health Care Firms to Raise Prices on Critical Drugs, Medical Supplies for Coronavirus,” The Intercept, March 19, 2020.

6 Sharon Lerner, “Cronyism and Conflicts of Interest in Trump’s Coronavirus Task Force,” The Intercept, February 29, 2020.

7 Dr. Ashish Jha, in an interview on BBC World News America, March 16, 2020.

8 “Remarks by President Trump at Signing of the Coronavirus Preparedness and Response Supplemental Appropriations Act, 2020,” whitehouse.gov, March 6, 2020.

9 “Remarks by President Trump, Vice President Pence, and Members of the White House Coronavirus Task Force in Press Briefing,” whitehouse.gov, March 9, 2020.

10 Beth Cameron, 转引自 “Trump Disbanded NSC Pandemic Unit that Experts had Praised,” Associated Press, March 14, 2020。

11 Emily Baumgaertner and James Rainey, “Trump Administration Ended Pandemic Early-Warning Program to Detect Coronaviruses,” *Los Angeles Times*, April 2, 2020.

12 Rosie McCall, “From ‘Smoking Doesn’t Kill’ to Conversion Therapy—Mike Pence’s Most Controversial Science Remarks,” *Newsweek*, February 27, 2020.

13 Derrick Z. Jackson, “Coronavirus Pandemic: Science Sidelined in Trump Rose Garden Fiasco,” Union of Concerned Scientists, March 16, 2020.

14 Lena H. Sun, “CDC to Cut by 80 Percent Efforts to Prevent Global Disease Outbreak,” *Washington Post*, February 1, 2018.

15 Roni Caryn Rabin, Knvul Sheikh and Katie Thomas, “As Coronavirus

Numbers Rise, C.D.C. Testing Comes Under Fire," *NYT*, March 10, 2020.

16 Peter Whoriskey and Neena Satija, "How U.S. Coronavirus Testing Stalled: Flawed Tests, Red Tape and Resistance to Using the Millions of Tests Produced by the WHO," *Washington Post*, March 16, 2020.

17 Lena H. Sun, "CDC Director Warns Second Wave of Coronavirus Is Likely To Be Even More Devastating," *Washington Post*, April 21, 2020.

18 Rob Wallace, *Big Farms Make Big Flu: Dispatches on Infectious Disease, Agribusiness, and the Nature of Science*, 2016.

19 关于 RNA 病毒的复杂性，见 David Cyranoski, "Profile of a Killer: The Complex Biology Powering the Coronavirus Pandemic," *Nature*, May 4,
330 2020。

20 "Egg Industry Cruelty Cracked Wide Open," eggabuse.com, undated.

21 "鸡蛋的标签往往是故意欺骗消费者……2 万多只鸡被禁锢在没有窗户的仓库式棚里，但它们产下的鸡蛋仍然带着'自由放养'或'非笼养'的标签出售"，humanefacts.org, undated。

22 泰森食品是"全球最大的鸡肉加工商和销售商"，而正大集团是一家泰国私营企业，在 30 个国家有对外投资，员工数量多达 30 多万名。

23 D. Goodman and M. J. Watts, eds, Globalising Food: Agrarian Questions and Global Restructuring, 1997. 转引自 Wallace, *Big Farms Make Big Flu*。

24 Rob Wallace, Alex Liebman, Luis Fernando Chaves, and Rodrick Wallace, "COVID-19 and Circuits of Capital," *Monthly Review*, March 27, 2020.

25 Wallace, Liebman, Chaves, and Wallace, "COVID-19 and Circuits of Capital." 需要说明的是，砍伐森林只是流行病因果链中的生态复杂性之一。

26 Rob Wallace, "Notes on a Novel Coronavirus," *Monthly Review*, January 29, 2020.

27 Mike Davis, "In a Plague Year," *Jacobin*, March 14, 2020.

28 Martin Kaste, "U.S. Hospitals Prepare for a COVID-19 Wave," National Public Radio, March 6, 2020.

29 Davis, “In a Plague Year.” 强调为原文所加。

30 ARC Advisory Group, arcweb.com, March 18, 2020.

31 Quartz, qz.com, March 22, 2020.

32 *The American Prospect*, March 18, 2020.

33 *Common Dreams*, March 23, 2020.

34 *Daily Sabah* [Turkey], March 17, 2020.

35 Farhad Manjoo, *NYT*, March 25, 2020.

索 引

（索引页码为原书页码，即本书边码）

academic-industrial complex，学术－商业复和体，agribusiness and，农业综合企业与～，110，113；Big Tech and，科技巨头与～，113；Commerce Department and，（美国）商务部与～，112；consequences of，后果，109，115—116；ethics and，道德与～，108，115；extent of，程度，112；fossil fuel industry and，石油化工行业与～，111，114；Koch，Charles and David and，查尔斯·科赫和大卫·科赫与～，121—122；militarization of science and，科学的军事化与～，108；pharmaceutical industry and，制药行业与～，109—110，113—114；private funding and，私人基金与～，109—112，115；rise of，兴起，108；universities and，大学与～：

Carnegie Mellon University and，卡内基梅隆大学与～，199；Florida Atlantic University and，佛罗里达大西洋大学与～，121；Harvard University and，哈佛大学与～，113；Purdue University and，普渡大学与～，110—111；Rensselaer Polytechnical Institute and，伦斯勒理工学院与～，111—113，116；Seattle Pacific University and，西雅图太平洋大学与～，121；Stanford University and，斯坦福大学与～，121；University of California and，加州大学与～，114；University of California at Berkeley and，加州大学伯克利分校与～，113—114；University of Illinois and，伊利诺伊大学与～，114

Afghanistan，阿富汗，xv—xvi，161—162，164，166—167，176，188—190，193，217—218

Agent Orange，橙剂 87，164

Agribusiness，农业综合企业，academic-industrial complex and，学术－商业复合体与～，12，113；China and，中国与～，23；COVID-19 and other pathogens and，新冠病毒和其他病原体与～，285—287，292；GMOs and，转基因生物与～，参见 Genetically Modified Organisms (GMOs)，转基因生物（简称 GMOs）；Green Revolution and，绿色革命与～，20—24；lobbying and，游说与～，32—33

Agronomy，农学，10，20—25

Albright，Madeleine，马德琳·奥尔布赖特 142，146

Amazon (corporation)，亚马逊，3，197，212

American Enterprise Institute (AEI)，美国企业研究所，（简称 AEI），84，119，121，146

American Exceptionalism，美国例外论，7，205，215—219

antiscience，反科学，4，38—39，41—44，55，64—66，76，123—124，283，亦见 climate change，denial of，气候变化，否认；vaccines，anti-vax movement，疫苗，反疫苗运动

Apple，苹果公司，3，197

artificial intelligence，人工智能，3，195—200，205，亦见 lethal autonomy，致命性自主武器

atomic bomb，原子弹，参见 nuclear weapons，核武器

Bayer AG，拜耳公司，22—23，31，35—36，52，226

Beecher，Henry K.，亨利·比彻，221，249—250，321

behavioral sciences，行为科学，10，58—60，67—68，143，199，217—224，249—250

Bezos，Jeff，杰夫·贝佐斯，xi，xv

Biden，Joseph，约瑟夫·拜登，xiii，xv-xviii

Big Coal，煤炭巨头，参见 fossil fuel industry，石油化工行业

Big Energy，能源巨头，参见 fossil fuel industry，石油化工行业

Big Food，食品巨头，参见 agribusiness，农业综合企业

Big Oil，石油巨头，参见 fossil fuel industry，石油化工行业

Big Science，大科学，Cold War and，冷战与～，5，227，230；Department of Defense and，国防部与～，229—230；development of，发展，226—229，253；militarization of，军事化，227—230；nuclear weapons and，核武器与～，5，227—230；positive potential of，正向潜能，233；Soviet Union and，苏联与～，271；space exploration and，太空探索与～，234

Big Sugar，重糖，参见 agribusiness，农业综合企业；sugar industry，制糖业

Big Tech，科技巨头，3，197，212，亦见 Amazon (company)，亚马逊；Apple，苹果；Facebook，脸书；Google，谷歌；Microsoft，微软

Bill and Melinda Gates Foundation，比尔和梅琳达·盖茨基金会，23，55—56，113
biochemical weapons，生化武器，164，243—248，251
biochemistry，生物化学，17—18，35，68，202，274
biotechnology，生物技术，22—24，30—33，38，109—110，193，201—204，275—276
Bitcoin，比特币，xix—xx
Blome，Dr. Kurt，库尔特·布鲁姆博士
Boeing，波音，151，168，von Braun，Wernher，沃纳·冯·布劳恩，236—239，249，257
British Medical Journal，《英国医学杂志》，xiv，12
British Petroleum (BP)，英国石油公司，简称 BP，80—81，90—91，114
Brookings Institution，布鲁金斯学会，118—119，124—126，146
Buchanan，James M.，詹姆斯·布坎南，120，135—138，259
Bush-Cheney administration American，小布什政府，Exceptionalism and，美国例外论与～，217；climate change and，气候变化与～，79，88；drone warfare and，无人机战争与～，189—191；legalization of targetted killings and，定点清除的合法化与～，191；military performance enhancement and，军事表现提升与～，202；missile defense program and，导弹防御计划与～，184—185；New American Century and，美国新世纪与～，145；nuclear proliferation and，核扩散与～，240；War on Terror and，反恐战争与～，161，167，189，217，219
Bush，George H. W.，乔治·赫伯特·沃克·布什（老布什总统），170，184
Bush，George W.，乔治·沃克·布什（小布什总统），参见 Bush-Cheney administration，小布什政府
Bush，Vannevar，范内瓦尔·布什，228—229，230，253

Cancer，癌症，Agent Orange and，橙剂与～，87，164；cause of death in US as，在美国的死亡原因，10；nuclear disasters and，核灾难与～，101—103；nutritional science and，营养科学与～，18；pharmaceutical industry and，制药业与～，49—51，56—57；tobacco industry and，烟草企业与～，3，40—43
Carson，Rachel，蕾切尔·卡森，28，74—75，88
Carter，Jimmy，吉米·卡特，72，211
Cato Institute，卡托研究所，84，121，124，126
Centers for Disease Control and Prevention (CDC)，疾病控制和预防中心（简称 CDC），16，47，65，73，269，283—284
Central Intelligence Agency (CIA)，美国中央情报局（简称 CIA），165—166，190—191，194，217—223，235，249—250，264
Cheney，Dick，迪克·切尼，参见 Bush-Cheney administration，小布什政府

Chernobyl，切尔诺贝利，35，101—103
China，中国，agribusiness and，中国农业综合企业与～，23；blockchain and，区块链与～，xx；economic reforms and，经济改革与～，145；fracking and，压裂与～，92；influence of western corporations and，西方企业的影响与～，15—16；international agribusiness and，国际农业综合企业与～，287；quantum computing and，量子计算与～，213—214；rivalry with US and，与美国和～的竞争，xvi，141，166，177—178，213—214；scientific development and，科学发展与～，269，272—273，276；space exploration and，太空探索与～，141，272
climate change，气候变化，denial of，否认，3，76—79，81—85，118，123—124；fossil fuel extraction and，矿石燃料开采与～，xviii，91；global warming and，全球变暖与～，77—79，82；public views of，公众看法，xviii—xix，95；renewable energy and，可再生能源与～，6—7；scientific consensus and，科学共识与～，81；technological and market solutions to，技术和市场解决方案，79，89，93，233
Clinton，Bill，比尔・克林顿，100，146，184—185
Coca-Cola，可口可乐，3，14—16，30
Cold War，冷战，antiscience and，反科学与～，43；behavioural science and，行为科学与～，221—222；Big Science and，大科学与～，2，5，228，230；Department of Defense and，国防部与～，141；economic science and，经济学与～，130—131；end of，末期，145，150；militarization of science and，科学的军事化与～，6，97，229；military spending and，军费开支，143，149，153，179；National Security Agency (NSA) and，美国国家安全局，211；neoconservatism and，新保守主义与～，133；nuclear weapons and，核武器与～：
arms race and，军备竞赛与～，156，255—257；defense systems and，防御系统与～，183—184；Manhattan Project and，曼哈顿计划与～，2，227—230，234；proliferation and，剧增与～，229；strategy and，战略与～，256，259—262；treaties and，条约与～，240；
proxy wars and，代理人战争与～，156，166；space exploration and，太空探索与～，234，239；tobacco industry and，烟草企业与～，42；torture methods and，折磨手段与～，264；Trump and，特朗普与～，5；US imperialism following，美国帝国主义，xvi—xvii，145—146；US recruitment of Nazi scientists and，美国招募纳粹科学家与～，235，246，252
conservatism，保守主义 119，133，137，145，230，亦见 neoconservatism，新保守主义
Coronavirus，冠状病毒，参见 COVID-19，新冠病毒
corporatization of science，科学的企业化，亦见 tragedy of American science，美国科学的悲剧；academia and，学术界与～，

参见 academic-industrial complex，学术－商业复合体；antiscience and，反科学与～，参见 antiscience，反科学；Big Coal，煤炭巨头，参见 fossil fuel industry，石油化工行业；Big Food and，食品巨头与～，参见 agribusiness，农业综合企业；Big Oil and，石油巨头与～，参见 fossil fuel industry，石油化工行业；Big Pharma.，制药巨头，参见 pharmaceutical industry，制药业；Big Tech and，科技巨头与～，参见 Big Tech，科技巨头；consequences of，后果与～，2—3；libertarianism and，自由意志主义与～，参见 libertarianism，自由主义；think tanks and，智库与～，4，117—126

COVID-19，新冠病毒，agribusiness and，农业综合企业与～，286，288，292；economic impact of，经济影响，280，290—291；first appearance of，初次亮相，288；medical science and，医学与～，281，284；pharmaceutical industry and，制药业与～，281，289—290；possible mutation of，可能的突变，285；public health responses and，公共卫生对策与～，280—281，284；spread of，扩散，279—280；Trump and，特朗普与～，280—282，291；United States and，美国与～，280—285；vaccination and，接种疫苗与～，xii—xv，281，289—290；World Health Organization (WHO) and，世界卫生组织（简称 WHO），280，284

Cuba，古巴，COVID-19 vaccines and，新冠病毒疫苗与～，xiv

centralized economy and，集权经济与～，273，education and，教育与～，274；Guantánamo Bay and，关塔纳摩湾与～，217，220，222；health system and medical science and，卫生体系和医学与～，274—276；scientific advances and，科学进步与～，269，274，276；Soviet Union and，苏联与～，273—274；United States and，美国与～，274—275

cyberwarfare，网络战争，176，206—214

cyborgs，生化人，200—204，231

Defense Advanced Research Projects Agency (DARPA)，国防部高级研究计划局（简称 DARPA），参见 Department of Defense (DoD)，US，美国国防部（简称 DoD）

Democratic Party，民主党，4，88，141，146—147，289

Department of Agriculture，US，美国农业部，12，32，33，75，296，299

Department of Defense (DoD)，US，美国国防部（简称 DoD），academic-industrial complex and，学术－商业复合体与～，108；arms and technology development and武器和技术发展与～：

accuracy of weaponry and，武器装备的精准性能与～，175，177；aircraft and，航空器与～，170—172；artificial intelligence and，人工智能与～，195—199；cluster bombs and，集束炸弹与～，167；drone technology and，无人机技术与～，187—188，193，200；dual-use technologies and，军民两用技术与～，197，199—200，231，254；missile defense systems and，导弹防御系统与～，180，182，185；napalm and，凝固汽油弹与～，163；nerve agents and，神经毒剂与～，246；nuclear weapons and，核武器与～，159；

Big Data and，大数据与～，197—199，212—213；budget and spending and，预算与开支与～，xvii，141—142，146—147，150，153，194；cyberwarfare and，网络战争与～，208—210；ethics and，道德与～，205；foundation of，基础，232—233；leak of Pentagon Papers and，五角大楼文件泄露事件与～，264—266；military-industrial complex and，军工复合体与～，6，227，229—233；space exploration and，太空探索与～，141，239；think tanks and，智库与～，119，253，262；transhumanism and，超人类主义与～，201—204；War on Terror and，反恐战争与～，161，164，223—224；weaponized Keynesianism and，军事化的凯恩斯主义与～，6，148，151

Department of Energy，US，美国能源部，6，94，106，210，227

Dow Chemical Company，陶氏化学公司，23，31，33，163—164，245

drone warfare，无人机战争，亦见 imperialism，US，帝国主义，美国，assassinations and，暗杀与～，190—193；development of，发展，178—179，186—188，190—191，193，196，231；international proliferation of，国际扩散，194；nanotechnology and，纳米技术与～，193，200；Obama and，奥巴马与～，189；projection of US military power and，美国军事力量的投射与～，189—190；Trump and，特朗普与～，193

DuPont，杜邦公司，16，23—24，31，227

economics，经济学，亦见 Bitcoin，比特币；Cold War and，冷战与～，129—133；effect of COVID-19 and，新冠疫情影响与～，290—291；neoconservatism and，新保守主义与～，133；planned economies and，计划经济与～，270；Reagan and，里根与～，133—134；scientific status of，科学地位，127—128，138；Social Darwinism and，社会达尔文主义与～，136；socialism and，社会主义与～，277—278，290，292；Soviet Union and，苏联与～，129—130；Thatcher and，撒切尔与～，133—134；theories of，理论：

Chicago School and，芝加哥学派与～，132，137；classical and neoclassical theory and，古典主义理论与新古典主义理论与～，128—130，132，136；free-enterprise ideology and，经济自由主义与～，128，131—132；game theory and，博弈论与～，259—260；Keynesianism and，凯恩斯主义与～，130—132；

libertarianism and，自由主义与～，133—137；Marxism and，马克思主义与～，129，133；Neoliberalism，新自由主义，参见 libertarianism，自由意志主义；public choice theory and，公共选择理论与～，137—138；

weaponized Keynesianism and，军事化的凯恩斯主义与～，xvii，147—149，151

Einstein，Albert，阿尔伯特·爱因斯坦，235，271

Eisenhower，Dwight D.，德怀特·艾森豪威尔，6，97—98，227，231，256，262

Eli Lilly，礼来公司，57，66—67，281

environmentalist movement，环保运动，8，74，85—87，90，100，277

Environmental Protection Agency (EPA)，环境保护署（简称 EPA），corporate influence and，企业影响力与～，36，69，82，269；criticism of，批评，36；effectiveness of，有效性，87—88；foundation of，基础，76；Trump and，特朗普与～，5，76，80，82，147，283

epidemiology，流行病学，246，279，281，292

ethics，道德，249—250，academic-industrial complex and，学术－商业共同体与～，108，115；bioethics and，生物伦理学与～，62；geoengineering and，地球工程与～，233；GMOs and，转基因生物与～，27，35；Henry Beecher and，亨利·比彻与～，221，249；lethal autonomy and，致命性自主武器与～，204—205；medical science and，医学与～，219；pharmaceutical industry and，制药业与～，54—55，57—59，62，69；surveillance and，监察与～，211

eugenics，优生学，202—204

Europe，欧洲，corporatization of science and，科学的企业化与～，226；COVID-19 and，新冠病毒与～，280；deployment of US nuclear weapons in，美国核武器发展，158；development of artificial intelligence and，人工智能的发展与～，197；GMOs and，转基因生物与～，35；Marshall Plan and，马歇尔计划与～，132；radiation from Chernobyl disaster and，切尔诺贝利核灾难的辐射与～，101

ExxonMobil，埃克森美孚国际公司，2，82—86，90—91

Facebook，脸书，3，212

Federal Bureau of Investigation (FBI)，美国联邦调查局（简称 FBI），222，235

Food and Drug Administration (FDA)，美国食品药品监督管理局（简称 FDA），5，50，66—70，88，125，200，269，283

fossil fuel industry，石油化工行业，anticommunism and，反共产主义与～，43；Biden and，拜登与～，xviii；climate change denial and，否认气候变化与～，45，77，82—83，118，124；coal and，煤炭与～，xix，43，77—80，82，90，93—95，305；Deepwater Horizon disaster and，深水地平线漏油事故与～，80—81，114；greenwashing and，洗绿与～，88—91；natural gas and，天然气与～，89—93；need to nationalize and，国有化需求与～，290；Nixon and，尼克松与～，76；Obama and，奥巴马与～，79—80，88，90；oil and，石油与～，77—84，89—95；public subsidizing of，公共补贴，94—95；Trump and，xviii，特朗普与～，76，80—82，87—89，91—92

Fukushima disaster，福岛核事故，101—103

Genetically Modified Organisms (GMOs)，转基因生物（简称 GMOs），corporatization of science and，科学的企业化，29—33，114；opposition to，反对，38—39；regulation of，规范，29，35—37；safety of，安全性，27—30，34—36，75；traditional agriculture methods and，传统农业方法，25—26；transhumanism and，超人类主义与～，202—203；world hunger and，世界范围内的饥荒与～，25，33—34，38

Germany，德国，arms development and，武器发展与～，164，238，243—247；Big Science and，大科学与～，26；defeat in World War II and，“二战”的失利与～，149；East Germany and，东德与～，144；GMOs and，转基因生物与～，36；Nazi Party and，纳粹党与～，参见 Nazi Party，纳粹党；nuclear energy and，核能与～，103；pharmaceutical industry and，制药业与～，52；Soviet Union and，苏联与～，144

GlaxoSmithKline，葛兰素史克公司，51，54—55，57—61，67—68，113

global warming，全球变暖，参见 climate change，气候变化

glyphosate，草甘磷，35—36，亦见 Monsanto，孟山都

Google，谷歌，3，197—199，212，214

Great Depression，经济大萧条，130—131，148—149

Greenpeace，绿色和平组织，38，100，305

Green Revolution，绿色革命，20—24

greenwashing，洗绿，88—91

Guantánamo Bay，关塔那摩湾监狱，143，217，219，220，222，224

Hansen，James E.，詹姆斯·E. 汉森，76，79—80，82，100

Harvard University，哈佛大学，13，15，50，60，113，163，221，274，282

Hayek，Friedrich，弗里德里希·哈耶克，120，132

health and healthcare，US，美国健康与医疗保健，causes of death and，死亡原因与～，10；childhood obesity and，儿童肥胖症与～，14；diabetes and，糖尿病与～，14；diet and，饮食与～，10；drinking water and，饮用水与～，72—74，government legislation and 政府立法与～：

Clean Air Act，《清洁空气法》，76；Clean Water Act，《清洁水法》，76；Toxic Substance Control Act，《有毒物质控制法案》，87；

measles and，麻疹与～，65；Medicare and，医疗制度与～，8，146；obesity

and，肥胖症与～，14；opioid addiction and，阿片类药物成瘾与～，47
Heartland Institute，哈特兰研究所，85，118，121，123—124，126
Heritage Foundation，美国传统基金会，85，119—121，124，134，183—184
hydrogen bomb，氢弹，参见 nuclear weapons，核武器

IBM，国际商业机器公司，111—112，214
imperialism，US，美国帝国主义，亦见 drone warfare，无人机战争；War on Terror，反恐战争，bipartisan support for，两党支持，145—146，192—193；ideological justifications for，意识形态正当性：
American Century and，美国世纪与～，143—144；American Exceptionalism and，美国例外论与～，205，215—219；anticommunism and，反共主义与～，166；economics and，经济学与～，143；neoconservatism and，新保守主义与～，145；New American Century and，美国新世纪与～，145—146；Truman Doctrine and，杜鲁门主义与～，149；
military interventions and，军事干涉与～：
Afghanistan and，阿富汗与～，参见 Afghanistan，阿富汗；Bush，George W. and，乔治·沃克·布什（小布什总统）与～，161；Clinton，Bill，比尔·克林顿，146；global nature of，全球本质，189；Iraq and，伊拉克与～，参见 Iraq，伊拉克；non-battlefield settings and，非战场设置与～，162；Obama and，奥巴马与～，162；permanent nature of，永恒的本质，145—146，189，194；preemptive military action and，先发制人的军事行动与～，145；Southeast Asia and，东南亚与～，165—166，263；Trump and，特朗普与～，162；Vietnam and，越南与～，亦见 Vietnam War，越南战争；
opposition to，反对，145，277
India，印度，16，52—54，72，210，301
Industrial Revolution，工业革命，21，24，78，128
International Red Cross，国际红十字会，219，222
Iran，伊朗，107，142，177，191，207，210，248
Iraq，伊拉克，biochemical attack on Kurds and，对库尔德人使用生化武器与～，248; drone warfare and，无人机战争与～，189—191，193；First Gulf War and，第一次海湾战争与～，169；Second Gulf War and，第二次海湾战争与～，8，152，161—162，169；use of cluster bombs in，使用集束弹，164，166—167；US torture and，美军折磨与～，217，222
Israel，以色列，151，167，207，210

Jacobsen，Annie，安妮·雅各布森，199，235—236
Japan，日本，Big Science and，大科学与～，

226—227；defeat in World War II and，“二战”失利与～，149；firebombing of，燃烧弹轰炸，163；Fukushima disaster and，福岛核事故与～，101—102；GMOs labelling and，转基因生物标识与～，36；human experimentation and，人体实验与～，250—252；nuclear bombing of，核爆炸：

development of nuclear weaponry since，自从～以来的核武器发展，159—160，174，232，255；

developments in American science and，美国科学的发展与～，5，97—98，227，269；nuclear strategy and，核战略与～，254—255

Johnson，Chalmers，查尔默斯·约翰逊，142，151，253

Johnson & Johnson，强生公司，xiii，46，48，55，60，125

Johnson，Lyndon B.，林登·B. 约翰逊，263

Kahn，Herman，赫尔曼·卡恩，257—259

Kármán Line，卡门线，xv

Kennedy，John F.，约翰·F. 肯尼迪，98，227，262

Keynes and Keynesianism，凯恩斯与凯恩斯主义，6—8，130—132，147—153，214，亦见 weaponized Keynesianism，军事化的凯恩斯主义

Khrushchev，Nikita，尼基塔·赫鲁晓夫，180，272

Koch，David and Charles，科赫兄弟，3，84—87，118，121—122，134，137

Lancet，《柳叶刀》，64

LeMay，General Curtis，柯蒂斯·李梅将军，163—164，176—177，256

lethal autonomy，致命性自主武器，195—201，204—205

liberalism，自由主义，119，133

libertarianism，自由意志主义，xx，85—86，120，126，132—137

Lockheed Martin，洛克希德马丁公司，108，151，169—171，178，227

machine intelligence，机器智能，参见 artificial intelligence，人工智能

Malthus，Thomas，托马斯·马尔萨斯，20—21，24，127

Manhattan Project，曼哈顿计划，2，5，42，227—230，234

Marx and Marxism，马克思和马克思主义，85，129—130，133，亦见 socialism，社会主义

McCarthyism，麦卡锡主义，5，131，143，149，227，235

McCoy，Alfred，阿尔弗雷德·麦考伊，220—221，249，264

McNamara，General Robert，罗伯特·麦克纳马拉将军，262—264，266—267

Merck & Co.，默克公司，46，55，57，62，244

Microsoft，微软公司，3，113

militarization of science，科学的军事化，亦见 tragedy of American science 美国科学的悲剧；academia and，学术界与～，108，亦见 academic-industrial complex，学术-商业共同体；

government spending and，政府开支与～，参见 military spending，US，美国军费开支；medical science and，医学与～，200；militarization of space and，太空军事化与～，185，240—241，亦见 space exploration，太空探索；nuclear technology and，核技术与～，5，97—98，亦见 nuclear energy，核能，nuclear weapons，核武器；profit-driven economics and，利益驱动的经济学与～，2；technological development and，技术发展与～，参见 Department of Defense (DoD)，美国国防部（简称 DoD）；US imperialism and，美国帝国主义与～，215，亦见 imperialism，US，美国帝国主义

military-industrial complex，军工复合体，xvi，6，42—43，141，176，183—184，227，231，253，269

military spending，US，美国军费开支，bipartisan support for，两党支持，xvi，141，147，184—185；drones warfare and，无人机战争与～，188；economic function of，经济效能，参见 weaponized Keynesianism，军事化的凯尔斯主义；F-32 bomber and，F-32，轰炸机与～，169—171；historic rises and falls in，历史的兴衰，141—143，145，149—150；nuclear weapons and，核武器与～，142，157—158；opportunity costs of，机会成本，153—154；Trump and，特朗普与～，146—147

missile technology，导弹技术，cruise missiles and，巡航导弹与～，167，174—175，178，186；defense systems and，防御系统～，179—180，183—185，230；development of，发展，171—172；guidance and accuracy of，导向性和精准性，173—177；hypersonic missiles and，高超音速导弹与～，177—178；Intercontinental Ballistic Missiles and，洲际弹道导弹与～，172—173，234，237—238；RAND corporation and，兰德公司与～，254；space exploration and，太空探索与～，239；US recruitment of Nazi scientists and，美国招募纳粹科学家与～，234—239

Moderna，莫德纳公司，xiii

Monsanto，孟山都公司，22—24，31—33，35—36，110

mRNA technology，信使核糖核酸技术，xii

nanotechnology，纳米技术，193，200

napalm，凝固汽油弹，163—164，263

NASA，美国国家航空航天局，76—77，79，141，236—239，亦见 space exploration，太空探索

National Academies of Sciences，Engineering and Medicine，美国国家科学院，工程与医学，29—30，33，95，214，247

National Institutes of Health，美国国立卫生研究院，11，53，58，76，147

National Security Agency (NSA)，国家安全局（简称 NSA），207—208，211—214，269

NATO (North American Treaty Organization) 北大西洋公约组织，xvii

natural gas，天然气，参见 fossil fuel industry，

石油化工行业

Nazi Party，纳粹党，behavioral sciences and，行为科学与～，249—250；biochemical weapons and，生化武器与～，243—247；medical science and，医学与～，241—242；missile technology and，导弹技术，236—238；racial science and，受制于种族主义的科学与～，1；US recruitment of Nazi scientists and，美国招募纳粹科学家与～，参见 Operation Paperclip，回形针行动

Nemeroff，Dr. Charles B.，查尔斯·B. 内梅罗夫，58—61，67

neoconservatism，保守主义，133，144—145，亦见 conservatism，保守主义

New York Times，《纽约时报》，academic-industrial complex and，学术-商业复合体与～，11，13，111；corporate lobbying and，企业游说与～，124—125；COVID-19 and，新冠病毒与～，281，291；GMOs and，转基因生物与～，30，34，38；military spending and，军费开支与～，185；pharmaceutical industry and，制药业与～，57；Trump and，特朗普与～，4，146—147；US imperialism and，美国帝国主义与～，189，192，193，216，265，US recruitment of Nazi scientists and，美国招募纳粹科学家与～，238，242

Nixon，Richard，理查德·尼克松，76，248，265

North Korea，朝鲜，156，172，181，207，210

Novartis，诺华制药，24，53—54，114

nuclear energy，核能，cost of，开支，104—107；disasters and，灾难与～，100—103；disinformation and，虚假信息与～，99，104；environmental impact of，环境影响，100—101，103—107；military application of，军事应用，97—98，105，107，142；Operation Plowshare and，犁头行动与～，98—99；Ukraine and，乌克兰与～，xvii；nuclear weapons 核武器；Big Science and，大科学与～，5，227—230；bombing of Japan and，日本大轰炸，2，97，160，227；Cold War and，冷战与～，xvi，173，232，254—262；cyberwarfare and，网络战争与～，207—208，210；defense systems and，防御系统与～，180—182；development and testing of，发展与测试，74，98，168，232—233；hydrogen bomb and，氢弹与～，229，232，255，257；missile and delivery systems and，导弹和运载系统与～，158—160，168，174，254；opposition to，反对，99—100，277；proliferation of，剧增，156，240，255—256，272；Soviet Union and，苏联与～，156，232，255，259；tactical models and，战术模式，158—159，254；Ukraine and，乌克兰与～，xvii；US arsenal and，美国武器库，156—158，173—174；US recruitment of Nazi scientists and，美国招募纳粹科学家与～，参见 Operation Paperclip，回形针行动

nutrition science，营养科学，10—19

Obama, Barack，贝拉克·奥巴马，clusterbombs and，集束炸弹与～，166—167；cyberwarfare and，网络战争与～，207，212；drone warfare and，无人机战争与～，176，189—193；fossil fuel industry and，石油化工行业与～，79—81，88，90；military spending and，军事开支，157—158，169，173；War on Terror and，反恐战争与～，146，162，189，218
Operation Desert Storm，沙漠风暴行动，exaggerated accuracy of missile systems and，夸大其词的导弹系统的准确性，177
Operation Paperclip，回形针行动，6，234—239，243—246，249，251—252，269
Operation Warp Speed，曲速行动，xii
Oppenheimer, J. Robert，罗伯特·J. 奥本海默，2，232，237—238
Oxfam，乐施会，xii

Pakistan，巴基斯坦，162，186，193，210，218
Pence, Mike，迈克·彭斯，134，283
Pentagon，五角大楼，参见 Department of Defense (DoD), US，美国国防部
PepsiCo.，百事可乐公司，12，16
Pfizer，辉瑞公司，xii，3，46，49，55—57，60，62，68
pharmaceutical industry，制药业，conflicts of interest and，利益冲突与～，56—66，68，125；COVID-19 and，新冠病毒与～，281—282；disease mongering and，贩卖疾病与～，60，66—68；ethics and，道德与～，54，57—59，62，69；marketing and，市场营销与～，63，67—68，70，302；need for public control over，需要公共控制，69—71，268，290，292；opioid addiction and，阿片类药物成瘾与～，47—48；patenting and profits and，专利与利润与～，46，51—54，60，109；profit-driven research and，利益驱动的研究与～，49—51，289—290；regulation of，管控，62—63，68—70；Third World and，第三世界与～，51—52，54—56，276；Trump and，特朗普与～，281—282；World Health Organization and，世界卫生组织与～，51，61
postcapitalism，8，269，273，后资本主义，参见 also socialism，社会主义
Psychiatry，精神病学，参见 behavioral sciences，行为科学
Psychology，心理学，参见 behavioral sciences，行为科学

quantum computing，量子计算，213—214

RAND Corporation，兰德公司，6，119，173，200，230—231，253—266
Raytheon Company，雷神公司，6，151，175
Reagan, Ronald，罗纳德·里根，109，120，133—134，150，179，182—184，240，288—289
Republican Party，共和党，anti-science and，反科学与～，4，76；climate change denial and，否认气候变化与～，

86—88; healthcare and，医疗保健与～，289; Koch，Charles and David and，查尔斯·科赫和大卫·科赫与～，86—87，134—135; military spending and，军费开支，141，147; radicalization of，激化，134—135

Roosevelt，Franklin D.，富兰克林·D.罗斯福，131，149，152，228，244

Russia，俄国，亦见 Cold War，冷战; Soviet Union，苏联; cyberwarfare and，网络战争与～，210; military technology and，军事技术与～，177—178，194; nuclear weapons and，核武器与～，156—158，240; Russian Revolution and，俄国十月革命与～，129，269—271; war in Ukraine and，俄乌战争与～，xvi—xvii

Sanders，Bernie，伯尼·桑德斯，7—8，170—171，326—327

Second World War，第二次世界大战，参见 World War II，第二次世界大战

Social Darwinism，社会达尔文主义，21，136

Socialism，社会主义，亦见 Marx and Marxism，马克思与马克思主义; anticommunism，反社会主义; Bernie Sanders and，伯尼·桑德斯与～，7—8; distinction from postcapitalism and，后资本主义的区别与～，273; ecosocialism and，生态社会主义与～，86—87; restoration of American science and，美国科学的复兴与～，292; scientific development and，科学发展与～，269，273，277，290; Soviet Union and，苏联与～，273; United States and，美国与～，277

Soviet Union，苏联，arms development and，164，武器发展与～，172—173，180，234; economics and，经济与～，129; fall of，解体，145，150，182，184，211，228，271; nuclear weapons and，核武器与～，156，232，255，259; recruitment of Nazi scientists and，招募纳粹科学家与～，235; rivalry with US and，与美国的竞争与～，144，149，156，168，239，254; scientific development and，科学发展与～，270—273; space exploration and，太空探索与～，144，231，234

space exploration，太空探索，亦见 NASA，美国国家航空航天局，China and，中国与～，272; militarization of space and，太空的军事化与～，141—142，182，185，239—241; Soviet Union and，苏联与～，144，231，234; Trump and，特朗普与～，142，240; US recruitment of Nazi scientists and，美国招募纳粹科学家，235，237—241，249

Syria，叙利亚，162，177，189，193，248

Teller，Edward，爱德华·泰勒，99，182，184，230，232—233，257

Thatcher，Margaret，玛格丽特·撒切尔，120，133—134

Third World，第三世界，52，54—57，72，275—276

tobacco industry，烟草行业，40—46，77，99

torture by US forces，美军的酷刑，7，143，217—224，250，264

tragedy of American science，美国科学的悲剧，亦见 corporatization of science，科学的企业化，militarization of science，科学的军事化；definition and development of，定义与发展，2，4—6；militarization of science and，科学的军事化与～，200，231；nuclear weapons and，核武器与～，258；politics and，政治与～，96，268—269，269；socialism and，社会主义与～，7，269，277，292；solutions to，解决方案，7，268—269，276，290—292；Trump and，特朗普与～，4

Truman，Harry S.，哈里·S. 杜鲁门，228—229，232，251，255

Trump，Donald J.，唐纳德·J. 特朗普，antiscience and，反科学与～，xvii，4—5，64—65，76，283；climate change denial and，否认气候变化与～，80—82；COVID-19 and，新冠病毒与～，280，282—284，291；cyberwarfare and，网络战争与～，207—208；fossil fuel industry and，石油化工行业与～，viii，76，80—82，87—89，91—92；ideology and，意识形态与～，4—5，126，134；military intervention and，军事干预与～，146，156，162，167，189，191，193，217；military research and spending and，军事研究与军事开支与～，146—147，158，169，173，185，231；pharmaceutical industry and，制药业与～，281—282；Space Force and，太空部队与～，142，240；tragedy of American science and，美国科学的悲剧与～，4，288—289；War on Terror and，反恐战争与～，162，222；weakening of regulatory agencies and，监管机构的监管不力与～，5，76，91，283

Ukraine，乌克兰，xvi—xvii

Union of Concerned Scientists，忧思科学家联盟，84，105，283

United Kingdom，大英帝国，64，99，133—134，275

United Nations，联合国，101，162，164

Unmanned Aerial Vehicles (UAV)，无人机（简称 UAV），参见 drone warfare，无人机战争

USAID，美国国际开发署，220，283

Vaccines，疫苗，anti-vax movement and，反疫苗运动与～，xiv，64—65；COVID-19 and，新冠病毒与～，276，281—282，284；Cuban development of，古巴发展，276；Nazi experiments with，纳粹实验，246；universal influenza vaccine and，流感疫苗与～，289；unprofitability of，无利可图，51，289

Vietnam War，越南战争，Agent Orange，橙剂，164；American Exceptionalism and，美国例外论与～，215；assassinations and，暗杀与～，264；developments in military technology and，军事技术的发展与～，188，230；napalm and，凝固汽油弹与～，164，263；opposition to，反对，99—100，132—133，149，216，230，265；RAND Corporation and，兰德公司与～，262—263；scale of US bombing

and，美国轰炸规模与～，161，263；US strategy and，美国策略与～，263—264

War on Terror，反恐战争，xvi，68，146—147，150，189—194，217—219，222—224

Washington Post，《华盛顿邮报》，55，184，195，26

weaponized Keynesianism，军事化的凯恩斯主义，6—8，147—148，151—153，214，亦见 Keynes and Keynesianism，凯恩斯与凯恩斯主义

World Health Organization (WHO)，世界卫生组织与～，51，61，64，275，280，284

World War I，第一次世界大战，226，229，243，272

World War II，第二次世界大战，agribusiness and，农业综合企业与～，287；arms development and，武器发展与～，163—164，168，180，227；Big Science and，大科学与～，1，5，222，226—229，253，269，272，279；Nazi scientific research and，纳粹科学研究与～，参见 Nazi Party，纳粹党；nuclear weapons and，核武器与～，参见 nuclear weapons，核武器；think tanks since，智库，118—119；US imperialism since，美国帝国主义，143—144，161；weaponized Keynesianism and，军事化的凯恩斯主义与～，131，149

Yemen，也门，162，167，189，193

图书在版编目（CIP）数据

美国科学的悲剧：从冷战到永世之战 /（美）克利福德·D. 康纳著；姚臻，陈开林译. -- 北京：商务印书馆，2025. -- (社会思想丛书). -- ISBN 978-7-100-23879-3

Ⅰ. G327.12

中国国家版本馆 CIP 数据核字第 2024RS1575 号

2022 年度江苏省教育科学规划重点课题成果之一

批准号：B/2022/02/42

社会思想丛书

美国科学的悲剧：从冷战到永世之战

〔美〕克利福德·D. 康纳 著

姚 臻 陈开林 译

商 务 印 书 馆 出 版

（北京王府井大街 36 号 邮政编码 100710）

商 务 印 书 馆 发 行

北京盛通印刷股份有限公司印刷

ISBN 978-7-100-23879-3

2025 年 4 月第 1 版　　开本 880×1240 1/32

2025 年 4 月第 1 次印刷　　印张 15½

定价：98.00 元